Ernst Peter Fischer
Leonardo, Heisenberg & Co.

Zu diesem Buch

In unserem Alltag sind die Wissenschaften allgegenwärtig. Wer aber waren und sind die Menschen, denen wir die entscheidenden Forschungen verdanken? Der Wissenschaftshistoriker Ernst Peter Fischer hat nach seinem erfolgreichen Buch »Aristoteles, Einstein & Co.« zwanzig neue Porträts großer Wissenschaftler geschrieben. Unter anderem erzählt er vom Universalgenie Leonardo da Vinci, der Naturforscherin und Künstlerin Maria Sybilla Merian und dem Mathematiker und Philosophen Gottfried Wilhelm Leibniz. Die berühmten Quantenphysiker Max Planck, Werner Heisenberg, Erwin Schrödinger und Wolfgang Pauli werden ebenso porträtiert wie Konrad Lorenz, Francis Crick und James D. Watson. In Fischers unterhaltsamer »wissenschaftlicher Hintertreppe« verbinden sich Vergangenheit und Gegenwart in den Geschichten berühmter Frauen und Männer.

Ernst Peter Fischer, geboren 1947 in Wuppertal, promovierte bei Max Delbrück in Kalifornien. Er ist Professor für Geschichte der Naturwissenschaften in Konstanz und schrieb als Wissenschaftspublizist zahlreiche Bücher, unter anderem zur Entwicklungsgeschichte der modernen Biologie. Zuletzt erschien von ihm die große Biographie »Werner Heisenberg« (2001).

Ernst Peter Fischer
Leonardo, Heisenberg & Co.
Eine kleine Geschichte der Wissenschaft in Porträts

Mit 41 Abbildungen

Piper München Zürich

Von Ernst Peter Fischer liegt in der Serie Piper außerdem vor:
Aristoteles, Einstein & Co. (3045)

Ungekürzte Taschenbuchausgabe
Februar 2002
© 2000 Piper Verlag GmbH, München
Umschlag: Büro Hamburg
Isabel Bünermann, Meike Teubner
Umschlagabbildung: bildarchiv preussischer kulturbesitz, Berlin
Gesamtherstellung: Clausen & Bosse, Leck
Printed in Germany   ISBN 3-492-23486-0

*Meinen Töchtern
Christina und Dorothee
zum neuen Jahrhundert*

Inhalt

Eingang   11

In Leonardos Welt 13

Leonardo da Vinci
oder Die Sinneserfahrung als »Mutter aller Gewißheit«   19

Gerolamo Cardano
oder Der Herr über die Zeit   35

Ungleiche Zeitgenossen 47

Maria Sibylla Merian
oder Das Wechselspiel von Wissenschaft und Kunst   53

Gottfried Wilhelm Leibniz
oder Der Glaube an universale Zeichen   66

Innere Zwecke und äußere Ziele 81

Alexander von Humboldt
oder Die innere Notwendigkeit von Wissenschaft   88

Carl Friedrich Gauß
oder Die Suche nach der inneren Vollkommenheit   101

Der Weg der Frauen 117

Sofia Kowalewskaja
oder Die Mathematikerin mit der Seele einer Dichterin   123

Emmy Noether
oder Die Bedeutung der Symmetrie   136

Dorothy Hodgkin
oder Ein Leben mit Kommunisten und Molekülen   148

Mannigfaltige Mathematik 161

David Hilbert
oder »In der Mathematik gibt es kein Ignorabimus«   167

Norbert Wiener
oder Das Wunderkind und sein teuflischer Gegner   179

Alan Turing
oder Die denkenden Maschinen des exzentrischen Genies   194

Quartett mit Quanten 207

Max Planck
oder Der religiöse Revolutionär der Wissenschaft   217

Werner Heisenberg
oder Das unbestimmte Genie mit tausend Talenten   230

Erwin Schrödinger
oder Die Fortsetzung der Philosophie mit anderen Mitteln   246

Wolfgang Pauli
oder Die Nachtseite der Wissenschaft   257

Leben und Erkenntnis 273

Jean Piaget
oder »Nur das Kind ist kreativ«   281

Konrad Lorenz
*oder Der »ruppige Ast, aus dem Freundschaft und
Liebe sprießen«*   295

Basispaar und Basenpaare 311

Francis Crick
oder Der hohe Glaube an die Rationalität — 320

James D. Watson
oder Der Macher in der Welt der Wissenschaft — 334

Zeittafel — 345

Hinweise zur Literatur — 349

Personenregister — 353

Bildnachweis — 361

Eingang

Wissenschaft fühlt sich in Deutschland ungeliebt und versucht, etwas für ihre Popularität zu tun. Die großen Wissenschaftsorganisationen haben sich 1999 zu dem besonderen Schritt entschlossen und unter der Federführung des Stifterverbandes für die Deutsche Wissenschaft ein Aktionsprogramm ins Leben gerufen, mit dem das fehlende Gut herbeizuschaffen und also ein öffentliches Verständnis für die Wissenschaft zu erreichen ist. Man möchte es den Angelsachsen gleichtun, die sich schon lange Gedanken um ein »public understanding of science« machen, wie es auch hierzulande immer noch mit scheinbar unübersetzbaren englischen Worten heißt. Die in diesem Buch vorgelegten Porträts verstehen sich als ein Beitrag zu diesem Projekt, denn verstehen wird man den Einfluß der forschenden Menschen auf den Gang der Geschichte nur, wenn man die Menschen kennt, die dies konkret tun. Der persönliche Zugang zur Wissenschaft – die wissenschaftliche Hintertreppe – ist nach Ansicht des Autors der beste Weg, um ein »public understanding« zu erreichen. Und es sollte ein Vergnügen sein, ihn zu betreten. Vielleicht kann man sich bei einem Spaziergang in einzelne Figuren sogar ein wenig verlieben.

Der vorliegende Band schließt an seinen Vorgänger *Aristoteles, Einstein & Co.* an, der große Resonanz gefunden hat. Viele freundliche Leser haben dabei auf Wissenschaftler hingewiesen, über die sie gerne etwas lesen möchten. Leider fehlen auch diesmal immer noch ganz große Figuren der Wissenschaftsgeschichte – von A wie Archimedes und B wie Bolzano bis Y wie Young und Z wie Zuse –, und der Autor hat auch vor, einen dritten Band zu schreiben. Doch zunächst muß der zweite gedruckt und gekauft (und hoffentlich auch gelesen) werden. Vielleicht gibt es ja wieder zahlreiche Rückmeldungen. Es wäre schön – sicher für den Autor und vielleicht auch für die Wissenschaft, die unser Verständnis braucht, weil wir sie brauchen.[1]

Konstanz, im Herbst 1999   Ernst Peter Fischer

---

1 In diesem Buch sind wieder viele Fußnoten. Sie stellen aber nicht den Versuch dar, viel Lesefleiß und Gelehrsamkeit zu beweisen. Sie enthalten zusätzliche Geschichten oder Anmerkungen, die man im Gespräch mit den Worten »ach, übrigens« einleiten würde.

In Leonardos Welt

Leonardo da Vinci (1452 – 1519)
Gerolamo Cardano (1501 – 1576)

Wir leben in einer *Leonardo-Welt*. So meint es jedenfalls der Konstanzer Wissenschaftsphilosoph Jürgen Mittelstraß, der diesen Titel einer 1992 erschienenen Sammlung von Essays gegeben hat, die von Wissenschaft und Forschung handeln und die hinter ihnen stehenden Menschen an ihre Verantwortung erinnern möchten. Für den Philosophen Mittelstraß ist die moderne Welt, in der wir leben, »eine wissenschaftsgestützte technische Welt«. Sie ist damit »kein kontingentes Resultat der Geschichte des Menschen«, die auf uns keine Rücksicht nimmt und sich auch völlig anders hätte abspielen können. Unsere Welt ist nicht sinnleere Kontingenz von beliebigen Zufallsereignissen, sondern sinnvolle Konsequenz unseres technischen Handelns, und sie gibt sich uns zudem »als Werk des Menschen zu erkennen«.

Damit kommen alle Voraussetzungen für die Namensgebung zusammen, die Mittelstraß nun fast feierlich ausspricht:

»Eine solche Welt nenne ich Leonardo-Welt, benannt nach dem großen Ingenieur, Baumeister, Wissenschaftler und Künstler Leonardo da Vinci. Es ist eine Welt, in der sich das epistemische und das technische Wesen des Menschen, in der sich die Verfügungsgewalt der Menschen, gestützt auf den wissenschaftlichen und technologischen Verstand, eindrucksvoll

zum Ausdruck bringen. Der moderne Mensch macht sich seine Welt.«[1]

Er macht sie so, wie sich der moderne Philosoph seine Universität oder wenigstens sein Philosophie-Zentrum macht, wie es in Konstanz geschehen ist (wie man mit dezentem Lokalpatriotismus hinzufügen könnte).

Natürlich mußten die Menschen erst einmal Mut bekommen, sich so zielbewußt und fortschrittsorientiert zu verhalten, wie es oben beschrieben worden ist und wie sie es in großem Stil seit dem 17. Jahrhundert tun. Die dazu nötige Kraft scheint sich im 13. und 14. Jahrhundert erst gesammelt und dann gezeigt zu haben. Die Zeit, die wir lange und bedenkenlos mit dem Begriff des »finsteren Mittelalters« belegt und auf diese Weise abgetan haben, stellt sich unter den neugierigen Blicken unvoreingenommener Historiker immer mehr als eine Epoche aufregender Entwicklungen heraus. Mit ihnen wird eine wundersame Aufbruchstimmung erkennbar, die dann ihren deutlichsten Ausdruck in der Renaissance fand und hier durch den übergroßen Leonardo da Vinci repräsentiert und durch den vielseitigen Gerolamo Cardano illustriert und charakterisiert werden kann.

In den beiden vorhergehenden Jahrhunderten – dem 13. und dem 14. – erwacht das europäische Geistesleben aus dem Tiefschlaf, mit dem es rund 1000 Jahre lang eine Auszeit genommen und sich von seiner antiken Blüte erholt hatte. Doch um 1200 regt sich nach einer islamischen Transfusion erneut das eigene Denken, und man nimmt das Geleistete gezielt in Augenschein. Die scholastischen Gelehrten befassen sich zum

---

1 Jürgen Mittelstraß, *Leonardo-Welt*, Suhrkamp Taschenbuch Wissenschaft 1042, Frankfurt am Main 1992, S. 14. Der Begriff »Leonardo-Welt« scheint von einem Journalisten vorgeschlagen worden zu sein, der eine Überschrift für den Abdruck des Festvortrags suchte, den Mittelstraß 1990 vor den Teilnehmern des Pharmacon-Kongresses gehalten hatte, der von der Bundesapothekenkammer in Meran veranstaltet worden ist (was alles zusammen einen Einblick in die moderne Philosophen-Welt gibt).

Beispiel mit der Physik des Aristoteles, wobei sie dessen Analyse der Bewegung und ihrer Ursachen erst ablehnen, um sie danach zu erweitern und auf diese Weise eigene Theorien der Ortsveränderung aufzustellen. Man bemerkt zudem, daß die überlieferten Beschreibungen des Regenbogens und seiner Farben zu eng sind, und stellt ihnen erste eigene Vorstellungen und Erklärungen gegenüber. Man organisiert Reisen in die Innenwelt, indem man Universitäten gründet – zuerst in Bologna und Oxford –, und man beginnt die Entdeckung der äußeren Welt im großen Stil, etwa in der Person von Marco Polo, der Venedig verläßt und nach Asien aufbricht. Auch die technischen Fortschritte, die erzielt werden, sind ungeheuer in Relation zu dem, was bis zu diesem Zeitpunkt gelungen ist. Die ersten Uhren tauchen auf, die von einem Gewicht getrieben werden, in Holland werden die ersten Windmühlen aufgestellt; die Schubkarre wird gebaut und das Schubkurbelprinzip entdeckt; tragbare Feuerwaffen werden verfügbar; Traktate über Wassermühlen, Bohr- und Schleifmaschinen helfen, diese Konstruktionen zu verbessern und zu verbreiten. Noch bevor Leonardo da Vinci geboren wird, erfindet Johannes Gutenberg die beweglichen Lettern und mit ihnen den Buchdruck. Sein Aufkommen wird von vielen heutigen Zeitgenossen als die wichtigste Bereicherung betrachtet, die unsere Kultur in den 2000 Jahren erfahren hat, die nach der christlichen Zählung jetzt abgelaufen sind. Mit der Technik aus Mainz wird es möglich, die Verbreitung wissenschaftlicher Werke zu beschleunigen, und dazu gehört vor allem die fachliche Literatur der Renaissance, die inzwischen in großem Stil geschrieben wird und eine zunehmende Zahl von Käufern und Interessenten findet.

Doch so offenkundig sich die Aufbruchstimmung der Zeit vor Leonardos Geburt 1452 zu erkennen gibt, so deutlich muß auch betont werden, daß man nicht ohne weiteres von einem fortschrittlichen Denken im modernen Sinne sprechen kann. Schließlich orientieren sich die Menschen der Renaissance oft noch weniger an den Möglichkeiten einer lebenswerten besseren Zukunft und dafür mehr an den Errungenschaften einer glänzenden Vergangenheit, wie es die Vorsilbe »Re« ausdrückt.

Fortschritt im heutigen Sinne bedeutet die Verbesserung einer Technik in Hinblick auf einen künftigen Nutzen. Dieser Gedanke an eine durch Einsatz der menschlichen Verstandeskräfte mögliche Umgestaltung und Beherrschung der Natur beginnt sich aber erst allmählich im 16. Jahrhundert zu entfalten, als es gelingt, die beiden ehrwürdigen Traditionen der theoretischen Schulen und der praktischen Werkstätten zusammenzuführen. Der gelehrte Mensch und der tätige Mensch – *Homo sapiens* und *Homo faber* – zusammen bringen nämlich erst den Fortschritt zustande, den wir bis in unsere Tage wollen und benötigen. Der Erfinder dieser Kombination scheint ein Künstler gewesen zu sein, nämlich Albrecht Dürer, der 1525 sein berühmtes Büchlein über die *Unterweysung der Messung* schreibt, und zwar in der erklärten Absicht, daß nachfolgende Generationen besser zeichnen können als er.

Denker, Handwerker, Künstler – dieser Dreiklang scheint der eigentlich menschliche Ton zu sein, und wahrscheinlich hat er nie wieder so gut geklungen wie in der einen Person mit Namen Leonardo, die alle drei Fähigkeiten in sich vereinen konnte. Ihr wird Gerolamo Cardano an die Seite gestellt, der damals das erfolgreich betrieb, was viele Menschen heute noch am meisten interessiert, wenn sie sich der Wissenschaft zuwenden, nämlich die Astrologie. Während Leonardo Wissenschaft für Menschen machte, schuf Cardano eine Wissenschaft vom Menschen, wobei die beiden Herren die kuriose Gemeinsamkeit haben, unehelich gezeugt und geboren worden zu sein.

Der Rahmen

Als Leonardo 1452 geboren wurde, ging der Hundertjährige Krieg zwischen Frankreich und England zu Ende, und als Cardano 1576 starb, trat Francis Drake seine Weltumsegelung an. In den gut einhundert Jahren zwischen diesen Ereignissen erlebt die Welt eine ungeheuer aufblühende europäische Kultur. In der Malerei der italienischen Renaissance sind zum Beispiel Fra Angelico (1387–1455), Botticelli (1445–1510), Raffael (1483–1520) und Michelangelo (1475–1564) tätig, in Holland malt Hieronymus Bosch (1450–1516), und in Deutschland bringt Albrecht Dürer (1471–1528) seine Meisterwerke zustande. In der italienischen Literatur erscheinen Texte von Pico della Mirandola (1463–1494) und Machiavelli (1469–1527); in Holland schreibt der Humanist Erasmus von Rotterdam (1469–1536), und aus Deutschland läßt sich die Stimme von Nikolaus von Kues (1401–1464) vernehmen. Er hat übrigens bereits 1435 behauptet, was Kopernikus 1543 feststellt, daß sich die Erde um die Sonne dreht (wobei die Permutation der Ziffern in den Jahreszahlen hübsch anzusehen ist). Einen wichtigen Einfluß auf die verhandelte Zeit übt der Buchdruck aus, dessen Zeitalter 1455 beginnt, als Johannes Gutenberg seine 42zeilige Bibel herstellt. 1469 wird in Venedig das erste wissenschaftliche Werk gedruckt – und zwar Texte von Plinius –, 1472 kommt Aristoteles an die Reihe, und bis 1575 werden alle bekannten Texte von wissenschaftlichem Rang gedruckt, ganz gleich, ob sie griechisch, arabisch, hebräisch oder lateinisch geschrieben worden sind. Die ersten Ausgaben wissenschaftlicher und technischer Lehrbücher gibt es von 1509 an.

Inzwischen sind die Seefahrer aufgebrochen. 1492 sucht Kolumbus den Seeweg nach Indien, indem er in westliche Richtung segelt. Was er wollte, gelingt Vasco da Gama 1497, und zwischen diesen beiden Daten beginnt Dürer seine Arbeiten an der Perspektive und über die Proportionen. 1500 entwirft Leonardo erste Flugmaschinen, 1501 wird Cardano geboren, 1502 baut Peter Henlein die erste Taschenuhr, und ein Jahr später wird in Venedig – wo sonst? – der Spiegel aus Glas erfunden.

Die großen Erschütterungen des 16. Jahrhunderts beginnen noch vor Leonardos Tod mit Martin Luthers Thesenanschlag, der 1517 die Reformation einleitet; sie setzen sich fern von Europa mit dem Untergang der Aztekenreiches (1520) und dem Fall der Inkas (1531) fort, und sie finden ihre wissenschaftlichen Höhepunkte in den Lehren des Kopernikus und des Vesalius, die beide 1543 erscheinen. Von nun an steht die Sonne im Mittelpunkt der Planetenbahnen, und es gibt ein erstes zuverlässiges Werk über die menschliche Anatomie. 1544 stellt Cardano sein *Ars magna* vor, in der es um Lösungen von Gleichungen dritten Grades geht. Ein Jahr später eröffnet das Trienter Konzil den Kampf gegen die Reformation. 1551 werden die Buchdruck-Lettern in Europa vereinheitlicht, 1555 kommt es zum Augsburger Religionsfrieden, und 1564 wird der Bleistift erfunden. Als Cardano stirbt, hat der Sklavenhandel längst begonnen (ausgelöst unter anderem dadurch, daß die von den Spaniern in Amerika unterworfenen »Indios« die ihnen in tropischen Plantagen aufgezwungenen Strapazen körperlich nicht aushielten). Die Londoner Börse funktioniert seit vielen Jahren bestens. In Paris hat es in der Bartholomäusnacht ein Massaker an Hugenotten gegeben, und Tycho Brahe konnte von der Geburt eines neuen Sterns *(De nova stella)* erzählen, den wir heute als Supernova klassifizieren.

Leonardo da Vinci

oder
Die Sinneserfahrung als
»Mutter aller Gewißheit«

Leonardo da Vinci ist der »rätselhafte Meister« schlechthin, und wahrscheinlich hat dies niemand so kompakt und eindringlich zugleich dargestellt wie Egon Friedell in seiner *Kulturgeschichte der Neuzeit*, in der das Universalgenie der Renaissance noch mit einem i, also »Lionardo«, geschrieben wird:

»Lionardo ist unergründlich wie das berühmte Lächeln seiner ›Mona Lisa‹. [...] Er war Maler, Architekt und Bildhauer, Philosoph, Dichter und Komponist, Fechter, Springer und Athlet, Mathematiker, Physiker und Astronom, Kriegsingenieur, Instrumentenmacher und Festarrangeur, erfand Schleusen und Kräne, Mühlenwerke und Bohrmaschinen, Flugapparate und Unterseeboote; und all diese Tätigkeiten hat er nicht etwa als geistreicher Dilettant ausgeübt, sondern mit einer Meisterschaft, als ob jede von ihnen sein einziger Lebensinhalt gewesen wäre. Und zudem hat das Schicksal, als ob es seine Züge absichtlich hätte verwischen wollen, seine Hauptwerke entweder, wie das Standbild Francesco Sforzas und die Reiterschlacht, völlig zugrunde gehen lassen oder, wie das Abendmahl, nur in sehr beschädigtem Zustande auf uns gebracht. Am deutlichsten kommt aber die völlige Unerforschlichkeit seines Wesens in dem herben, verschlossenen, wie mit Schlei-

ern verhängten Antlitz der Rötelzeichnung zum Ausdruck, in der er sich selbst porträtiert hat.«[2]

Tatsächlich kennen wir alle Leonardos Namen, und die *Mona Lisa* haben wir wenigstens auf Postern oder Postkarten lächeln sehen. Trotzdem bleibt die Person des Renaissancemenschen geheimnisvoll. Die historische Forschung bekommt ihn einfach nicht so leicht zu fassen, und nach wie vor ist viel von Vermutungen und Ahnungen die Rede, wenn es um ihn geht. Wir machen uns zwar alle ein Bild von Leonardo, aber das gibt noch lange keine Auskunft über die Frage, wie genau dieses Bild mit der wirklichen Person übereinstimmt. Wir alle sehen ihn auf unsere Weise anders: Während bei dem Kulturhistoriker Friedell der Maler Leonardo im Vordergrund steht, den er als »ersten großen Meister des Helldunkels« feiert, erwähnt der eingangs zitierte Wissenschaftsphilosoph Mittelstraß den Künstler ganz zuletzt, nachdem der Ingenieur und Wissenschaftler angesprochen worden ist, der sich seine Welt und Umwelt schafft.

Ein Blick auf Mona Lisa

Natürlich wird es in dem hier unternommenen Versuch, sich dem rätselhaften Leonardo zu nähern, mehr um wissenschaftliche und technische als um künstlerische Aspekte gehen. Trotzdem kann der Weg nicht an der *Mona Lisa* vorbeiführen, und vor diesem berühmtesten aller Porträts soll sogar schon jetzt einmal kurz angehalten werden, bevor wir uns dem Lebenslauf des unehelichen Sohnes eines Florentiner Notars etwas näher zuwenden, der in dem kleinen toskanischen Ort Vinci in der Nähe von Florenz von einem Bauernmädchen Caterina geboren wurde. Caterina heiratete kurz nach der Geburt einen Handwerker aus der Gegend. Leonardo wuchs im Hause seines Vaters auf, der erst 1469 nach Florenz zog.

2 Egon Friedell, *Kulturgeschichte der Neuzeit*, C.H. Beck, München 1996, S. 218f.

Wenn man Leonardo mit einem Satz charakterisieren sollte, dann müßte der lauten, daß sich Leonardo nur auf seine eigenen Augen und die damit möglichen Erfahrungen verlassen wollte. Wenn ihm ein Problem gestellt wurde oder in den Sinn kam, bestand sein erster Gedanke nicht darin, eine schriftliche Quelle für die Lösung zu finden und irgendwo nachzuschlagen oder nachzufragen. Nein, er begann statt dessen, die eigenen Augen aufzumachen und gegebenenfalls selbst Experimente durchzuführen. Seine Methode hat er selbst so dargestellt:

»Zuerst stelle ich bei der Behandlung naturwissenschaftlicher Probleme einige Experimente an, weil meine Absicht ist, die Aufgabe nach der Erfahrung zu stellen und dann zu beweisen, weshalb die Körper gezwungen sind, in der gezeigten Manier zu agieren. Das ist die Methode, welche man beachten muß bei allen Untersuchungen über die Phänomene der Natur. Es ist wahr, daß die Natur gleichsam mit dem Raisonnement beginnt und durch Erfahrung endigt, aber gleichviel, wir müssen den entgegengesetzten Weg nehmen; wie ich schon sagte, wir müssen mit der Erfahrung beginnen und mit ihren Mitteln nach der Entdeckung der Welt trachten.«[3]

Es geht Leonardo also um die Entdeckung der Welt, und es kann angenommen werden, daß er sich bei seinen Beobachtungen in der Natur auch mit der Frage beschäftigt hat, wie das Sehen selbst zustande kommt, mit dem uns die Welt zugänglich wird. Leonardo war der Auffassung, daß die Augen bestimmen, was wir sehen. Er schrieb zum Beispiel:

»Ich werde zeigen, daß das Funkeln der Sterne vom Auge herkommt [...] und wie das Auge uns die Sterne von Strahlen umgeben zeigt.«

---

3 Wenn nicht anders vermerkt, wird die Übersetzung der Zitate von Leonardo verwendet, die der Band *Leonardo da Vinci* von Kenneth Clark bietet, rororo Monographie 50153, Reinbek bei Hamburg 1998.

In diesem Rahmen wird sich Leonardo auch Gedanken über das Problem gemacht haben, wie etwas aussehen muß, damit es einem Betrachter lebendig erscheint. Er wird sich überlegt haben, wie die Figuren eines gemalten Bildes auszusehen haben, um bei dem Beschauer den Eindruck zu erwecken, daß er sie als lebendige Wesen vor sich hat. Dieses Nachdenken ist wesentlicher Teil seiner künstlerischen Tätigkeit gewesen, wie der Kunsthistoriker Ernst H. Gombrich in seiner *Geschichte der Kunst*[4] erzählt. Er berichtet von einem Augenzeugen, der Leonardo bei der Arbeit am *Abendmahl* beobachtet hat:

> *»Er sah, wie Leonardo auf das Gerüst stieg und wie er manchmal dort einen ganzen Tag tief in Gedanken stand, ohne einen einzigen Strich zu malen. Diese tiefen Gedanken sind es, die im Werk schließlich Gestalt gewannen.«*

Gombrich beschreibt die Einsicht, die Leonardo dabei für den Sehvorgang gewonnen hat, folgendermaßen:

> *»Der Künstler muß etwas dem Beschauer überlassen: Wir sind gewohnt, zu ergänzen, was wir nicht sehen, und gerade dieses Ergänzenmüssen erhöht den Eindruck der Lebendigkeit. Wenn der Maler darum die Umrisse nicht ganz fest zieht, wenn er die Formen ein wenig unbestimmt läßt, wenn Licht und Schatten ineinander verschwimmen, dann kann der Eindruck von Trockenheit und Steifheit nicht entstehen.«*

Wie dieser Eindruck früherer Bilder vermieden werden konnte, verdeutlicht Gombrich am Beispiel der *Mona Lisa*. Es geht dabei um die berühmte Erfindung Leonardos, die die Italiener »sfumato« nennen und mit der verwischte Konturen und verschleierte Farben gemeint sind. Beim Gesicht der Mona Lisa hat Leonardo das »sfumato« höchst präzise an zwei Stellen eingesetzt, denn er hat gerade die Partien im Schatten verschwinden lassen, die den Ausdruck eines Gesichts am stärk-

---

4 S. Fischer Verlag, Frankfurt am Main 1996

sten bestimmen, die Mund- und die Augenwinkel. »Die Grenzen der Schatten gehen nach bestimmter Abstufung«, schreibt Leonardo in seinem *Traktat über die Malerei*, »und wer dessen unkundig ist, dessen Sachen werden ohne Rundung sein. Die Rundung ist aber die Hauptsache und die Seele der Malerei.« Aus genau diesem Grund können wir nicht aufhören, die *Mona Lisa* anzuschauen, die so lebendig und geheimnisvoll zugleich erscheint und ihre Wirkung behält, solange es Menschen gibt, die Bilder betrachten.

Leonardos Leben

Von der Jugendzeit Leonardos ist kaum etwas bekannt – geboren wurde er am 15. April 1452 in Vinci bei Florenz –, wenn man davon absieht, daß alle, die sich an ihn erinnern, von ihm als einem schönen Jüngling gesprochen haben. Die einzige Quelle scheint in einem Fragment zu bestehen, das aus den zahlreichen Notizbüchern stammt, die Leonardo im Laufe seines Lebens angelegt hat. Er erzählt hier als Dreißigjähriger im Rückblick von einem Kindheitstraum, nach dessen Lektüre es keinen überrascht, daß Sigmund Freud ihn zur Grundlage einer psychologischen Studie über Leonardo gemacht hat. Leonardo hat folgendes notiert:

»In den frühesten Erinnerungen meiner Kindheit schien es mir, als ich in der Wiege lag, daß ein Hühnergeier zu mir herunterkam und mir mit seinem Schwanz den Mund öffnete und mich mit seinem Schwanz viele Male zwischen die Lippen schlug. Dies scheint mein Schicksal zu sein.«[5]

Leonardos Vater Piero da Vinci, der im Laufe seines Lebens viermal verheiratet war und insgesamt elf Kinder zeugte, hatte

---

5 Neuere Übersetzungen wollen nichts mehr von einem Geier wissen, und tatsächlich ist bei Leonardo von einem Vogel die Rede, der italienisch »nibbio« heißt und also eine Gabelweihe ist – ein Vogel mit rotbraunem Gefieder und einem gegabelten Schwanz.

zum Glück ein anderes Schicksal im Sinn. Er erkannte schon früh das Talent seines ältesten Sohnes, und so schickte er Leonardo 1472 in die Werkstatt des Florentiner Bildhauers Andrea del Verrocchio, der für seine Standbilder berühmt war. Bei ihm ist Leonardo viele Jahre geblieben. Es ist anzunehmen, daß Leonardo nicht nur die Techniken der Malkunst gelernt hat, sondern auch in die technischen Raffinessen des Erzgusses eingeweiht worden ist.

In Florenz entwickelte der junge Leonardo mit einem Mal in einer Art Explosion zahlreiche Talente. Er begann mit mathematischen Studien, er eiferte dem Bestreben der Handwerker und Kaufleute nach, Menschenarbeit durch technische Geräte zu erleichtern oder zu ersetzen, und er praktizierte mit so großem Erfolg die Musik, daß ihn die Familie der Sforza nach Mailand berief. Leonardo ging daraufhin zwar als erster Violinist des Herzogs in die Lombardei, doch er dehnte seinen Tätigkeitsbereich schon bald immer weiter aus. Er formte den »gothischen Hof der Sforza in einen athenischen um«, wie es in zeitgenössischen Berichten heißt, er gründete eine Akademie der Wissenschaften, er modellierte die Statue Francesco Sforzas, und 1484 verfaßte Leonardo seinen berühmten *Traktat über die Malerei* (*Trattato della Pittura*), in dem er die Sinneserfahrung als »Mutter aller Gewißheit« bezeichnet.

1499 trennt sich Leonardo von Mailand, wo er gleichzeitig Intendant der Hoffestlichkeiten war und sich als Maler des *Abendmahls* versuchte. Er kehrt nach Florenz zurück, wo er Mona Lisa del Giocondo porträtiert,[6] nachdem er 1502 als Ingenieur in die Dienste von Cesare Borgia getreten ist, um fortan als »ingegnere generale« sämtliche Befestigungswerke des Herzogs zu erneuern und umfangreiches Kriegsgerät zu bauen. Leonardo ist jetzt viel unterwegs, er hält sich in Siena, Rimini und Cesena auf, um sowohl Maschinen als auch Gemälde für Decken zu entwerfen. 1506 kehrt er nach Mailand zurück, und es folgen die Jahre, die mit zahlreichen anatomischen

---

6 Leonardo nimmt später das italienisch *La Gioconda* genannte Porträt mit nach Frankreich, wo es bis heute ist, und zwar im Louvre.

Studien ausgefüllt sind und sich zudem durch sein Interesse an Flugmaschinen charakterisieren lassen. Leonardo seziert im Laufe seines Lebens mehr als dreißig Leichen – es handelt sich um die Körper von hingerichteten Menschen –, um genau sehen zu können, wie Muskeln, Adern und Sehnen verlaufen. Er untersucht sogar das Heranwachsen eines Kindes im Mutterleib mit wissenschaftlicher Akribie. Ihn interessieren die Wirbel des Wassers und der Luft, und er versucht lange Jahre hindurch, die Geheimnisse des Vogelflugs zu erkunden, um eine Flugmaschine konstruieren zu können.

Veröffentlicht hat Leonardo während seines Lebens keine seiner zahlreichen Schriften und Notizhefte, die er als Linkshänder zudem in Spiegelschrift abfaßt, was sie noch schwerer zugänglich macht. Es ist viel darüber spekuliert worden, warum er sich so verhalten hat. Blieb Leonardo so verschlossen, weil er fürchtete, als Ketzer verschrien zu werden?[7] Oder hielt Leonardo die Menschen für unfähig oder unwürdig, seine Erfindungen und Ideen angemessen nutzen zu können? Wahrscheinlicher als diese Spekulationen scheint zu sein, daß Leonardo sofort jedes Interesse an einem Problem verloren hat, sobald er es durchdacht und in eine schriftliche oder künstlerische Form gebracht hatte. Seine Wißbegierde war jetzt erschöpft, und die Arbeit, die zur Veröffentlichung nötig war, konnte ihn bestenfalls langweilen – wo er doch schon ein Problem weiter und beim nächsten Thema war und das auch sein wollte.

Um 1513 verläßt Leonardo Mailand, in dem es politisch unruhig geworden ist, und er geht in Erwartung päpstlicher Aufträge nach Rom. Doch mit Papst Julius kommt er nicht zurecht, und 1516 folgt er der Einladung des französischen Königs Franz I. nach Amboise, wo er mit seinem Schüler Francesco Melzi und seiner alten Dienerin Mathurine eintrifft. Leonardo, dessen Titel in Frankreich *premier peintre, architecte et mécanicien du roi* lauten, hat die Absicht, seinem Gastland zu nützen.

---

7 In seinen Notizen findet sich zum Beispiel der Satz: »Die Sonne bewegt sich nicht.«

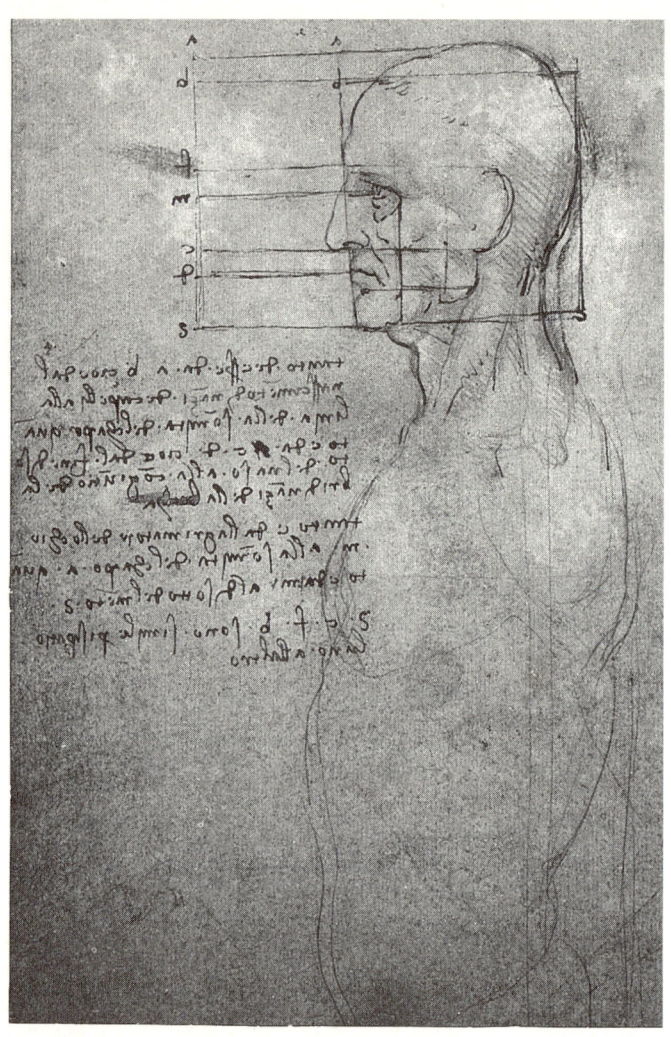

Darstellung eines Menschen im Profil mit Angaben der Proportionen. Leonardo hat diese Zeichnung um 1490 angefertigt. Ihre italienische Beschreibung klingt so: Torso d'uomo di profilo con studie delle proporzione del volto e della testa.

Er entwirft unter anderem zahlreiche Kanalprojekte und konstruiert verschiedene Schleusentore, bevor er am 2. Mai 1519 im Schloß Cloux bei Amboise an der Loire stirbt.

Die Notizbücher

Wie gesagt: Jede Darstellung von Leonardo muß mit Vermutungen und Annahmen arbeiten, und zwar allein deshalb, weil als ergiebigste Quellen über sein Leben und Denken nur seine eigenen Notizbücher zur Verfügung stehen, die zudem nicht komplett erhalten geblieben sind. Leonardo hat zwar alles, was er aufgeschrieben hat, am Ende seines Lebens dem schon erwähnten Melzi vermacht, doch scheinen der und die Nachwelt nicht in der Lage gewesen zu sein, die zahlreichen Manuskripte und Dokumente zusammenzuhalten. Leonardos Schriften sind heute in alle Welt verstreut und unter verschiedenen Namen eingeordnet worden. Eine der bedeutendsten Sammlungen befindet sich in der Mailänder Bibliothek der Ambrosiana und ist als *Codex Atlanticus* bekannt. (Die Zitate dieses Essays stammen aus dieser Quelle, sofern keine andere Angabe erfolgt.)

Leonardo hat erst im Alter von 30 Jahren damit begonnen, sich Notizen zu machen, die frühen Eintragungen betreffen technische Themen. Sie zeigen, wie er nicht damit zufrieden war, daß er verstand, wie ein Gerät funktionierte. Vielmehr ruhte er nicht, bis ihm klar war, warum ein Ding so und nicht anders arbeitete. Ein wesentlicher Charakterzug von Leonardos Geist ist dabei seine unermüdliche Gründlichkeit, und er verteidigt diese Qualität, »die den Autor einer kurzen Studie über Leonardo wohl in Verlegenheit versetzen könnte«:[8]

»Abkürzungen fügen der Kenntnis und der Liebe Schaden zu, da die Liebe zu allen Dingen der Ursprung dieser Kenntnis ist und die Liebe in dem Maße glühender als die Kenntnis sicherer ist. [...] Von welchem Nutzen ist dann der, der die Details

---

[8] Kenneth Clark, *Leonardo da Vinci*, rororo Monographie 50153, Reinbek bei Hamburg 1998, S. 62

jener Dinge vermindert, von denen er vorgibt, gründliche Informationen zu geben, während er doch den Hauptteil zurückläßt, aus dem das Ganze zusammengesetzt ist. Es ist wahr, daß die Ungeduld, die Mutter der Dummheit, die Kürze lobt, als ob solche Personen nicht ein Leben hätten, lang genug, sie die vollständige Kenntnis eines einzelnen Objektes, die etwa des menschlichen Körpers, erwerben zu lassen; und dann sollen sie den Geist Gottes verstehen, in dem das Universum inbegriffen ist, indem sie ihn genauestens wiegen und in unendliche Teile zerstückeln, als ob sie ihn zu zerlegen hätten.«

Aus dieser künstlerischen Liebe zum Detail entsteht offenbar eine Abneigung gegen die Abstraktion. Leonardo entwickelt ein Mißtrauen gegen Verallgemeinerungen, und es kommt ihm nicht in den Sinn, eine induktive Logik zu entwerfen, die ihm erlauben würde, den Schritt zu gehen, der von dem einen, das er jetzt mit Augen sieht, zu dem allgemeinen führt, das alle Augen immer wieder sehen. Leonardo erlaubte der Wissenschaft nur eine Form der Abstraktion, und zwar die Mathematik – »Es gibt keine Sicherheit in der Wissenschaft, wo nicht die Mathematik angewandt werden kann« –, aber er scheint ihre Kraft mehr gegen die Unsicherheit der theologischen Debatten wenden und sie weniger für die Gewißheit des eigenen Suchens einsetzen zu wollen.

Neben der Detailfülle der Notizbücher, die Kritiker auch als Ungeordnetheit bezeichnen, in der sie Leonardos Unfähigkeit zur Synthese erblicken, beeindruckt vor allem, wie gigantisch einige seiner Pläne waren. So wollte Leonardo tatsächlich Berge versetzen und Flüsse umleiten. Und seine Neuplanung der Stadt Mailand sah sogar eine Anlage mit zwei Stockwerken für das urbane Leben vor:

»Auf den oberen Straßen sollen keine Fahrzeuge fahren; sie sollten für den Gebrauch der Herren reserviert sein. Und durch die unteren Straßen sollten die Fuhrwerke und Schubkarren und die Dinge fahren, die vom Volk benutzt werden.«

Die für heutige Leser bzw. für deren Augen seltsamste Passage steckt in den vielen »Prophezeiungen«, die zum Teil witzig klingen sollen – »Viele Menschen werden, indem sie mit großer Eile ihren Atem ausstoßen, dadurch die Sicht verlieren und bald danach ihr Bewußtsein« –, die aber vielfach auch grausame und ungerechte Handlungen gegenüber Tieren darstellen. Nun gehörte es zu den Sitten der Zeit, Prophezeiungen zu geben – wie der folgende Bericht über Cardano zeigen wird –, wobei der Kunsthistoriker Kenneth Clark die einleuchtende Vermutung ausspricht, daß sich in diesen Texten die Weigerung Leonardos ausdrückt, »die Leiden als selbstverständlich hinzunehmen, die der Mensch auf Grund seiner technischen Fähigkeiten anderen Lebewesen auferlegen kann«.

Malerei als Wissenschaft

Die wohl berühmteste Schrift von Leonardo ist sein *Traktat über die Malerei*, wobei der *Trattato della Pittura* acht Bücher umfaßt, die in fast 1000 Kapitel eingeteilt sind. Leonardo beschreibt hier nicht nur seine Ansichten zur Kunst und gibt auch nicht nur Hinweise auf die von ihm geübte Praxis des Malens. Er stellt die Malerei vielmehr als Wissenschaft vor, wobei er diese Kunst als Wiedererschaffung der sichtbaren Welt versteht. Kunst ist Schöpfung, und der Künstler darf als Schöpfer kein Detail der Natur vernachlässigen oder geringschätzen:

> *»Willst du die Malerei geringschätzen, welche einzig Nachahmerin aller sichtbaren Naturwerke ist, so wirst du sicher eine feine Erfindung mißachten, die mit philosophischer und subtiler Spekulation alle Eigenschaften und Arten der Formen in Betrachtung zieht, Meere, Gegenden, Bäume, Getier, Kräuter und Blumen, und was nur von Licht und Schatten umschlossen ist.«*

Natürlich muß der Maler aus der Fülle der sichtbaren Natur auswählen, und er soll dies in Hinblick auf »harmonische Proportionen der das Ganze bildenden Teile« tun, »wodurch die

Empfindung befriedigt wird«. Diese Proportionen wollte er beim Menschen – dem Maß aller Dinge – auf eine mathematische Gesetzlichkeit zurückführen, um beide mit den perfekten abstrakten Formen der Geometrie in Einklang zu bringen. Leonardo wählte hierzu den goldenen Schnitt, und so entstand um 1495 die berühmte Proportionsfigur des Menschen, die er nach Vorgaben des römischen Architekten Vitruv fertigte. Wir sehen einen Menschen, der mit offenen Armen und selbstbewußt der Welt entgegentritt. Er fasziniert uns wegen seiner harmonischen Schönheit, die ihrerseits einen mathematischen Grund hat, der aus der Tiefe der Natur kommt: Der goldene Schnitt repräsentiert das harmonische Wachsen der Natur, und Leonardo versteht den Menschen als Teil der Natur, der von den gleichen Gesetzen beherrscht wird und den gleichen Prozessen unterworfen ist.

Neben dieser Natürlichkeit zeigt der Mensch als Künstler Gottähnlichkeit, wie Leonardo betont:

»Die Göttlichkeit, die der Wissenschaft des Malers innewohnt, bewirkt, daß sich der Geist des Malers zur Ähnlichkeit mit dem göttlichen Geist emporschwingt, denn er ergeht sich mit freier Macht in der Hervorbringung verschiedenartiger Wesenschaft mannigfaltiger Tiere, Pflanzen, Früchte, Landschaften, Gefilde, Bergstürze, angstvoller und schauriger Orte, die den Schauenden mit Schrecken erfüllen, und ebenso gefälliger Gegenden, anmutig und ergötzlich durch buntfarbig blühende Wiesen, die ein linder Windhauch zu sanften Wellen beugt, die dem entfliehenden Luftstrom nachschauen.«

An einer zentralen Stelle des *Trattato* verteidigt Leonardo mit allem, was er sagen kann, die Erfahrung als Quelle des Wissens, und er wendet sich gegen mancherlei Vorwürfe, die man gegen die Wissenschaft erhoben hat:

»Mir scheint, es sei all jenes Wissen eitel und voller Irrtümer, das nicht von der Sinneserfahrung, der Mutter aller Gewißheit, zur Welt gebracht wird und nicht im wahrgenommenen Ver-

such abschließt, das heißt, daß sein Ursprung, seine Mitte oder sein Ende durch gar keinen der fünf Sinne hindurchgeht. [...] Das wahrhaftige Wissen ist dasjenige, welches der Versuch durch die Sinne eindringen ließ, der Zunge der Streitenden Schweigen auferlegend. Es weidet seine Erforscher nicht an Träumen, sondern allzeit schreitet es von Stufe zu Stufe und mit richtigen Folgerungen über seinen ersten, wahrhaftigen und wahrgenommenen, wie wohlbekannten Grundanfängen empor, bis ans Ziel. So offenbart es sich in den Hauptfächern der Mathematik, das heißt bei Zahl und Maß, Arithmetik und Geometrie genannt, die handeln mit höchster Zuverlässigkeit von den stetigen und unstetigen Größen. [...] Das können die trügerischen Geisteswissenschaften nicht bewirken.«

Leonardo als Ingenieur

Wer die Stichworte Mathematik und Malerei hört, denkt natürlich an die Idee der Perspektive, die in der Renaissance entsteht und auf die Leonardo Gewicht legt. Er nennt sie das »Steuerruder der Malerei« und behandelt sie in drei Teilen. Erstens betrachtet er die Verkürzung bzw. Verkleinerung der Linien und Winkel, welche die Größe von Körpern in unterschiedlichen Entfernungen bestimmen. Dann bedenkt er die Schwächung der Farben, die durch die zunehmende Luftmenge bedingt wird, die zwischen Betrachter und Gegenstand tritt, und drittens läßt er durch Milderung der Umrisse seine Figuren zum Rand hin durchsichtig wie die Luft werden.

An dieser Stelle geht Leonardo ebenso mechanisch nach festen Regeln vor wie bei der Behandlung der Hebelgesetze, die er sich im Anschluß an Archimedes vornimmt, um in vielfachen Varianten Hebe- und Zugmaschinen zu konstruieren. Leonardo entwickelt sich zum Meister der Hebung schwerer Lasten, indem er Flaschenzüge und Wellräder entwirft, die beim Bauen von Festungen und beim Aufrichten von Standbildern helfen. Seine theoretischen Überlegungen zu diesem Thema klingen wie folgt:

»Wenn man irgendeine Maschine gebraucht zum Bewegen schwerer Körper, so haben alle Teile der Maschine, welche eine gleiche Bewegung mit derjenigen des schweren Körpers haben, eine dem ganzen Gewicht des Körpers gleiche Belastung. Wenn der Teil, welcher der bewegende ist, in derselben Zeit mehr Bewegung äußert als der bewegte Körper, so hat er mehr Kraft als der bewegte Körper, und er wird sich um so schneller bewegen als der Körper selbst. Wenn der Teil, welcher der bewegende ist, weniger Schnelligkeit hat als der bewegte, so wird er um so viel weniger Kraft haben als der bewegte Körper.«

Es ist klar, daß Leonardo hier den Gesetzen der Mechanik auf der Spur ist, die Galileo Galilei einhundert Jahre später formulieren wird. Die Schwierigkeit steckt in dem Begriff »Kraft«, dem Leonardo viele Gedanken widmet. Er bezeichnet sie zum Beispiel als

»eine unsichtbare [spirituale] Macht [potenza], unkörperlich und ungreifbar, welche die Ursache sein kann, daß die Körper durch zufällige Heftigkeit der Einwirkung den natürlichen Zustand der Ruhe aufgeben. Ich sage unsichtbar, weil sie ein solches Dasein hat; ich sage unkörperlich und ungreifbar, weil sie nicht körperlich entsteht und weder in Form noch Gewicht wächst.«

Konkret versucht Leonardo die Kraft zu berechnen, die zum Einschlagen von Nägeln und Bolzen erforderlich ist, und als er sich mit dem Bohren von Kanonenrohren beschäftigt, versucht er die Stärke der Achsen und Zapfen am Lauf zu bestimmen, um die vorteilhafteste Stelle zu finden, an der sie angebracht werden müssen. In diesem Zusammenhang stellt er Überlegungen zur Festigkeit von Materialien an und probiert Verfahren aus, um die Haltbarkeit der verfügbaren Stoffe zu erhöhen.

Leonardos Ideenfülle ist unerschöpflich und kann nur bruchstückhaft und in Stichworten erläutert werden. Er macht sich Gedanken über die Verdampfung des Wassers; er konstruiert ein Gerät – ein Pluviometer –, um den Feuchtigkeitsgrad der Luft zu messen; er untersucht kommunizierende Röhren und formuliert das Gesetz, daß die Flüssigkeitsspiegel auf gleicher Höhe stehen müssen;[9] er untersucht die Wellenbildung gegen die Richtung der natürlichen Strömung des Wassers in Flüssen; er analysiert Luftschwingungen und erkennt, daß sich Schallwellen vom Ort ihrer Entstehung kreisförmig ausbreiten; er führt die Idee der artesischen Brunnen aus und konstruiert die dazu passenden Erdbohrer; er bemüht sich beim Betrachten von Kerzenflammen um eine Theorie der Verbrennung (wie wir heute sagen würden) und erkennt dabei die Rolle der Luft:

> »*Ein stärkerer Luftstrom dient dazu, die Flamme leuchtender zu machen. Das Feuer zerstört ohne Unterlaß die Luft, welche sie ernährt*«,

heißt es an einer Stelle, und an einer anderen:

> »*Es kann eine Flamme nicht leben, wo nicht leben kann ein atmendes Tier.*«

Die Luft beschäftigt Leonardo, weil er in ihr fliegen möchte, und im *Codex Atlanticus* finden sich mindestens 100 Skizzen, die sich mit dem Flug der Vögel und der Luftschiffahrt befassen. In diesem Zusammenhang erfindet er auch den Fallschirm.

Wir übergehen Leonardos Betrachtungen zum Auge und zum Licht, seine Analyse der Farben, seine Überlegungen über die Beschaffenheit der Mondes und dessen Einfluß auf die Erde, seine Pulverfabrikation, seine Pläne für Wasserwerke, seine Musikinstrumente, seine hydraulischen Apparate, seine Saug-Druck-Pumpen, seine geographischen und botanischen Studien, seine umfangreiche Maschinenlehre (mit Vorschlägen für Spinnmaschinen), seine Konstruktionen von Rädern, Kur-

---

9 »Le superfici di tutti i liquidi immobili li quali in fra loro fieno congiunti, sempre fieno d'eguale altezza.«

beln und Ketten und vieles anders mehr, und weisen zuletzt nur noch auf das eher drollig wirkende dreibeinige Malerstühlchen hin, das man zusammenlegen und im Freien benutzen konnte.

Über Leonardo können wir – auch heute noch – nur staunen. Selten ist in einer einzelnen Person so sichtbar geworden, was der Mensch vermag, wenn er Kunst und Wissenschaft nicht isoliert betreibt, sondern verbindet. Spannend ist dabei, daß Leonardo zwar als Künstler den Gipfel der Vollendung erreicht hat, daß er als Wissenschaftler und Ingenieur aber vor allem ein Wegbereiter war, der die Richtung gesehen hat, in der wir gehen können.

Leben wir heute in einer *Leonardo-Welt*? Ich denke, daß die Gegenwart diesen Namen nicht verdient hat, wenn sie nur technisch-wissenschaftlich operiert. Leonardo hatte neben der Wissenschaft stets die Kunst mit im Auge. Wenn wir ihm an dieser Stelle ebenso nacheifern wie in der technischen Wissenschaft und ihrer Umsetzung, dann könnte die *Leonardo-Welt* entstehen, die er für sich im Sinn hatte und die sich für uns alle lohnt.

Gerolamo Cardano

oder
Der Herr über die Zeit

Gerolamo Cardano hat als unehelicher Sohn eines Mailänder Rechtsgelehrten sehr früh die mathematischen Neigungen und naturphilosophischen Interessen seines Vaters teilen müssen. Als er später in seiner Geburtsstadt Pavia studieren durfte, wählte Cardano die Medizin als Fach, zu der damals noch ganz selbstverständlich die Astrologie gehörte. So konnte er sich tatsächlich schon in jungen Jahren und voll Stolz als Naturphilosoph, Arzt, Astrologe und Mathematiker bezeichnen. Diese Vielfalt des Wissens nutzte er sein Leben lang zur Eigenwerbung aus, was allein deshalb nötig war, weil er selbständig durchs Leben gehen wollte. Cardano bot den Menschen seine medizinischen und astrologischen Dienste an, und er hatte sich dazu einen hübschen Werbetext überlegt. Diese Worte hingen in seiner Wohnung an Stelle von Bildern. Hier konnte ein Besucher (und potentieller Kunde) Spruchbänder mit der Aufschrift lesen wie »TEMPUS MEA POSSESSIO« – »Mein Besitz ist die Zeit.«

Mit der Frage »Was ist Zeit?« hat sich Cardano auch unter wissenschaftlichen bzw. philosophischen Aspekten beschäftigt, und eine elegante Antwort hat er in seinem Werk *De subtilitate rerum* gegeben, das zu einem Bestseller seiner Epoche wurde. Sie lautet:

»Nichts unter allen Dingen ist ihr eigen, und doch ist alles in ihr, und sie ist immer bei allem. Sie schafft alles und vernichtet alles, aus ihr entspringt das Leben, aber auch der Tod. So lang sie sich in der Erwartung dehnt, so kurz ist sie in der Erinnerung. Obwohl sie uns ständig begleitet, bleibt sie uns immer fremd. Und obwohl es so viel davon gibt, ist jeder Augenblick unwiederbringlich und unersetzlich. Daher ist der Verlust an Zeit bedeutender als irgendein anderer Verlust, den wir erleiden können.«

»Geistige Qualen«

Cardano ist in Mailand aufgewachsen, der Stadt, die in der zweiten Hälfte des 15. Jahrhunderts von den Sforza regiert wurde, in deren Diensten auch Leonardo da Vinci stand. Seine Biographen berichten, daß Cardano »schon in jungen Jahren bei dem Gedanken graute, ruhmlos zu sterben«. Also tat er sein Bestes, um in die Kreise der führenden Intellektuellen und Akademiker aufzusteigen.[10] Es ist ihm tatsächlich gelungen, seinen Namen weit über die Lombardei hinaus bekannt zu machen, wobei es langfristig seine mathematischen Einsichten waren, die ihm zu Ansehen verhalfen. Seine würdigste Arbeit trägt den Titel *Ars magna* (1545), und es ist nicht übertrieben, in ihr die Anfänge der modernen Algebra zu sehen.[11] Cardano gelingen in dem Werk die Lösungen vieler komplizierter (»kubischer«) Gleichungen, von denen einige heute seinen Namen tragen.

Die wahrscheinlich folgenreichste Entdeckung seiner *Großen Kunst*, die zu seinem besonderen Stolz gar nicht in Italien, sondern – nördlich der Alpen – im deutschen Nürnberg erschienen ist, nennen wir heute »imaginäre Zahlen«. Dies klingt zwar nach »imaginiert«, also nach »eingebildet«. Doch gemeint

---

10 Anthony Grafton, *Cardanos Kosmos*, Berlin Verlag, Berlin 1999, S. 10
11 Korrekt heißt die ursprüngliche Publikation *Artis magnae, sive de regulis algebraicis, liber unus.*

sind damit jene merkwürdigen Zahlen, deren Quadrat negativ ist. Es scheint sie nicht wirklich zu geben, sondern nur in der Vorstellung. Ihre Einheit läßt sich schlicht und einfach durch die Lösung der Gleichung $x^2 + 1 = 0$ definieren, und sie wird in den modernen Lehr- und Schulbüchern als i gekennzeichnet. Dies bedeutet zusammengefaßt, daß die imaginäre Einheit i die Wurzel aus der negativen Zahl »minus 1« ist.

Plus- und Minuszeichen vor Zahlen hatte zwar bereits Leonardo – wenn nicht eingeführt, dann doch weitgehend – bei seinen Berechnungen verwendet, doch die Wurzel aus einer negativen Zahl blieb etwas Unheimliches. Konnte überhaupt etwas existieren, dessen Quadrat negativ war? Die Mathematiker vor Cardano hatten solche negativen Lösungen ihrer Gleichungen zwar schon gesehen, sie aber stets beiseite gewischt. Cardano hielt dies für unangemessen, und er nahm die Herausforderung ihrer Existenz an. Dabei ist ihm dieser Schritt keineswegs leicht gefallen. Cardano sprach sogar ausdrücklich von der »Überwindung geistiger Qualen«, die nötig war, um die *quantitas sophisticas* einzuführen, wie er die imaginären Zahlen nannte.

Sie haben sich längst als Größen erwiesen, die in der Mathematik unentbehrlich sind, auch wenn sie zunächst als unvorstellbare und unwirkliche Zahlen angesehen wurden. Gottfried Wilhelm Leibniz bezeichnete sie zum Beispiel noch als Monster und Amphibien, die ihre eigenwillige Existenz zwischen Sein und Nichtsein führten. Erst Carl Friedrich Gauß[12] fand einen Weg, um sie angemessen in die Mathematik zu integrieren. Er erreichte dies, indem er dem bekannten Zahlenstrahl eine zweite Dimension gab und ihn zu der Zahlenebene erweiterte, die eine reale und eine imaginäre Achse hat – doch darüber später mehr (vgl. S. 248). Heute ist klar, daß es ohne diese von Cardano entdeckte imaginäre Dimension keine Theorie der realen Materie geben könnte und uns die Atome im wissenschaftlichen Rahmen unverständlich bleiben würden.[13]

---

12 Sowohl Leibniz als auch Gauß werden in eigenen Kapiteln vorgestellt.
13 Die moderne Atomphysik, deren theoretische Form wesentlich

(Wer sagt eigentlich, daß es nicht noch weitere Dimensionen dieser Art zu entdecken gibt?)

Ein anderer grundlegender Beitrag Cardanos zur modernen Mathematik betrifft die Idee der Wahrscheinlichkeit, die er in seinem Traktat über *Das Würfelspiel* ausführt. Er will wissen, wie häufig ein bestimmter Wurf gelingt, und er schlägt die Methode vor, die wir noch heute benutzen: Man solle erst abzählen, wie viele Möglichkeiten bestehen, um ein gewünschtes Ergebnis mit einem, zwei oder mehreren Würfeln zu erreichen. Und man solle anschließend diese Zahl durch die Gesamtzahl aller Fälle teilen. Dann erhalte man die Wahrscheinlichkeit, die man wissen wolle.

Das wirkliche Leben

Cardano kommt am 24. September 1501 in Pavia zur Welt. Sein Leben bietet so viel Stoff für Erzählungen, daß sich die Biographen die Frage stellen, warum daraus bislang weder ein Roman noch ein Film geworden ist. Seine wissenschaftlichen Ansprüche stehen auf einer soliden Basis – sowohl als Begründer der modernen Algebra als auch als Erfinder des universal funktionierenden, nach ihm benannten und in unseren Autos eingebauten Kardangelenks –, und seine medizinischen Bemühungen waren oft sehr erfolgreich. So wurde Cardano zum Beispiel in das von ihm als barbarisch eingestufte Edinburgh gerufen, um dem kranken John Hamilton, dem letzten katholischen Erzbischof der Stadt, wieder auf die Beine zu helfen. Hamilton bezahlte großzügig, und er lebte noch fünfzehn Jahre, bevor ihn die Protestanten aufs Schafott hievten.

Spannend sind vor allem viele kleine Details seines Lebens, zum Beispiel der Moment, als er mit einem Venezianer beim Glücksspiel sitzt. Cardano erzählt in seiner Autobiographie *De propria vita*, wie er merkt, betrogen zu werden. Wütend entreißt er dem Venezianer das Geld, das er verloren hatte, und

imaginär ist, wird in dem Kapitel erläutert werden, in dem das »Quartett mit Quanten« vorgestellt wird.

stürmt aus dem Zimmer, aber nur, um anschließend voller Angst vor seiner Entdeckung in den Gassen der Lagunenstadt umherzuirren. Er versucht auf ein Schiff zu kommen, fällt bei Betreten von der Gangway und wird abgetrieben. Zwar fischt ihn ein anderes Schiff zum Glück aus dem Meer, aber zu Cardanos Entsetzen ist der Kapitän genau jener Mann, mit dem er zuvor beim Glücksspiel zusammengesessen und den er verprügelt hatte.

Cardanos Leben geht nicht nur spannend vor sich, es enthält auch viele Elemente, die modernen Zeitgenossen vertraut erscheinen. Als Hochschullehrer etwa erfindet Cardano das, was wir heute Zitierindex nennen; als Redakteur bringt er Ratschläge zu Papier, wie Texte druckreif zu machen sind; und als eitler Mensch verfaßt er vier Versionen seiner Autobiographie, die übrigens sämtlich mit der Betrachtung seines Geburtshoroskops beginnen. Damit haben wir das Hauptthema von Cardanos Wirken angesprochen: seine astrologischen Bemühungen, die eine spannende Wissenschaft für den Menschen ergeben sollten. Cardano läßt sich bei diesen Bemühungen von dem Gedanken leiten, daß neugeborene Menschen weich und formbar wie Wachs sind und es vor allem die Planeten und ihre »himmlischen Kräfte« sind, die ihre Spuren hinterlassen, und zwar stärker als Erziehung und andere Erfahrungen es vermögen, die das Leben mit sich bringt.

Was Cardanos Leserschaft seiner Autobiographie angeht – und erncut ein Thema für einen Roman abgeben könnte –, so wußte die damalige Gesellschaft genau, daß er einmal zehn Jahre lang nicht in der Lage gewesen war, mit einer Frau zu schlafen. Man suchte nun nach dem entsprechenden Eingeständnis und erfreute sich an der Schilderung seiner Bemühungen, eine Lösung für die Schwierigkeit zu finden. Man liebte vor allem die Stelle, an der er berichtet, wie er sich mit der ihm eigenen Form der Beharrlichkeit drei Nächte hintereinander mit demselben willigen Mädchen abmüht, das Problem zu überwinden.

Seine Impotenz erklärt Cardano mit der ungünstigen Position der Gestirne bei seiner Geburt: »Weil Jupiter im Aszendenten stand und Venus die Herrin des Horoskops war, wurde ich nur an den Geschlechtsteilen verletzt, so daß ich von meinem einundzwanzigsten bis zum einunddreißigsten Jahr nicht mit einer Frau schlafen konnte und oft mein trauriges Los beklagte und alle anderen um ihr Schicksal beneidete.« Dazu notiert Anthony Grafton:

> »An Cardanos Erklärung fällt vor allem auf, daß sie so unpersönlich ist. Im 16. Jahrhundert war sexuelle Impotenz bzw. Angst vor Impotenz überaus häufig – eine Angst, die um so größer war, als in dieser Zeit hoher Kindersterblichkeit die Gefahr, ohne Nachkommen zu sterben, ohnehin groß war und Heiratsbeziehungen lebenswichtige Bedeutung hatten. Es war allgemein bekannt, daß Hexen für diese Übel verantwortlich waren. In den Wäldern Deutschlands, so erklärten die Dominikaner [...] im Hexenhammer, wimmelte es nur so von bösen Weibern, die den Männern ihre Penisse stahlen und diese in Vogelnestern versteckten.«[14]

Das astrologische Argument erlaubte es Cardano im übrigen, nie die Frauen selbst für sein Versagen verantwortlich zu machen, und in der Tat hat seine nach kosmischen Daten verfügte Therapie ihr Ziel nicht verfehlt. Er hat auf jeden Fall einen Sohn gezeugt, wenn er auch im Alter dessen Hinrichtung (als Mörder) miterleben mußte. Cardano selbst ist am 20. September 1576 in Rom gestorben.

Die Astrologie

Die Astrologie steht zwar in der Kritik, seit es sie gibt, doch steht sie immer noch da und ist nicht unterzukriegen. Sie mag wenig wissenschaftlich sein, aber sie liefert etwas, was Menschen wollen, und damit sind nicht nur Vorhersagen und Prognosen gemeint, die damals so beliebt und begehrt waren wie heute. Die Astrologie scheint die Frage nach dem Sinn des

---

14 A. Grafton, a.a.O., S. 366

Der Astrologe und seine Leser: Das Frontispiz von Gerolamo Cardanos Prognosticon zu den Jahren 1534 bis 1550. Man sieht einen bärtigen Propheten vor einer Stadt, aus der Flammen aufsteigen. Der Prophet betrachtet eine Zeichnung, die einen Zusammenhang zwischen der Sonne (und ihrem Lauf) und der Geschichte herstellt. Die Zahl 1350 ist zu erkennen, mit der die Zeit der Großen Pest in Europa angegeben wird.

Kosmos zu klären. Sie gibt vielen Menschen das Gefühl, Kinder des Weltalls und im Rahmen der Schöpfung gemeint zu sein. Astrologie läßt nicht nur keine Kontingenz zu, sie füllt den Himmel auch mit Bildern, die uns gefallen und uns in der unermeßlichen Weite des Alls einen Ort zuweisen, an dem wir uns wohlfühlen. Selbst die unwissenschaftlichsten Sternbilder sind manchen modernen Menschen lieber als die gigantischen Gasexplosionen und die finsteren Staubwolken, von denen die Astronomie zu berichten weiß.

Die Debatte über Sinn und Unsinn der Astrologie ist alt, und sie bleibt modern. Wichtig für ihre Wirksamkeit ist nicht, ob sie irgendeinem Kriterium von Wissenschaftlichkeit genügt, sondern ob sie von Menschen gewollt wird, die sich in den unendlichen Räumen mit ihrem ewigen Schweigen nicht verloren fühlen möchten. Daß es mit astrologischen Prognosen jedermann möglich ist, seine eigene Verantwortung von sich zu schieben und alles einem unzugänglichen Schicksal anzulasten, darf natürlich auch nicht vergessen werden, wenn man versucht, die Popularität dieses völlig unwissenschaftlichen Umgangs mit dem Dach über allen Köpfen zu begreifen.

Bleiben wir bei den *prognostici*, von denen Cardano zahlreiche angefertigt hat. Die Leute verlangten Langzeitprognosen über das Schicksal des Katholizismus ebenso wie Horoskope, wobei der alleinige Hinweis auf die Stunde der Geburt nicht ausreichte, da man bei Jakob und Esau hier kaum von einem Unterschied sprechen konnte, wie zeitgenössische Kritiker des Verfahrens dauernd betonten.

Cardano lernte bald, daß die Menschen keine Astrologen wollten, die als geheimnisumwitterte Weise mit langem Bart undurchschaubare Regeln verwenden und unverständliche Worte murmeln, sondern daß sie mehr nach Gesprächspartnern suchten, die vertrauensvoll agieren und den Ratsuchenden helfen, eigenständige Prognosen zu stellen. Wer die Astrologie lernen will, verkündet Cardano, muß sich zuerst mit den Planeten vertraut machen. Er erklärt, was man am nächtlichen Himmel sieht, und beginnt ganz einfach:

> *»Die Planeten unterscheiden sich deutlich in ihrer äußeren Erscheinung. Was Sonne und Mond betrifft, so sind diese beiden gar nicht zu verkennen, wenn man nicht blind oder schwachsinnig ist. Die Venus aber ist der hellste Stern, in dessen Licht die Dinge einen Schatten werfen.«*[15]

Cardano schreitet zum Polarstern fort, und er erklärt seinen Lesern, daß es nicht viel Zeit brauche, um sich am Himmel auszukennen. Man könne alles nötige Wissen innerhalb von 15 Tagen erwerben. Er selbst unternimmt in diesem Zusammenhang viele wissenschaftliche Anstrengungen im modernen (astronomischen) Sinn, indem er die Schwierigkeiten erörtert, die auf-

---

15 Das Werk ist unter dem Titel *De supplemento almanach* erschienen.

treten, wenn man die genaue Länge des Sonnenjahres bestimmen möchte. Nimmt man das tropische Jahr, also die Zeit von einer Sonnenwende zur nächsten, oder wählt man das siderische Jahr, also die Zeit, die vergeht, bevor die Sonne nach einem Erdumlauf wieder am gleichen Punkt des Fixsternhimmels erscheint?

Ratschläge für ernste Wissenschaftler

Cardano hat ungeheuer viel geschrieben. Die Gesamtausgabe seiner Werke umfaßt 10 Foliobände mit mehr als 7000 Seiten. Er versucht sich literarisch als Mediziner, als Philosoph und als Mathematiker, doch immer wieder gewinnt der Astrologe die Oberhand, denn »das Bedürfnis, die Zeit zu deuten, ist stärker als die Erkenntnis, daß sie letztlich keinen Sinn, kein Ziel hat«.

Cardano bemüht sich im übrigen auch, die Höhepunkte der Kultur mit Hilfe der Sterne verständlich zu machen. Ihm war zum Beispiel aufgefallen, daß Ptolemäus und Galen derselben kulturellen Epoche angehörten, einer Blütezeit der griechischen Philosophie. Bei der Untersuchung dieser Gleichzeitigkeit gelangt er zu der unkonventionellen Deutung, daß nur die großen Konjunktionen von Jupiter und Saturn für so viel Fortschritt in den verschiedensten Wissenschaften verantwortlich sein könnten.

Er wendet sich gegen Quacksalber und Zahlenmagier und stellt folgende Regeln für seinen Berufsstand zusammen:

»Der Astrologe muß neun Dinge beachten, damit er keinen falschen Gebrauch von seiner Kunst macht und nicht, statt Ruhm und Vermögen anzuhäufen, großen Schaden stiftet und Gefahr heraufbeschwört. Früher konnte ich keinerlei Vorteil aus der Astrologie ziehen, und manche übertrugen den schlechten Ruf meiner Kunst auf mich und verleumdeten mich als einen eitlen und neidischen Menschen. Aber sobald ich gelernt hatte, mich an die folgenden Regeln zu halten, brachte sie mir beachtlichen Gewinn und schadete meinem Ansehen kaum noch. Wer sie beherzigt, wird seine Kunst so ausüben,

daß sie bei niemandem Ärgernis erregt, und er wird nicht weniger Ruhm ernten und Nutzen stiften als die Ärzte unserer Epoche, welche die Heilkunst ausüben. Denn die Voraussagen der Astrologen – wenn sie sich an die in diesem Buch dargelegten Prinzipien halten und die Regeln beachten – sind weit sicherer als alles, was die medizinische Wissenschaft auf ihrem Stand der Erkenntnisse über Krankheiten zu sagen vermag, zumal da der Gewissenhaftigkeit, welche die Astrologie, wie sie hier gelehrt wird, kennzeichnet, eine ebenso große Nachlässigkeit auf seiten der Medizin gegenübersteht.

Deswegen merke erstens und vor allem dies: Wage dich nicht an eine Voraussage, bevor du nicht alles, was hier erklärt wird, vollkommen beherrschst. So mußt du zum Beispiel ohne Zögern erkennen, wann die Planeten sich beschleunigt auf ihren Bahnen bewegen, wenn sie sich nämlich im oberen Teil ihrer Epizyklen befinden, und du mußt wissen, wann sie sich langsamer bewegen, nämlich im unteren Teil des Epizyklus – das gilt nicht für den Mond. Zweitens mußt du dich, wenn du eine Prognose stellst, von Furcht, Haß und Zuneigung vollkommen freimachen, denn sie führen dich, auch wenn du besten Willens bist, irre.«

Es folgen die Ratschläge, die Kunst der Vorhersage nicht mit trivialen Angelegenheiten zu behelligen; keine Klienten zu bedienen, die den Astrologen nur auf die Probe stellen wollen; auf keinen Fall *zu wenig* Geld zu fordern; keine Prognose ohne Blick auf die familiären Verhältnisse zu treffen; Bösewichte nicht zu bedienen; kein privat bestelltes Horoskop an die Öffentlichkeit gelangen zu lassen;[16] keine widersprüchlichen Aussagen zu treffen; kein schlimmes Unglück zu verschweigen, und bei jeder Vorhersage hinzuzufügen: »wenn der Klient sich nicht mutwillig Gefahren aussetzt, die unterschiedslos jedermann bedrohen«. Und Cardano faßt die Regeln für seinen Berufsstand wie folgt zusammen:

---

16 Heute würden wir vom Datenschutz reden.

»Der Astrologe selbst soll ein besonnener, freundlicher Mann sein, der seine Worte zu wählen weiß, stattlich mit Geschmack gekleidet, ernst, loyal und ehrenhaft und in jeder Beziehung vorbildlich. Denn oft ziert der Künstler seine Kunst.«

Das moderne Bild

Cardanos Ziel ist die Erneuerung »jener Astrologie, die uns befähigt, die Zukunft vorherzusagen, und die, wie ich gezeigt habe, eine ebenso exakte Wissenschaft wie alle anderen einschließlich der Medizin ist«. Ihm ist völlig klar, daß jede Wissenschaft unentwegt erneuert werden muß, um wirksam zu bleiben, und Cardano meint, daß die Medizin schon auf dem Weg ist, auf den er die Astrologie erst noch zu bringen hat.

Er ahnt, daß seine Art, die Methoden offenzulegen, für die Wissenschaft nicht unbedingt nützlich sein müsse, denn »was jedermann weiß, büßt eben deswegen in unseren Augen an Wert ein, auch wenn es an sich sehr wohl kostbar ist. Das ist der Grund, weshalb die Priester ihre Zeremonien gern im dunkeln lassen: Wenn sie nicht mit dem Schleier des Geheimnisses umhüllt wären, würde man sie für wertlos halten.«

Doch er macht sich keine Sorgen um die Attraktivität seiner Wissenschaft, denn er sieht klar, daß die lehrbare Rationalität nicht alles erfaßt. Als Kenner von Dantes *Divina Commedia* sieht er in seinen Träumen Seelen durch die himmlischen Sphären wandeln und sich reinigen.

»Es scheint auf den ersten Blick sonderbar, daß ein engagierter, fähiger Astrologe wie Cardano – ein Mann, der so viele Nächte durchwachte, um das mit der Präzision eines Uhrwerks ablaufende Schauspiel am Sternenhimmel zu studieren, der so viele Tage damit zubrachte, sich durch nüchterne Zahlenkolonnen in astronomischen Tafeln zu arbeiten – auch dem undeutlichen Gemurmel, den wenig konturierten Schemen seines Traumlebens so intensive Beachtung schenkte. Und nach Cardanos fester Überzeugung waren ja die Sterne nicht einfach beliebige Zeichen künftiger Ereignisse, sondern sie

bewirkten die Ereignisse. Wenn er ihre Bewegungen vorausberechnete und beobachtete, so studierte er gewissermaßen die gesetzmäßig präzisen, unabänderlichen Bewegungen der einzelnen Zahnräder in der Maschinerie des Schicksals und der Weltgeschichte. Die Sprache der Träume dagegen war, mochten auch ihre Bilder und Begriffe mit denen des wachen Bewußtseins irgendwie verknüpft sein, notwendigerweise dunkel und unscharf. Die Träume enthielten lediglich Zeichen, die auf Künftiges deuteten, keine Ursachen. Und dennoch vertraute Cardano den Träumen ebenso fest wie den Gestirnen. Sein Eifer, die Traumdeutung zu einer kohärenten Wissenschaft zu machen, war kaum geringer als der, den er in seinem Bemühen an den Tag legte, die Astrologie zu perfektionieren.«[17]

Vielleicht zeigt sich an dieser eher dunklen Stelle die Modernität Cardanos in ihrem hellsten Licht. Er vertraut auf seine Wahrnehmungsfähigkeit, und er nimmt die Bilder, die ihm seine Träume und andere Wahrnehmungen von künftigen Dingen mitteilen, als Symbole ernst, wie er in seiner Schrift *De varietate rerum* schreibt, wenn er darstellt,

»*daß ich [...] im Schlaf bildlich sehe. Ich will nicht so vermessen sein, zu behaupten, daß es immer geschieht, aber ich kann doch mit Wahrheit sagen, daß mir meiner Erinnerung nach nichts Gutes oder Schlimmes oder Indifferentes geschehen ist, was mir nicht vorher und ausnahmsweise auch lange vorher im Traum angekündigt worden wäre.*«

---

17 A. Grafton, a.a.O., S. 294f.

Ungleiche Zeitgenossen

Maria Sibylla Merian (1647–1717)
Gottfried Wilhelm Leibniz (1646–1716)

Wenn der berühmte Mann oder die eher weniger berühmte Frau auf der Straße gefragt werden, was die erste Hälfte des 17. Jahrhunderts auszeichnet, welche Vorgänge aus den frühen Jahrzehnten nach 1600 für die Neuzeit besondere Bedeutung bekommen haben, dann taucht in der geschichtlichen Erinnerung zunächst und zumeist der Dreißigjährige Krieg auf, der von 1618 bis 1648 zwischen Protestanten und Katholiken tobte. Während die gespaltene Christenheit ihren Kampf um die Glaubenshoheit bzw. Glaubensfreiheit austrug, wurden ganze Landstriche Europas gründlich verwüstet und viele Menschen gequält und ins Elend gestürzt. Der gewöhnlich durchgenommene Schulstoff betont die massiven Auswirkungen des kirchlich befürworteten Abschlachtens von Menschen, indem er dubiose Figuren wie den Feldherrn Albrecht von Wallenstein nicht nur im Fach Geschichte, sondern auch im Deutschunterricht in den Mittelpunkt rückt und zum Beispiel ausführlich die gleichnamige Dramentrilogie Schillers behandelt.[1] Und die

---

1 Dies war jedenfalls so, als ich zwischen 1960 und 1970 zur Schule ging; wir wurden sogar angehalten, Alfred Döblins Roman über Wallenstein zu lesen. Übrigens habe ich die politischen Verwicklungen in Wallensteins Leben nie verstanden; mir ist vor allem in Erinnerung geblieben, daß er an die Sterne glaubte und Johannes Kepler um ein Horoskop bat – allerdings ohne dafür zu bezahlen.

deutschsprachige kulturelle Elite gerät völlig aus dem Häuschen – das heißt, viele Intellektuelle spitzen die Federn für seitenlange Rezensionen –, wenn Golo Mann, einer der Söhne von Thomas Mann, rechtzeitig vor dem vierhundertsten Geburtstag des Herzogs von Friedland eine voluminöse Biographie Wallensteins auf den Markt bringt und all die Fragen um Kaisertreue, Glaubenstoleranz und Hochverrat noch einmal durchschaut bzw. durchkaut.

Solche grandiose Einseitigkeit zwingt die Frage auf, ob es aus dieser Zeit wirklich nichts Wichtiges zu vermelden gibt. Hat um 1635 wirklich niemand gelebt, dem die Gegenwart mehr zu verdanken hat und dessen Lebensdarstellung besser verdeutlichen kann, woher die Wurzeln der Moderne kommen? Sind die zerstörerische Macht der Armeen, die Blindheit des intoleranten Glaubens und die Brutalität von Kirchen- und Landesfürsten das Bleibende dieser Epoche?

Die Antwort auf die letzte Frage muß »Nein!« lauten, und der Blick auf Wallenstein und Co. erscheint jemandem, der durch die dünne Oberfläche politischer Interessen hindurchsieht, wie das verkrampfte oder kindlich naive Starren auf die riesigen Dinosaurier vergangener Erdzeitalter, deren Anblick und Größe zwar beeindruckt, durch die aber die kleinen und anpassungsfähigeren Säugetiere zwischen ihren Beinen übersehen werden. So wie die populären aufgeblasenen Giganten der Erde längst ausgestorben sind und bestenfalls noch Platz im Kabinett der Kuriositäten finden, so haben auch die kriegsführenden Herren und ihre Heere des 17. Jahrhunderts kaum eine Spur von Belang hinterlassen und nur wenig von Interesse für diejenigen zu bieten, die mehr an Menschen als an Macht interessiert sind. Die neuen Denkformen hingegen, die sich damals eher unbemerkt am Rande ihres mörderischen Treibens entwickelt und zwischen den barbarischen Raubzügen ihrer Soldaten überlebt haben, bestimmen noch heute das geistige Leben und seine Erscheinungen so, wie es die Vielfalt der Säugetiere im Bereich des organischen Lebens tut.

Anders ausgedrückt: Wenn wir Geschichte treiben, um zu verstehen, wie sich die modernen Lebens- und Denkweisen geformt und durchgesetzt haben, dann sollten wir beim Blick auf das frühe 17. Jahrhundert die Aufmerksamkeit endlich auf das lenken, was damals wirklich neu war, nämlich die Idee, daß die Menschen noch zu Lebzeiten die Bedingungen ihrer Existenz verbessern können, wenn sie erst mit wissenschaftlichen Methoden die Gesetze der Natur erkunden und das Gefundene anschließend in nutzbarer Form anwenden. In jenen Jahrzehnten entstand das moderne abendländische wissenschaftliche Denken, das in der Folgezeit den Aufstieg Europas zur Folge hatte und langfristig für den Wohlstand verantwortlich war, den wir alle im Westen bis heute genießen. Während wir in der Schule beigebracht bekommen, daß von 1620 bis 1640 der Streit um den richtigen Glauben das zentrale Ereignis war, ging es in Wahrheit schon längst um die tiefere Frage, ob die Menschen nicht vielleicht jeden von oben verordneten Glauben aufgeben und ihn durch selbst erworbenes Wissen ersetzen können. Vor knapp vierhundert Jahren unternahmen die Menschen den ersten mutigen Versuch, sich aus ihrer Unmündigkeit zu befreien. Sie leiteten das Abenteuer der Vernunft ein, das wir Wissenschaft nennen, und es wird Zeit, daß auf breiter Basis verstanden wird, was damals auf der *geistigen* Ebene passiert ist:

> »*Es waren [nämlich] weder der Humanismus noch die Reformation, die die bedeutendste Revolution im menschlichen Denken auslösen sollten, so bedeutsam sie jahrhundertelang auch erscheinen mochten; es waren die Naturwissenschaften*«,

wie die Historiker der Wissenschaft ebenso unermüdlich wie erfolglos betonen.[2]

Als das europäische wissenschaftliche Denken erwachte,[3]

---

2 John Herman Randall, *The Making of Modern Mind*, London 1976
3 Einige der zentralen Gestalten, die für die Geburt der modernen Wissenschaft in Europa verantwortlich waren – und zwar den Briten Francis Bacon, den Deutschen Johannes Kepler, den Italiener Galileo Galilei und den Franzosen René Descartes –, habe ich in dem

lebten in deutschen Landen zwei Personen, die vom Geist jener Gründungsepoche und ihrer Aufbruchstimmung ergriffen wurden. Beide werden hier vornehmlich als Forscher bzw. als Wissenschaftler vorgestellt, obwohl sie vielfach anders gesehen werden. Es geht um Gottfried Wilhelm Leibniz, der besser als Philosoph und Politiker bekannt ist, und es geht um Maria Sibylla Merian, die eher als Malerin und Kupferstecherin präsent ist. Obwohl der vornehmlich theoretisch tätige Leibniz der um ein Jahr ältere ist, wollen wir der eher künstlerisch kreativen Frau Merian den Vortritt einräumen, deren Porträt auf dem 500-Mark-Schein zu sehen ist.[4]

Der Rahmen

Kurz bevor Maria Sibylla Merian und Gottfried Wilhelm Leibniz zur Welt kommen, wird Neu-Amsterdam, das heutige New York, gegründet und besteigt der Sonnenkönig Ludwig XIV. den französischen Thron (1643). Als die beiden im Krabbelalter sind und der Westfälische Friede 1648 den Dreißigjährigen Krieg beendet, experimentieren Blaise Pascal in Paris und Otto von Guericke in Magdeburg mit dem Luftdruck und dem Vakuum. Der eine erfindet das Barometer, und der andere verzaubert die Menschen mit den berühmten Magdeburger Halbkugeln, die von 12 Pferden nicht getrennt werden können. 1652 wird die Deutsche Akademie der Naturforscher Leopoldina gegründet, die bis heute besteht und ihren Sitz in Halle hat. 1656 vollendet der Spanier Velásquez das Gemälde *Las Meninas* (Die Hoffräulein), und vier Jahre später entsteht *Die Briefleserin* von Vermeer. 1662 stellt Pierre Fermat das nach ihm benannte Prinzip auf, demzufolge Lichtstrahlen immer den Weg

Band *Aristoteles, Einstein & Co.* bereits vorgestellt. In der hier vorgelegten Fortsetzung sollen sozusagen ein paar weitere Zimmer im Haus der europäischen Kultur – genauer: im Stockwerk der Naturwissenschaften – betreten und ihre Bewohner vorgestellt werden.
4 Der schöne Schein bleibt allerdings nicht mehr lange ein gültiges Zahlungsmittel, er wird bald von anderen Papieren in Euro-Währung abgelöst werden.

wählen, der mit dem geringsten Aufwand zurückzulegen ist. Die Mitte der sechziger Jahre jenes Jahrhunderts ist durch die verheerende Pest gekennzeichnet, die in London ausbricht und in deren Schatten Newton die Grundlagen für seine großen wissenschaftlichen Leistungen legt; unter anderem entwickelt er die Fluxionsrechnung (heute: Differential- und Integralrechnung), um die es Prioritätsstreit mit Leibniz geben wird. 1667 wird die Stadt Paris mit Straßenbeleuchtung ausgestattet, wobei die Quellen von rund 500000 Einwohnern sprechen (und die damalige Weltbevölkerung mit etwa 500 Millionen Menschen beziffern). Als Leibniz eine Rechenmaschine vorstellt, die alle vier Grundrechenarten beherrscht (1671), wird experimentell die *generatio spontanea* von Insekten widerlegt. In Italien gelingen in dieser Zeit nicht nur Fortschritte in der mikroskopischen Biologie (Malpighi), hier lebt vor allem Stradivarius, der Geigenbauer von Cremona, und hier komponiert Vivaldi über 20 Violinkonzerte. Weiter im Norden erscheint 1687 das große Werk von Newton, die *Philosophiae naturalis principia mathematica*, und ein Jahr später kommt es in England zu dem Ereignis, das *Glorious Revolution* heißt: Der englische König wird seit 1688 nicht mehr von Gottes Gnaden erwählt, sondern vom Parlament ernannt und mit Machtbefugnissen ausgestattet. (Das Wort »Revolution« bekommt jetzt seinen politischen Sinn, der Fortschritt und nicht das ewige Drehen von Himmelskörpern im Kreise oder auf Ellipsen meint, wie es noch bei Kopernikus der Fall war.) Zwei Jahre später (1690) erscheint der berühmte Essay von John Locke, der auf Deutsch *Versuch über den menschlichen Verstand* heißt. 1695 veröffentlicht der Holländer Leeuwenhoek die Ergebnisse seiner mikroskopischen Untersuchungen, in denen er unter anderem von Bakterien und Blutkörperchen berichtet. Im gleichen Jahr erfindet Dom Perignon eine Methode für die Champagner-Gärung. 1699 tritt Maria Sibylla Merian ihre große Reise nach Surinam (Niederländisch-Guayana) an, 1700 wird die Preußische Akademie der Wissenschaften gegründet (unter Leibniz), 1703 wird St. Petersburg gegründet, 1704 erscheint Newtons *Opticks*, und ein Jahr später prognostiziert

Halley korrekt, daß der Komet, den er 1682 beobachtet hatte (und der heute nach ihm heißt), nach 74 Jahren (1758) wiederkehren wird. Zu der Zeit gibt es schon das Quecksilberthermometer (Fahrenheit 1714). Die erste private Notenbank, die der Schotte John Law 1716 in Frankreich gründet, ist dann allerdings schon wieder bankrott gegangen (1720). Und last but not least soll auf jene sinnreiche Apparatur hingewiesen werden, von der zum ersten Mal 1715 die Rede ist und der ein längeres Leben vergönnt sein wird – die Schreibmaschine.

Maria Sibylla Merian

*oder
Das Wechselspiel von
Wissenschaft und Kunst*

Maria Sibylla Merian hat einen wunderschönen Namen. Er »klingt wie das Läuten von Blumenkelchen über einer im Sonnenglanz liegenden Wiese, und die Gefälligkeit dieser vokalreichen Lautmalerei prägt sich leicht ein und erreicht emotionale Wirkungen, wodurch ein solcher Name in angenehmer Erinnerung bleibt«. So heißt es in einer Neuauflage des Meisterwerks aus dem frühen 18. Jahrhundert, in dem von der Malerin, Kupferstecherin und Naturforscherin Maria Sibylla Merian die Metamorphose (Verwandlung) der Insekten abgebildet und beschrieben wird, die sie in Surinam gefunden und beobachtet hatte.[5]

Surinam ist selbst für heutige Verhältnisse ein Land, das in weiter Ferne liegt, nämlich an der Nordostküste Südamerikas. Es ist als niederländische Kolonie durch die Aufteilung des größeren Guyana entstanden, auf die sich die Holländer mit den Briten und Franzosen geeinigt hatten, wobei die Niederländer im Jahre 1667 auf Neu-Amsterdam (heute New York) verzichteten, um Surinam zu bekommen. Die Seereise dorthin dauerte damals viele Monate, und jeder Tag muß dabei äußerst anstrengend und bedrohlich für Leib und Leben gewesen sein. Warum sich die über fünfzigjährige Maria Sibylla Merian im

---

5 Maria Sibylla Merian, *Das Insektenbuch*, Insel Verlag, Frankfurt am Main, vierte Auflage 1998

Jahre 1699 diesen Strapazen aussetzte und die surinamischen Insekten erstens mit eigenen Augen sehen und zweitens in ihren Verwandlungen zeichnend verstehen wollte, soll in diesem Bericht über ihr Leben erläutert und zu ergründen versucht werden. Zunächst geht es um die Stationen ihres Lebens, die sie von ihrer Geburtsstadt Frankfurt am Main bis nach Amsterdam bringen sollten, also in die Stadt, von der aus sie ihre lange und beinahe tödlich endende Reise in die Tropen angetreten hat und in der zu Beginn des 18. Jahrhunderts ihre berühmten bibliophilen Tafeln mit dem Titel *Metamorphosis Insectorum Surinamensium*[6] entstehen und erscheinen (1705).

»Aller menschlichen Gesellschaft entzogen«

Maria Sibylla Merian hat nicht nur einen schönen, sie hat vor allem einen berühmten Namen. Ihr Vater war Matthäus Merian, der sich als Kupferstecher und Verleger einen Namen gemacht hatte und durch seine immer wieder reproduzierten und überaus exakten Stadtansichten populär und bekannt geworden ist.[7] Der aus Basel stammende und vom Rhein an den Main übergesiedelte Merian war 55 Jahre alt, als Maria Sibylla am 2. April 1647 in Frankfurt geboren wurde, und zwar in einem Land, das sich am Ende des Dreißigjährigen Krieges in einem fürchterlichen Zustand befand. In vielen Regionen herrschte Hunger, Räubereien waren an der Tagesordnung. Das geistige Leben rührte sich kaum und schien weitgehend erloschen.

Neben diese allgemein als bedrückend empfundene Situation tritt als weitere Belastung des verfolgten Lebenswegs die Tatsache, daß Maria Sibyllas Vater plötzlich stirbt, als sie drei Jahre alt ist. Tatsächlich handelt es sich weniger um eine be-

---

6 Es gibt noch wenige Exemplare der Originalausgabe, von denen sich eines in der Dresdner Landesbibliothek befindet.
7 Korrekt müßte es Matthäus Merian der Ältere (d. Ä., 1593–1650) heißen, da es noch einen berühmten Matthäus Merian den Jüngeren (d. J., 1621–1687) gab. Er war Marias Stiefbruder, zu dem sie kaum Kontakt hatte.

hütete und sorglose Kindheit, die Merians Tochter erlebt, und es geht mehr um eine Konfrontation mit finanziellen Nöten und dem Tod in der Familie – sie muß erleben, wie drei ihrer Geschwister sterben –, wenn man ihre ersten bewußten Eindrücke schildern will. Doch ganz ohne Glück geht es bei allem Unglück nicht ab, denn als ihre Mutter erneut heiratet, verbindet sie sich mit dem Blumenmaler Jacob Marell. Er weckt das Interesse der Stieftochter sowohl an der Kunst als auch an der Natur und ermutigt sie sogar, sich Zugang zu einer Malwerkstatt zu verschaffen.

Sie geht darauf ein, und schon früh entwickelt Maria Sibylla die ungewöhnliche Eigenständigkeit und das äußerste Beharrungsvermögen, die sie ihr Leben lang auszeichnen, wenn es darum geht, künstlerisch-wissenschaftliche Ziele zu verfolgen. Die zweite Eigenschaft bezeichnet sie selbst als ihr »Kräutlein Patiencya«, und besonders mit dessen Hilfe richtet sie sich schon in sehr jungen Jahren in der elterlichen Dachkammer eine eigene kleine Werkstatt ein. Sie will sich mit den winzigen und wunderbaren Lebensformen und ihrer bunten Vielfalt vertraut machen und beginnt, Blumen, Bienen, Käfer und Schmetterlinge zu malen. Zuerst kopiert sie dabei Vorlagen aus einem Blumenbuch mit dem Titel *Florilegium novum*, das noch von ihrem Großvater stammte. Später greift sie auf eine fünfbändige Naturgeschichte ihres Vaters zurück, die er in seinem letzten Lebensjahr abgeschlossen hatte und in der sich fast 3000 Bilder fremdartiger Tiere und Fabelwesen finden, von denen ihm Reisende aus fernen Ländern erzählt hatten.

Bei diesem kindlich-künstlerischen Spiel reifen in dem Mädchen im Laufe der Jahre ein wissenschaftliches Thema, ein ästhetisches Bedürfnis und eine menschliche Veranlagung heran. Diese drei Hauptmotive ihres künftigen Handelns erläutert sie im Vorwort des Insektenbuches, das die Ergebnisse ihrer Surinam-Reise festhält. Maria Sibylla wendet sich vor der Präsentation der sechzig Farbtafeln mit den Metamorphosen nebst den dazugehörenden Beschreibungen ausdrücklich »an die Leser«:

»Ich habe mich von Jugend an mit der Erforschung der Insekten beschäftigt. Zunächst begann ich mit Seidenraupen in meiner Geburtsstadt Frankfurt am Main. Danach stellte ich fest, daß sich aus anderen Raupen viel schönere Tag- und Eulenfalter entwickelten als aus Seidenraupen. Das veranlaßte mich, alle Raupen zu sammeln, die ich finden konnte, um ihre Verwandlung zu beobachten. Ich entzog mich deshalb aller menschlichen Gesellschaft und beschäftigte mich mit diesen Untersuchungen. Dabei wollte ich mich zugleich in der Malkunst üben und sie alle nach der Natur zeichnen.«

Den Wunsch, »nach der Natur zu zeichnen«, verspürt sie nicht nur seit den Tagen der Kindheit, sie setzt ihn auch zielstrebig in die Tat um. Spätestens 1660 – also im Alter von 13 Jahren – fängt Maria Sibylla nämlich damit an, Raupen und ein paar dazugehörende Maulbeerblätter mit nach Hause zu bringen, um die Metamorphose und damit die Verwandlung von gräßlichem Gewürm in wunderbare Schmetterlinge direkt beobachten und unvermittelt erfahren zu können. Diese sinnliche Hinwendung nimmt nach und nach wissenschaftliche Züge an, indem sie Notizbücher anschafft und deren Seiten mit genauen Beobachtungen füllt:

Sie unterscheidet buntschillernde Männchen von erdfarbenen Weibchen; sie entdeckt, daß die Raupen von innen her aufgefressen werden und ein leerer Hautsack zurückbleibt; sie bemerkt, daß die farbenfrohen, schlanken Schmetterlinge am Tage fliegen, während die plumperen und einheitlicheren Formen in der Nacht aktiv werden, und manches mehr. Die Vielfalt ihrer frühen Einsichten sollte nicht unterbewertet oder gar belächelt, sondern eher bestaunt werden, denn erstens dauerte es bis 1670, bevor systematische wissenschaftliche Werke über Seidenraupen erschienen, und zweitens wurde die Fachliteratur damals vor allem in lateinischer Sprache geschrieben, was konkret hieß, daß sie für Maria Sibylla zunächst unzugänglich blieb. Im übrigen können wir uns nur einen ungefähren Eindruck von dem Widerwillen und dem Widerstand machen, den Maria Sibyllas Gefallen an Raupen bei ihrer Mutter ausgelöst haben muß. Immerhin herrschte im 17. Jahrhundert trotz der sich rührenden Wissenschaftlichkeit vielfach immer noch der Aberglauben vor, daß in dem Kleingetier aus Raupen, Maden, Fliegen und Käfern so etwas wie »Teufelsgeziefer« am Werke sei, das immer dort neu ins Leben komme, wo es stinkend moderte und ekelhaft faulte. Erst 1671 erkannte der italienische Naturforscher Francesco Redi, daß die Raupen und Maden nicht plötzlich aus dem riesigen Nichts, sondern gemächlich aus den winzigen Eiern entstehen, die schon längst in dem Schlamm und Dreck vergraben waren, bevor das Leben daraus hervorkroch. (Wobei natürlich die eigentlich interessante Frage lautet, wie lange es gedauert haben mag, bis diese Einsicht zunächst allgemein von den Gelehrten akzeptiert wurde und im Anschluß auch von interessierten Laien. Leider läßt sich diese Neugier weder in einem Lexikon noch in irgendeinem anderen Nachschlagewerk befriedigen.)

Die junge Maria Sibylla suchte und fand offenbar unabhängig von den damals vorherrschenden Einsichten ihren wissenschaftlichen Weg, und bereits vor dem 18. Lebensjahr hatte »sie ihr Gebiet gefunden«, wie einer ihrer Biographen schreibt, denn

> *»die Seidenwürmer entwickelten die Malschülerin zur forschenden Künstlerin. Das lebendige Leben, Tiere und Pflanzen in ihrer natürlichen Umgebung, das war es. Sie wurde zur ersten Erforscherin der Ökologie. Mit klarem Verstand und künstlerischem Talent, mit Pinseln. Aquarellfarben, auf Papier und ›carta non nata‹, Jungfernpergament aus der durchscheinenden Haut ungeborener Lämmer, entstanden Kunstwerke und zugleich präzise Abbilder.«*[8]

Von Frankfurt über Nürnberg nach Amsterdam

Als erstes Ergebnis ihrer Tätigkeit bringt Maria Sibylla 1675 ein »Blumenbuch« unter dem Titel *Florum Fasciculus Primus* heraus, das »allen kunstverständigen Liebhabern zu Lust, Nutz

---

8 Helmut Kaiser, *Maria Sibylla Merian*, Piper Verlag, München 1999

und Dienst« sein soll, wie es in der erweiterten und verbesserten Ausgabe heißt, die fünf Jahre später erscheint. Abgesehen davon, daß die Autorin auf ihre frisch erworbenen Lateinkenntnisse hinweist, um in der wissenschaftlichen Welt ernst genommen zu werden, zeigt das Werk die Lieblingsblumen der damaligen Zeit – zum Beispiel Narzissen –, die zwar »nach dem Leben gemahlet«, dabei aber so komponiert und angeordnet sind, wie es der barocke Geschmack der Zeit erwartet.

Als das *Neue Blumenbuch* 1680 erscheint, ist »Merians des Aelteren Tochter« nicht nur verheiratet – und zwar mit einem Mann namens Graff, was sie zur *Gräffin* macht –, sondern auch schon Mutter einer Tochter namens Johanna Helena. Völlig entsagen konnte Maria Sibylla der menschlichen Gesellschaft wohl doch nicht, wobei kein Biograph behauptet, daß sie die Ehe aus Liebe bzw. aus Zuneigung zu dem Mann der elterlichen Wahl eingegangen ist. Als das Paar 1685 geschieden wird, ist auch von sexueller Unverträglichkeit die Rede, was ungeheuer modern klingt und durch die Tatsache, daß die zweite Tochter mit Namen Dorothea zehn Jahre nach der ersten zur Welt kommt, kaum widerlegt und eher bestätigt wird.

Die Frage stellt sich, warum Maria Sibylla überhaupt geheiratet hat. Die einfache Antwort – aus der Sicht ihrer Mutter – lautet wohl, daß es da jemanden gab, der um ihre Hand angehalten hatte und daß sie froh sein sollte, möglichst bald und gut unter die Haube zu kommen. Die bessere Antwort – aus ihrer eigenen Perspektive – beweist, daß ihr erst als verheirateter Frau die vollen Rechte eines Bürgers (bzw. einer Bürgerin) zustanden und Maria Sibylla Merian nur unter dieser Bedingung eine Malschule gründen konnte, mit der sich ihr Lebensunterhalt verdienen ließ. Mit anderen Worten, die besten Chancen, ihren eigenen Lebensplan in die Tat umzusetzen, boten sich nicht, wenn Maria Sibylla ohne männlichen Schutz der menschlichen Gesellschaft vollständig entsagte (und also unverheiratet blieb), sondern dann, wenn sie einen Mann fand und ehelichte, der ihr bei ihren Plänen und Arbeiten möglichst wenig in die Quere kam. Genau den hat sie in Graff gefunden und es eine Zeitlang sogar mit ihm ausgehalten.

Die Familie zieht 1670 nach Nürnberg, der Geburtsstadt von Maria Sibyllas Ehemann, der hier auf bessere Lebensumstände hofft als in Frankfurt. Man bezieht das Haus »Zur goldenen Sonne«, zu dem auch ein Garten gehört, in dem die Gräffin natürlich wieder beginnt, sich den Raupen und ihrer Verpuppung zum Schmetterling zuzuwenden. Dabei hat es ihr einer besonders angetan, der als »Sommervögelein« bekannt ist. Sie beobachtet das Heranwachsen der Falter aus den »kleinsten und größten Würmlein« und staunt darüber, daß sie

> *»mit solcher Weisheit begabt [sind], daß sie in gewissen Stükken die Menschen (wie es scheint) fast zu Schanden machen: Indem sie nemlich ihre Zeit und Ordnung fleißig halten und nicht eher hervorkommen, bis daß sie ihre Speise zu finden wissen. So werden auch die Vöglein ihren Samen fast nirgends anders hinsetzen als wo sie wissen, daß ihre Jungen die Nahrung oder Speise bekommen.«*

Diese Sätze finden sich in ihrem Raupenbuch, dessen erster Teil 1679 und dessen zweiter Band vier Jahre später erscheint. Hier sieht der Betrachter zum ersten Mal die berühmte und vielfach bewunderte Bildkomposition, die Maria Sibylla bis zuletzt beibehalten wird und die ihren Stil auszeichnet. Auf einem Blatt verbindet die zeichnende Forscherin nicht nur die verschiedenen Entwicklungsstadien vom Ei über die Raupe und Puppe bis zum fertigen Insekt, sie vereint den vollständigen und vielgestaltigen Prozeß der Metamorphose zudem mit der Pflanze, die dem Kreislauf des Lebens als Nahrung dient.

In den beiden Raupenbüchern, mit denen sie zur Begründerin der deutschen Insektenkunde wird und in denen sie zum Beispiel auch von Schmarotzern berichtet, die ihre Eier in Schmetterlingsraupen legen, betont Maria Sibylla, daß es ihr nicht um »ungeziemende Ehrsucht«, sondern allein um die Ehre Gottes geht. Als Einleitung ist den Bänden ein Gedicht von Andreas Arnold beigegeben, in dem die Metamorphose als Symbol für Tod und Auferstehung betrachtet wird – allerdings nicht auf Gott, sondern auf den Menschen bezogen.

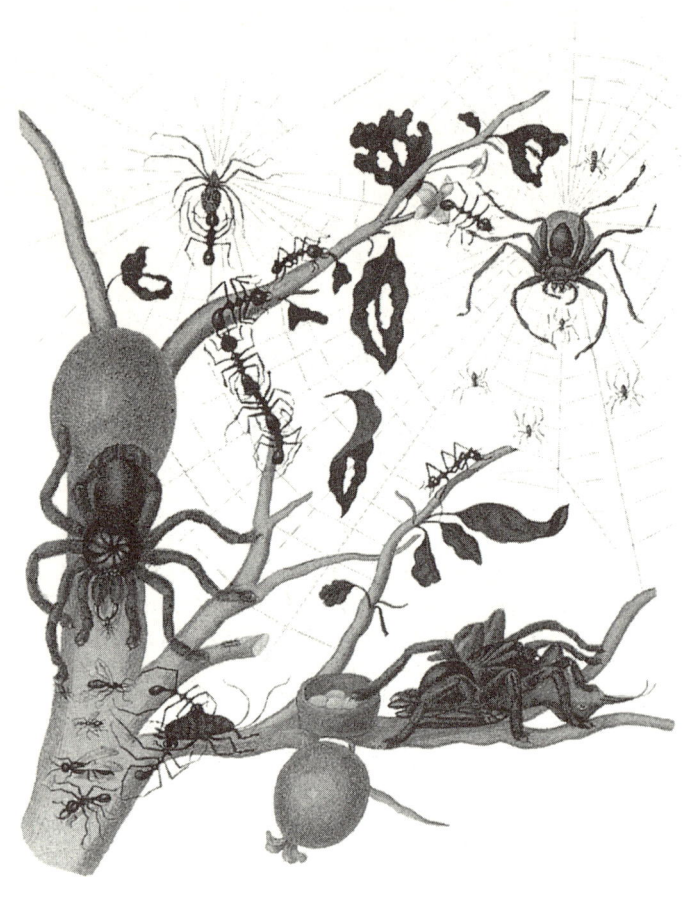

Guajavesbaum, Netzspinnen, Dickkopf- und geflügelte Ameisen, Larve einer Kakerlake, Vogelspinnen und Kolibri. Ein Blatt aus dem Surinamesischen Insektenbuch von Maria Sibylla Merian.

Tod und Auferstehung – das kann Maria Sibylla auch auf ihr eigenes Leben beziehen, denn bei Erscheinen des Raupenbuchs ist die Beziehung zu ihrem Mann einer Entfremdung gewichen. Sie zieht mit ihren Kindern erst wieder nach Frankfurt zurück und schließt sich dann (1685) einer heute unbekannten Sekte, den sogenannten Labadisten, an, die ihr Schloß Waltha bei Wieuwerd im holländischen Westfriesland öffnen und so Maria Sibylla Merian und ihrer Familie eine Stätte der Zuflucht bieten.

Die Labadisten – die Lichtkinder – nannten sich nach ihrem Gründer Jean de Labadie, den man sich als niederländischen Calvin vorstellen muß, da er lautstark gegen das Wohlleben predigte und andere Unsitten des gesellschaftlichen Vergnügens wie Tanz und schöne Kleider mit Vehemenz an den Pranger stellte. In seiner Schrift *Traktätlein von der Selbstverläugnung oder von dem Selbst und dessen mancherley Arten* ging es darum, wie das egoistische Wesen eines Menschen zu überwinden sei, damit er mit einer geläuterten Seele neu geboren werden könne. Maria Sibyllas Thema der Verwandlung ist damit angesprochen, wenn auch anzunehmen ist, daß für sie das Wichtigste in der pietistischen Gemeinschaft die gleichberechtigte Weise war, in der Männer und Frauen nicht nur angesehen, sondern auch behandelt wurden.

Maria Sibylla blieb bis 1691 bei den Labadisten,[9] die um diese Zeit anfingen, sich selbst in alle Winde zu zerstreuen und ihre Gemeinschaft aufzulösen. Sie nutzte den Aufenthalt auf dem Schloß der Sekte, um ihren Töchtern eine gründliche künstlerische Ausbildung zu geben, um Holländisch zu lernen, um ihre Lateinkenntnisse zu erweitern und um weiter Raupen und Falter zu sammeln und zu analysieren. Als eigentümliche sinnliche Erfahrung stellten ihr die Jahre auf Schloß Waltha die exotischen Objekte vor Augen, die Missionare aus den niederländischen Kolonien mitbrachten, unter anderem aus Surinam. Es gab wunderbare Schmetterlinge, Schlangen, Eidechsen,

---

9 Die Ehe mit Graff ist vermutlich erst 1694 geschieden worden, in dem Jahr, als dieser kurz nach seiner zweiten Heirat gestorben ist.

Muscheln und vieles mehr zu bestaunen, was die Neugier der malenden Naturforscherin weckte.

Nach dem Tod ihrer Mutter (1690) konnte Maria Sibylla darangehen, Pläne für ein Leben in Amsterdam zu machen, und ein Jahr später – sie war jetzt 44 Jahre alt – vertauscht sie nach sechs Jahren die ruhige Abgeschiedenheit des Sektenlebens mit der quirligen Offenheit einer Großstadt, die damals 200 000 Einwohner zählte. Im bunten Amsterdam erwacht ihre Schaffenskraft neu – sie malt zum Beispiel 127 Tafeln eines Exemplars der *Metamorphosis et historia naturalis insectorum* von Johann Goedaert –, sie trifft mit berühmten Männern zusammen wie dem Erfinder des Mikroskops, Antonie van Leeuwenhoek, und sie fängt immer mehr an, sich mit dem Gedanken an eine Reise in die Tropen vertraut zu machen. In den Amsterdamer zoologischen Sammlungen hat sie zahlreiche herrliche Insekten aus Surinam gesehen, aber sie sind so präpariert und ausgestellt,

> *»daß dort ihr Ursprung und ihre Fortpflanzung fehlen, das heißt, wie sie sich aus Raupen in Puppen und so weiterverwandeln. […] Das alles hat mich dazu angeregt, eine große und teure Reise zu unternehmen und nach Surinam zu fahren.«*

Im Juni 1699 besteigt sie in Amsterdam das Segelschiff, das sie auf den fremden Kontinent bringen soll. Maria Sibylla ist 52 Jahre alt, und sie wird von ihrer älteren Tochter begleitet, deren Mann Handel mit der Kolonie trieb.

Surinam

Die Reise beginnt furchtbar – nämlich mit Seekrankheit in schlimmster Form –, sie bleibt drei Monate lang beschwerlich, aber sie endet in einem Paradies für die Sinne: Maria Sibylla ist vom Duft der Tropen begeistert, sie bestaunt die Üppigkeit der Vegetation, sie genießt den Geschmack der ihren Augen und ihrem Gaumen fremden Früchte wie Ananas und Orangen, sie ist beeindruckt vom Nachtkonzert der Grillen und Zikaden, sie ist verwirrt von der in tropischen Breiten fehlenden Dämmerung – es fällt ihr schwer, sich an die schnelle Dunkelheit zu gewöhnen. Trotzdem zieht es sie voller Tatendrang in den Urwald Surinams, wo sie Leuchtzikaden, Goldkäfer, Raupen, Spinnen, Heuschrecken, Eidechsen und Schlangen sammelt und mit nach Hause bringt, um sie hier studieren und betrachten zu können. Zuletzt wandern sogar kleine Exemplare von Krokodilen in ihre mit Branntwein gefüllten Gläser. Sie muß bei all ihren Unternehmungen sehr rasch arbeiten, weil in dem feuchten Klima Surinams das Risiko sehr groß ist, daß die Proben zu faulen beginnen und unbrauchbar werden.

Natürlich litten Mutter und Tochter Merian sowohl unter der Hitze als auch unter den Moskitos, die in der Nacht den Schlaf erschwerten. Doch viel bedrückender für Maria Sibylla und Johanna Helena war die Art und Weise, wie die holländischen Pflanzer und Zuckerhändler mit den Menschen umgingen, die auf den Plantagen arbeiten mußten. Es waren Sklaven, die schlimmer als das Vieh behandelt und als »Buschneger« grausam ausgebeutet und brutal mißhandelt wurden.[10] Maria Sibylla berichtet zum Beispiel voller Abscheu über das Los schwarzer Sklavinnen, die über ihre Lebenslage so verzweifelt sind, daß sie Samenkörner einer heimischen Pflanze (der *Flos Pavonis*) in der quälenden Hoffnung essen, dadurch eine Schwangerschaft zu verhindern. Sie wollten ihren ungeborenen Kindern das Martyrium ersparen, das ihnen selbst aufgegeben schien und aus dem es kein Entkommen gab.

Maria Sibylla bemühte sich um ein menschliches Verhältnis zu den Sklaven, was sie sofort in Konflikt mit den mächtigen Männern der Kolonie brachte, die zudem nichts von der ihnen zwecklos erscheinenden – weil keine Reichtümer einbringenden – Tätigkeit der forschenden Malerin hielten. Die Merian verbrachte ihre Tage deshalb vorwiegend im Schutz der Laba-

---

10 Aus Berichten dieser Zeit und dieser Region ist zum Beispiel bekannt, daß man Sklaven, die zu fliehen versuchten und wieder eingefangen wurden, beim ersten Mal die Achillessehne durchgetrennt und beim zweiten Mal das rechte Bein abgehackt hat.

disten-Gemeinde, die sich hier in Surinam länger hielt als in Holland.

Was den praktischen Tagesablauf angeht, so zog Maria Sibylla, um die drückende Hitze besser ertragen zu können, möglichst früh in die Wildnis, um die zahlreichen Wunder der lebendigen Form und ihres Wandels sichten und viele Proben sammeln zu können. Immer mehr Exemplare der Fauna wollte sie in ihre Studien einbeziehen, immer mehr Bilder wollte sie malen – bis sie eines Tages den Strapazen und dem Klima nicht mehr gewachsen war und plötzlich schwer an Malaria (oder Gelbfieber) erkrankte. Nur dank der aufopfernden, langen Pflege ihrer Tochter übersteht sie ihre Krankheit, wobei die Genesung zu dem unvermeidlichen Entschluß führt, einige Jahre früher als geplant nach Europa zurückzukehren. Am 23. September 1701 trifft Maria Sibylla Merian wieder in Amsterdam ein.

Hier machte sie sich nahezu unverzüglich an die Umsetzung ihrer Sammlungen für das Hauptwerk, das 1705 erschienen ist und am einfachsten als »wundervoll dargestelltes, exotisches, heute noch bezauberndes Panoptikum« beschrieben werden kann. Auf sechzig kolorierten Tafeln sieht man »prachtvolles Leben überall«, wie es in der Neuausgabe unserer Tage heißt, die anzuschauen man kaum müde wird und die auf jedem Bild wunderbare Details entdecken lassen, die sich der Beschreibung durch Worte entziehen. Man muß mit eigenen Augen sehen, wie etwa auf der vierundzwanzigsten Tafel die Raupen des Surinamischen Nachtpfaus und des Indianischen Buschauges auf einem Nachtschattengewächs Platz gefunden haben und wie sich auf der sechsundvierzigsten Tafel eine Raupe, eine Puppe und ein Falter tummeln, ohne eine züngelnde braungescheckte Schlange zu beachten, die zusammengeringelt unter einem Jasminzweig liegt.

Auf dem Titelblatt der *Surinamischen Metamorphosen* steht übrigens selbstbewußt nur noch der eigene Name – ohne den sonst üblichen Hinweis auf den Vater, aus dessen Schatten die Tochter längst herausgetreten ist, ohne dies allerdings bislang so deutlich zum Ausdruck gebracht zu haben. Auch die sonst bei ihr üblichen Lobpreisungen Gottes halten sich jetzt in Grenzen, und zum ersten Mal treten neben die ästhetischen und gefälligen Aspekte der Natur auch grausame und häßliche Abläufe und Vorgänge. Maria Sibylla zeigt zum Beispiel – auf Tafel XVIII – eine Vogelspinne, die einen Kolibri aussaugt (wobei diese Beobachtung von Experten lange Zeit in Zweifel gezogen worden ist).

Die *Metamorphosen* finden große Anerkennung mit der Folge, daß die Nachfrage nach den früheren Büchern der Merian wächst. Weiter fängt die über sechzigjährige Maria Sibylla an, Mut für eine zweite Reise nach Surinam zu sammeln. Doch 1711 erleidet sie einen Schlaganfall, und sie macht ihr Testament. Sie stirbt am 13. Januar 1717 in Amsterdam, und sechs Jahre später wird sie auf dem Leidse Kerkhof beerdigt. Ihr Grab existiert nicht mehr. Geblieben sind ihre Werke, vor allem die *Surinamischen Metamorphosen*. Ein Exemplar dieses Prachtwerks gelangt auf verzweigten Umwegen nach St. Petersburg, wo es zuletzt auf einem Dachboden landet. Hier findet es 1907 der junge Vladimir Nabokov, der sich durch die Bilder der Merian anregen läßt, neben seiner Liebe zur Literatur auch eine Leidenschaft für Schmetterlinge zu entwickeln. Und mindestens einer von ihnen ist in der Fachsprache nach Maria Sibylla benannt. Er heißt *Inga merianae* und sieht wunderbar aus.

Gottfried Wilhelm Leibniz

oder
Der Glaube an universale Zeichen

Gottfried Wilhelm Leibniz gilt gemeinhin als das letzte Universalgenie oder wenigstens als der letzte Universalgelehrte, der noch alle Wissensgebiete seiner Zeit überblicken und mit originellen Ideen zu ihnen beitragen konnte. Universalistisch ausgerichtet war sein Denken auf jeden Fall, weshalb sich Leibniz auch konkret und konsequent zugleich darum bemühte, den bis dahin allein in den Universitäten angesiedelten und damit mehr oder weniger verborgenen Wissensschatz zu heben. Er wollte ihn unter anderem den Akademien und ihren Mitgliedern verfügbar machen, deren Gründung er unermüdlich vorantrieb und deren – natürlich – universell ausgerichtete Wissenschaftsplanung er schon früh zu seinen Aufgaben zählte.

Doch so umfassend Leibniz sich im Laufe seines Lebens auch geäußert hat und so vielfältig seine mathematischen, philosophischen, historischen, juristischen und politischen Beiträge sind – der bedeutende Mann hat kein massives System entworfen, an dem man sich aufrichten kann; er hat kein Hauptwerk hinterlassen, mit dem er sich einfach packen und einordnen ließe; und er hat keine Schule gegründet, deren Schüler eine neue Geschichte erzählen würden. Bei Leibniz findet man nicht den großen Wurf, dafür aber die ganze Welt, und zwar in Hülle und Fülle und in rascher Folge.

Frühe Lebensstationen

Leibniz wurde am 1. Juli 1646 in Leipzig geboren. Er studierte »Jurisprudentia« und schloß diese Phase seines Lebens als Zwanzigjähriger mit der Promotion zum Doktor beider Rechte an der Universität Altdorf bei Nürnberg ab. (Die Universität seiner Heimatstadt hatte ihn wegen seiner Jugend nicht zugelassen.) Der Kurfürst und Erzbischof von Mainz ernannte Leibniz – den Sohn aus lutheranischer Familie – daraufhin zum Revisionsrat an seinem Oberappellationsgericht. Während dieser Tätigkeit entwarf Leibniz einen Plan – sein sogenanntes *Consilium Aegypticum* –, der Frankreichs Expansionsdrang unter Ludwig XIV. von Holland abwenden und auf Ägypten hinlenken sollte.[11] In den folgenden Jahren entdeckte bzw. entwickelte er nicht nur die Infinitesimalrechnung (und ihre Zeichen), er baute auch eine erste Rechenmaschine, die alle vier Grundrechenarten ausführen konnte (Addieren, Subtrahieren, Multiplizieren, Dividieren).

Während dieser Zeit war er viel auf Reisen. Er hielt sich zum Beispiel in Paris auf, wo er den Mathematiker und Physiker Christiaan Huygens traf und Theorien des Lichts diskutierte; oder er fuhr nach Den Haag, wo er mit dem Philosophen Baruch Spinoza über dessen geometrische (!) Begründung des moralischen Handelns sprach; oder er ließ sich in London blikken, wo er Mitglied der Royal Society wurde – und das alles passierte noch vor seinem dreißigsten Geburtstag. Erst danach, vom Oktober 1676 an, kommt wenigstens etwas äußerliche Ruhe in das innerlich so stark bewegte Leben. Leibniz richtet sich in Hannover ein, wo er als Bibliothekar in die Dienste des Herzogs Friedrich von Braunschweig-Lüneburg tritt. Zu Beginn seiner Tätigkeit für das Haus Hannover, die in dieser Form über zwanzig Jahre (bis 1698) dauern wird, beschreibt Leibniz sich selbst – in der dritten Person – auf eine sehr ehrlich scheinende Weise, die im folgenden zitiert wird. Wir fügen

---

11 Es scheint, als ob Napoleon nach dem Plan von Leibniz gehandelt hat.

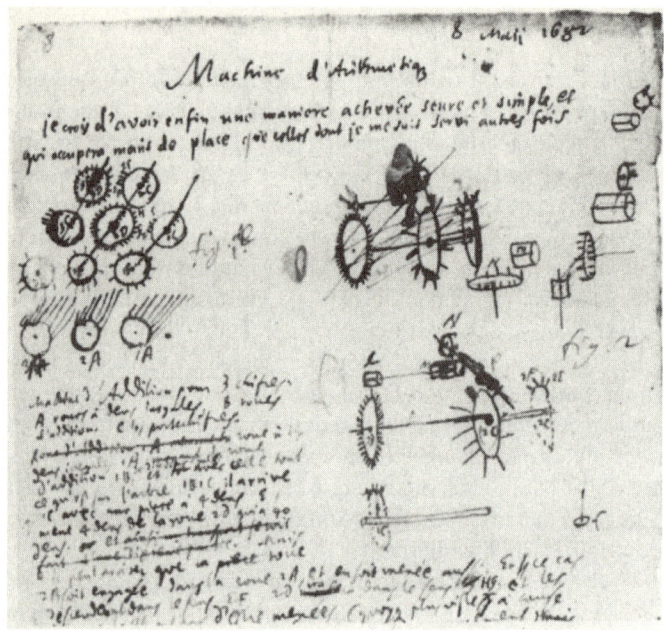

Konstruktionszeichnung von Leibniz aus dem Jahre 1682 für seine Rechenmaschine (die von der Feinmechanik seiner Zeit allerdings noch nicht angefertigt werden konnte).

diese ausführliche Selbstdarstellung deshalb ein, weil Leibniz einmal ausdrücklich bemerkt hat, daß man ihn nicht kennt, wenn man nur seine Schriften kennt:[12]

> *»Er ist [von] hagerer, mittelmäßiger Statur, hat ein blasses Gesicht, sehr oft kalte Hände, Füße, die wie die Finger seiner Hände nach Verhältnis der übrigen Theile seines Körpers zu*

12 Daß wir auch ihn selbst nur aus seinen Schriften kennen – und ihn in diesem Sinne nur aus seinen Schriften kennen können –, wird aufgefallen sein und nicht weiter kommentiert.

lang und zu dünn sind, und keine Anlage zum Schweiß. Er hat bräunliches Haar auf dem Haupte, am Leibe ist er nur sparsam damit versehen. Er hatte von Kindheit an kein scharfes Gesicht, seine Stimme ist schwach und mehr fein und hell als stark. Er hat schwache Lungen, eine trockene und hitzige Leber und Hände, die mit unzähligen Linien durchkreuzt sind. Er liebt das Süße, z. B. den Zucker, womit er auch den Wein zu vermischen pflegt. Sein nächtlicher Schlaf ist ununterbrochen, weil er spät zu Bette geht und das Nachtsitzen dem Arbeiten am frühen Morgen bei weitem vorzieht. Schon seit seinem Knaben-Alter führte er eine sitzende Lebensart und machte sich wenig Bewegung. Sein Hang zur Gesellschaft ist schwächer als derjenige, welcher ihn zum einsamen Nachdenken und zur Lectüre treibt. Befindet er sich aber in Gesellschaft, so weiß er sie ziemlich angenehm zu unterhalten, findet aber seine Rechnung mehr bei scherzhaften und heiteren Gesprächen als bei Spiel oder Zeitvertreiben, welche mit körperlicher Bewegung verbunden sind. Er gerät zwar leicht in Hitze, sein Zorn ist aufbrausend, geht aber schnell vorüber. Man wird ihn nie weder ausschweifend fröhlich, noch traurig sehen. Schmerz und Freude empfindet er nur mäßig. Das Lachen verändert häufiger seine Miene, als es seine inneren Theile erschüttert.«

»Theoria cum praxi«

Theorie und Praxis – so lautet das Motto, das Leibniz über sein Werk stellt, und tatsächlich sehen ihn die Jahre in Hannover nicht nur theoretisch tätig. Er befaßt sich mit praktischen Aufgaben in den Bergwerken im Harz, denkt über die Möglichkeiten für die Entwässerung von Gruben nach, übernimmt die Leitung der Wolfenbütteler Bibliothek, macht Vorschläge für die Reunion (Wiedervereinigung) der christlichen Kirchen und bekommt den Auftrag, die Geschichte des Welfenhauses zu schreiben. Dies ist mit vielen Besuchen in den großen Städten Europas verbunden – unter anderem von Wien, Venedig, Rom, Florenz und Prag.

Leibniz wird noch zahlreiche andere Reisen unternehmen und dabei zum Beispiel mit dem russischen Zaren Peter I. zusammentreffen, der ihn zum Geheimen Justizrat ernennt, aber seine Lebensbahn kreist um die Stadt in der Mitte, um Hannover, wo er 1716 auch sterben wird (und zwar am 14. November). Nur Berlin und Wien schaffen es, ihn länger von Hannover wegzulocken, wobei er zwischen seinem Hauptwohnsitz und der preußischen Hauptstadt mehr als ein Dutzendmal hin und her pendelt, wie man heute sagen würde.

In Berlin hat es ihm vor allem das neu erbaute Schloß Lützenburg angetan – das spätere Schloß Charlottenburg –, wo er insgesamt 12 Monate verbringt, oft im philosophischen Gespräch mit der Kurfürstin Sophie Charlotte und einigen Berliner Gelehrten. Zwar gesteht Leibniz später, diese Phase als seine glücklichste Zeit in Erinnerung zu haben, aber das Glück kann er nur in wenigen Augenblicken gefunden haben, denn mehr als der Genuß des Gesprächs peinigt ihn die Vorstellung, bei dieser müßigen Tätigkeit Zeit für wichtige Dinge zu verlieren. Kurz nach seiner Ankunft in Berlin notiert er im Jahre 1698:

> *»Es scheinet, die alzugrosse Bequemlichkeit sei nicht guth; indem sie machet, dass die Menschen ihr Leben mit ihrer Zeit gleichsam ohnvermerkt verlieren und es nicht genugsam brauchen noch empfinden.«*

Trotzdem muß vermerkt werden, daß Leibniz' Leben vielleicht anders verlaufen und mehr von Berlin aus geführt worden wäre, wenn Sophie Charlotte länger gelebt hätte. Doch sie starb im Jahre 1705, und ihr früher Tod ließ Leibniz tief erschüttert zurück.

»Wenn Gott rechnet, entsteht die Welt«

Das Wort, das Leibniz vielleicht am besten charakterisiert, heißt »rastlos«. Rastlos hat er Pläne zur Reform der Staatsverwaltung entworfen; rastlos hat er über die Verbesserung von

Ackerbau und Manufakturwesen nachgedacht; rastlos hat er Denkschriften als Verwalter des säkularisierten Klosterguts, als Direktor des Archivwesens und als technischer Leiter des Harzer Bergbaus vorgelegt; rastlos hat er Entwürfe für den Aufbau von Akademien geschrieben, und vor allem hat er sich rastlos darum bemüht, ein universales Zeichensystem zu finden. Alle denkenden Menschen brachten Zeichen zu Papier – Buchstaben oder Zahlen zum Beispiel –, und Leibniz wollte diese Zeichen als *characteristica universales* so allgemein und umfassend – eben für die ganze Welt und für alle Menschen – verfügbar haben, daß jedes Streiten und jedes Argumentieren in Form einer sachlichen Kalkulation bzw. einer rationalen Analyse mit diesen Zeichen entschieden werden könnte, gleich ob es sich um juristische Fragen, um politische Entscheidungen, um moralische Einwände oder um mathematische Behauptungen handelte:

> *»Alle Forschungen, die von der Vernunft abhängen, würden über die Umformung solcher Zeichen und einen gewissen Kalkül laufen, was die Erfindung schöner Dinge ungemein vereinfachte. Man müßte sich nicht mehr der Kopf zerbrechen, wäre aber versichert, alles Machbare auch machen zu können. Und wenn jemand an dem, was ich vorgebracht haben würde, zweifelte, würde ich ihm sagen: ›Rechnen wir, mein Herr!‹«*

Diese Idee hat Leibniz auf Gott selbst übertragen und dabei mit den Worten formuliert: »Wenn Gott rechnet und den Gedanken ausführt, entsteht die Welt.« So versteht er, warum etwas ist und nicht nichts. Wir *sind*, weil Gott mit uns *rechnet*. Ein wunderbarer Einfall, über den man trefflich streiten kann, der aber für den biographisch interessierten Betrachter von Leibniz vor allem eins klarmacht, daß er in der Hauptsache Mathematiker war. Um diesen Aspekt seines Schaffens soll es auch hier vornehmlich gehen, was zugleich heißt, daß seine zahlreichen philosophischen Ansätze und Arbeiten nur in Stichworten gestreift werden.

Die unberechenbare Welt

Zuvor noch eine Anmerkung zu dem rechnenden Gott, der oben zitiert worden ist. Offenbar schwebt Leibniz die Utopie einer durchgängig rational kontrollierten Welt vor. Dreihundert Jahre nach diesem Vorschlag muß die Frage gestellt werden, ob heute verstanden worden ist, warum die Idee einer Welt, in der alles rational entschieden werden kann, nicht funktionieren kann. So abwegig vielen Menschen die Hoffnung auch erscheinen mag, man könne die Farbigkeit der sinnlich erlebbaren Welt vollständig durch bloße Zahlen ausdrücken und erfassen, so unzweifelhaft sind viele andere dem Rausch der Zeichen namens Zahlen verfallen, die in digitaler Form von Computern »verarbeitet« werden.[13] Bekommen wir nicht dauernd Prozentangaben als Erkenntnisse etwa über das Wählerverhalten oder in Wetterberichten vorgesetzt? Träumen wir nicht nach wie vor den Traum, den Leibniz als erster beschrieben hat? Läßt sich alles durch Zahlen ausdrücken – wie Leibniz meinte –, oder geht das nicht? Brauchen wir bloß noch auf die Computer zu warten, die mit ihrer Rechenkapazität in Bruchteilen von Sekunden Zeichenfolgen von Trilliarden Nullen und Einsen bewältigen können? Oder steht der Idee eines formalen Verständnisses der Welt ein prinzipiell unüberwindbares Hindernis im Wege, das die Utopie unerreichbar werden läßt? Gibt es etwas, was Leibniz übersehen hat?

Die Antwort auf die letzte Frage heißt eindeutig »Ja«, aber man kennt sie erst seit dem Beginn des 20. Jahrhunderts. Zwar hatte schon Pythagoras bemerkt, daß es nicht ausreicht, sich auf endliche Null-Eins-Folgen zu beschränken, wenn man eine taugliche Digitalisierung der Welt zustande bringen will,[14] aber

---

13 Dies wird sich hier später erneut bei Norbert Wiener zeigen, der deshalb auch als der »Leibniz Amerikas« bezeichnet wurde.
14 Daß die digitale Erfassung der Welt tatsächlich unendliche Folgen benötigt, zeigen heute eindrucksvoll die Ergebnisse der Chaostheorie, die Naturerscheinungen (Wolken, Küsten, Verzweigungen) nachbilden kann.

erst 1907 hat der Holländer Luitzen Brouwer daraus den richtigen Schluß gezogen, nämlich den, daß diese Beschreibung unlogisch sein muß. Die kalkulatorische Berechenbarkeit der Welt erweist sich deshalb tatsächlich als Hirngespinst.[15]

Die von Brouwer intuitiv erkannte Unlogik kommt schlicht daher, daß man einer endlosen Folge aus lauter Nullen nicht ansehen kann, ob nicht doch noch irgendwann eine Eins auftaucht. Solch eine unendliche Zahlenfolge kann oder kann nicht irgendwo eine Eins haben, und damit verliert nicht nur der berühmte Satz vom ausgeschlossenen Dritten (»*tertium non datur*«) seine Gültigkeit, damit verschwindet zugleich auch die Hoffnung auf eine Digitalisierung der Welt. Es ist – leider oder zum Glück? – so, daß sich nicht alle Lösungen zu allen Fragen *berechnen* lassen, wie noch Leibniz meinte und hoffte. Wir müssen uns beim Umgang mit der Welt etwas anderes einfallen lassen.

Der Philosoph

In den letzten Abschnitten ist ziemlich oft das zugleich große und kurze Wort »Welt« vorgekommen. Tatsächlich hat sich Leibniz viele Gedanken über das gemacht, was Philosophen den »Weltbegriff« nennen und was vielleicht einfacher als »Weltbild« bekannt ist. Wahrscheinlich ist sogar sein bekanntestes Diktum mit der »Welt« verbunden, denn er war der Meinung, daß wir in der *besten aller möglichen Welten leben,* wie er einmal geschrieben hat, nur um deswegen anschließend heftig von Voltaire verspottet zu werden. Dessen Roman *Candide* macht sich lustig über die lächerlich optimistische Behauptung im Angesicht einer Wirklichkeit, die täglich neue grauenvolle Geschehnisse und verbrecherische Taten zuläßt.

Doch so naiv, wie Voltaire glaubte, hat Leibniz die Idee der »besten aller möglichen Welten« wohl nicht gemeint. Ihm ging

---

15 Zum besonderen Mißvergnügen von David Hilbert, wie in dem diesen großen Mathematiker behandelnden Kapitel deutlich werden wird (vgl. S. 167 ff.).

es vor allem darum, die Gründe des göttlichen Handelns zu begreifen, das zur Erschaffung der Welt geführt hatte. Da Gott nur vollkommen agieren kann, muß die Welt wenigstens die Möglichkeit zur Vervollkommnung besitzen. Mit anderen Worten: Die Idee der besten Welt stellt eine Aufforderung dar, sie so zu machen. Die *perfectio* kann erreicht werden, weil Gott die *perfectibilitas* – die Fähigkeit dazu – vorgegeben hat.[16]

Was immer der Philosoph Leibniz dachte und schrieb, stand unter dem unverrückbaren Grundprinzip, daß nichts ohne zureichenden Grund geschieht, womit sowohl Ursachen (*causae*) als auch Begründungen (*rationes*) gemeint sind. In diesen großen Rahmen mußte Gott mit eingeschlossen werden, und als Anwendung dieses Satzes entsteht somit die sicher wohlmeinende Idee, daß wir in der besten aller Welten leben.

Ein weiterer – wahrscheinlich viel zuviel zitierter – Grundgedanke von Leibniz ist sein Konzept einer »prästabilierten Harmonie« der Welt, das zum ersten Mal 1695 publiziert wird, und zwar unter dem französischen Titel *Système nouveau*, was Leibniz selbst auf Deutsch mit *System der prästabilierten Harmonie* bezeichnet hat. Was in diesem Buch steht, ist heute als »Monadenlehre« bekannt, wobei die damit gemeinte Lehre durch den zumindest für manche Ohren schrecklich klingenden (weil an Maden erinnernden) Begriff Monade eher weniger als besser verständlich wird.

»In der Natur gibt es nichts als Monaden«, hat Leibniz in seinem Todesjahr geschrieben, um hinzuzufügen: »Alles andere sind Phänomene.« Monaden wurden von ihm verstanden »als einfache Substanzen«, wobei er erläutert, daß »einfach heißt, was keine Teile hat«.

Offenbar hat sich Leibniz durch die damals neuen Einsichten beeindrucken lassen, die mit den ersten Mikroskopen gelungen sind. Unter diesen Instrumenten offenbarten selbst

---

16 Dieser Grundgedanke findet sich auch in der Alchemie. Die Alchemisten haben versucht, das in der Natur unvollkommen Gebliebene vollkommen zu machen, zum Beispiel vergängliches Blei in unvergängliches Gold zu verwandeln.

winzige Wassertropfen eine innere Struktur (»Welt«), die vielfach untergliedert und geformt war. Die unendliche Teilbarkeit der Welt wurde dem Philosophen zwar im wahrsten Sinne des Wortes vor Augen geführt, aber sie mußte trotzdem zu einem Ende kommen – schließlich ist die Welt *etwas* und nicht *nichts*. Dieses Ende nannte Leibniz Monaden, wobei solche Gebilde natürlich weder eine Ausdehnung noch eine Gestalt haben können und von Gott geschaffen worden sind. Was diesen fensterlosen Monaden einzig und allein zukommt, ist ein innerer Zustand, den Leibniz seltsamerweise *Perzeption* nannte und dem er die Fähigkeit (als Tätigkeit) einräumte, von einem Perzeptionszustand zu einem neuen fortschreiten zu können. Auf diese Weise entstehen in jeder Monade Folgen von Perzeptionen – da meldet sich wieder der Mathematiker, der am liebsten und leichtesten in Zahlenfolgen denkt, die sich beherrschen lassen. Zu guter Letzt macht Leibniz die Annahme, daß alle Monaden so beschaffen sind, daß die ihnen je eigene individuelle Folge vollkommen mit der aller übrigen Monaden übereinstimmt. Dieses Zusammenfinden gelingt, weil es etwas in der Welt gibt, was er prästabilierte Harmonie nennt.

Wie gesagt, »in der Natur gibt es nichts als Monaden«. Damit diese Gebilde nach strengen Regeln existieren – im Denken von Leibniz ist jedes Geschehen umfassend determiniert –, ordnet er sie in einer Hierarchie an, die mit Gott als *monas monadum* beginnt und bis zu den schlafenden Exemplaren der Schöpfung reicht. Die gesamte Wirklichkeit läßt sich auf diese Weise als Kontinuum erfassen, in dem keine Lücke offen bleibt, ganz so wie es sein soll bzw. wie es ihr Erfinder will. »Die Natur macht keine Sprünge«, verkündet Leibniz fast flehend, um bis zu Beginn des 20. Jahrhunderts recht zu behalten. Im Jahre 1900 springt sie dann auf einmal aber doch, wie Max Planck als erster bemerkt (und wie in dem ihm gewidmeten Kapitel beschrieben wird). Die Physiker entdecken nun das Quantenhafte der atomaren Wirklichkeit und entwerfen dabei ein völlig neues Bild von den Grundelementen der Materie.

Unter rein naturwissenschaftlichen Gesichtspunkten betrachtet scheint Leibniz mit den Monaden ziemlich nah an die moderne Vorstellung eines Atoms oder eines Elektrons gekommen zu sein. In beiden Fällen haben die Physiker längst aufgehört, von Dingen mit definierter Ausdehnung zu sprechen, wobei allerdings der besondere Twist der Moderne in der Auffassung besteht, daß die Atome keine Teile *sind*, während Leibniz meinte, daß die Monaden keine Teile *haben*.

Der schwärmende Mathematiker

Es ist wie immer: Die philosophischen Fragen bleiben in der Schwebe, und es könnte sein, daß Leibniz sich deshalb auf dem Gebiet der Mathematik mehr zu Hause fühlte. »Meine Metaphysik ist sozusagen gänzlich Mathematik, zumindest könnte sie es werden«, schreibt er einmal an den Marquis Guillaume de L'Hospital, der zu den Großen seiner Zeit und seiner Zunft gehört. Immer wieder versucht Leibniz, philosophische Fragen mit mathematischen Ansätzen zu lösen, und selbst als er in seiner *Théodicée* der Frage nach dem Ursprung des Bösen nachgeht, bemüht er sich,

> »*diese Dinge durch Vergleich mit der reinen Mathematik aufzuklären, in der alles ordnungsgemäß verläuft und in der man die Mittel hat, sie durch eine genaue Untersuchung zu entwirren, aus der wir sozusagen einen erfreulichen Einblick in die göttlichen Ideen gewinnen*«.

Es sind erneut vor allem die Zahlenfolgen, die es ihm angetan haben, wie er zu betonen nicht müde wird:

> »*Man kann eine Folge oder Serie von Zahlen annehmen, die augenscheinlich ganz unregelmäßig ist und in der Zahlen ganz verschieden zu- und abnehmen, ohne daß sich darin irgendeine Ordnung zeigt; und trotzdem wird derjenige, welcher den Schlüssel zu dem Rätsel besitzt und den Ursprung und Aufbau dieser Zahlenreihe kennt, eine Regel angeben können, die richtig aufgefaßt, die Serie als sehr wohl regelmäßig und sogar wohlproportioniert zeigt.*«

Leibniz lernt mit den Zahlenfolgen rationale Netze nach dem Unendlichen zu werfen, und er ist begeistert über jeden Fang. So fragt er sich zum Beispiel, was herauskommt, wenn man die Summe aus $1 + 1/2 + 1/4 + 1/8 + 1/16 + \ldots$ *ad infinitum* bildet. Bringen unendlich viele Glieder immer das Unendliche mit sich?

Nein, sagt Leibniz, unendlich viel kann endlich bleiben, und sein Beweis beginnt mit einem kleinen Kniff. Er multipliziert erst die Reihe mit 2, um die Summe $2 + 1 + 1/2 + 1/4 + 1/8 + \ldots$ zu erhalten, und zieht dann beide Gebilde voneinander ab. Dabei entsteht nach geeigneter Umformung und mit Hilfe von Klammern, die Leibniz erfindet und der mathematischen Zeichensprache hinzufügt:

$$2 - (1 - 1) - (1/2 - 1/2) - (1/4 - 1/4) - \ldots,$$

was alle Glieder außer dem ersten verschwinden und also nur die 2 übrig läßt. Die gesuchte Summe muß also diesen Wert haben, der offensichtlich weit von unendlich entfernt ist (und zwar unendlich weit).

Leibniz erfindet die Klammerschreibweise, um seinen Beweis nicht nur führen, sondern auch *vor*führen zu können. Mehr noch als die Zeichen liebt er die Zahlen, und er versucht, sie auf unterschiedlichste Weise auszudrücken. Er ersinnt zum Beispiel das Zweiersystem – die *Dyadik* –, in dem nur die Ziffern 0 und 1 vorkommen (dürfen), um Zahlenwerte anzugeben.[17] Auf dieser Grundlage arbeiten die heutigen

---

17 Im gewohnten Zehnersystem gibt die (von rechts gelesen) erste Ziffer die Einser, die zweite Ziffer die Zehner, die dritte Ziffer die Hunderter, die vierte Ziffer die Tausender und so weiter an. 83 ist dreimal die Eins und achtmal die Zehn. Im Zehnersystem gibt es zehn Ziffern: 0, 1, 2, 3, 4, 5, 6, 7, 8, 9. Die Zehn ist keine Ziffer, sondern eine Zahl aus zwei Ziffern.

Im Zweiersystem gibt es zwei Ziffern: 0 und 1. Von rechts (oder hinten) gelesen gibt die erste Ziffer die Einser, die zweite Ziffer die Zweier, die dritte Ziffer die Vierer, die vierte Ziffer die Achter, die fünfte Ziffer die Sechzehner, die sechste Ziffer die Zweiunddreißi-

Computer.[18] Natürlich wußte Leibniz, wie wunderbar praktisch das im Alltag verwendete Zehnersystem ist, doch schien ihm das Zweiersystem eher als Symbol für die Vollkommenheit der Welt geeignet zu sein. In der Dyadik erblickte er nicht nur eine »schöhne Ordnung und Einstimmung«, sondern sogar ein überzeugendes Sinnbild des christlichen Glaubens, das sich seiner Ansicht nach zur Heidenbekehrung einsetzen läßt. Er schlug vor, es dem chinesischen Kaiser vorzuführen, da er »ein sehr großer Liebhaber der Rechenkunst sey«, denn »es möchte vielleicht dieses vorbild des Geheimnißes der Schöpfung dienen, ihm des Christlichen glaubens vortrefflichkeit mehr und mehr vor augen zu legen«.

Leibniz liebte seine Dyadik dermaßen, daß er sich sogar schwärmerisch dazu äußerte und die Schöpfungsgeschichte mit den verfügbaren Ziffern erzählt:

»Zu Beginn des ersten Tages war die 1, das heißt Gott. Zu Beginn des zweiten Tages die 2, denn Himmel und Erde wurden während des ersten geschaffen. Schließlich zu Beginn des siebenten Tages war schon alles da; deshalb ist der letzte Tag der vollkommenste und der Sabbat, denn an ihm ist alles geschaffen und erfüllt, und deshalb schreibt sich die 7 [im dualen System] 111, also ohne Null. Und nur wenn man die Zahlen bloß mit 0 und 1 schreibt, erkennt man die Vollkommenheit des siebenten Tages, der als heilig gilt und von dem noch bemerkenswert ist, daß seine Charaktere [nämlich in der Schreibweise 111] einen Bezug zur Dreifaltigkeit haben.«

---

ger und so weiter an. Die Zahl 1000 würde im Zehnersystem 8 lauten, und die Zahl 111 hieße 7.

18 Leibniz selbst konnte seine Rechenmaschine nicht mit dem dualen System der Zahlen arbeiten lassen, und zwar aus Gründen der Feinmechanik. In seiner Zeit vermochte noch niemand die nötigen mechanischen Umsetzungen zu realisieren.

Das Infinitesimale

Als Max Planck die im Zusammenhang mit den Monaden erwähnte Unstetigkeit der Natur entdeckte (die inzwischen mit den legendären *Quantensprüngen* sogar Eingang in die Alltagssprache gefunden hat), bestand seine ursprüngliche Absicht darin, sich eines mathematischen Hilfsmittels zu bedienen, das Leibniz ersonnen und ausprobiert hatte. Planck führte unter der Bezeichnung h eine Hilfsgröße in seine Rechnungen ein, um sie zuletzt auf präzise Weise gegen Null gehen und damit verschwinden zu lassen. Die Idee solcher unendlich klein werdenden – infinitesimalen – Konstruktionen hatte sich Leibniz ausgedacht, um Flächen auch dann berechnen zu können, wenn sie krummlinig begrenzt waren, oder um die Neigung eine Kurve angeben zu können, selbst wenn sie gebogen statt geradlinig verlief.

Der heute im Schulunterricht vorgeführte Trick besteht darin, an die gekrümmten Linien winzige Dreiecke anzulegen, die selbst keinerlei Biegung enthalten. Diese wirklichen Dreiecke nähern sich den gekrümmten Gebilden immer besser an, wenn man sie immer kleiner macht, und zwar so lange, bis ihre Seiten zuletzt infinitesimal – unendlich klein – werden. Dabei wird der Grenzübergang (im Jargon: »der Limes gegen Null«) nach einer genauen Vorschrift exerziert, die im Prinzip darin besteht, daß man den Quotienten zweier infinitesimaler Seitenlängen bildet. Wie leicht einzusehen ist, stellt solch ein Quotient eine handhabbare Größe dar, denn ebenso wie 4/2 das Resultat 2 ergibt, führt 0,00004/0,00002 zu demselben Resultat 2, und dies läßt sich zu immer kleineren Größen weitertreiben. Das als Grenzwert definierte infinitesimale Dreieck kann man sich als Monade vorstellen, die zwar ohne Ausdehnung und Gestalt auskommen muß, die aber ihre innere geometrische Qualität behält und deren Unterscheidbarkeit von anderen infinitesimalen Monaden die gewünschte Steigung einer Kurve oder den anvisierten Flächeninhalt zu berechnen erlaubt.

Die wunderbare Mathematik, die dabei entsteht, heißt unter Experten Infinitesimalkalkül, und er wird heute mit den von

Leibniz vorgeschlagenen Zeichen an der Universität vorgestellt. Seine erste Ausarbeitung stammt zwar aus dem Jahre 1675, doch erfolgte die Veröffentlichung erst knapp zehn Jahre später. In diesem Zusammenhang muß man den so unbegründeten wie unerfreulichen Prioritätsstreit mit Isaac Newton erwähnen (der in dem Kapitel über den Engländer ebenfalls angesprochen worden ist[19]). Newton hat sich alle Mühe gegeben, als das britische Original zu erscheinen und den Deutschen als Plagiator hinzustellen. Leibniz hat sich darüber mehr gewundert als geärgert. Er war viel zu sehr rationaler Optimist, um sich von Menschen ablenken zu lassen, die Ärger suchten, statt nach der Harmonie zu streben, die Gott ihnen nicht nur aufgetragen, sondern zu der er sie auch befähigt hatte.

---

19 Vgl. den Band *Aristoteles, Einstein & Co.*, S. 162.

Innere Zwecke und äußere Ziele

Alexander von Humboldt (1769–1859)
Carl Friedrich Gauß (1777–1855)

»Wo fahren wir denn hin?
Immer nach Hause.«
Novalis, *Heinrich von Ofterdingen*

Die Zeit um 1800 herum wird oft als das Zeitalter Goethes bezeichnet, denn trotz der zahlreichen großen Figuren dieser Epoche – unter ihnen zum Beispiel der Komponist Beethoven, der Philosoph Hegel, der Maler C. D. Friedrich und der Naturforscher Lorenz Oken, um nur ein paar wenige zu nennen und einen *deutschen* Naturwissenschaftler einzuschließen[1] – hat wohl der Dichter des *Faust* die größte und nachhaltigste Berühmtheit erlangt. Johann Wolfgang Goethe lebte von 1749 bis 1832, und spätestens seit den *Leiden des jungen Werthers* (1774), dem von vielen Zeitgenossen leibhaftig nachgelebten Bestsellerroman seiner Zeit, war er so bekannt wie kein anderer neben ihm. Aber der dominierende Name darf nicht den Blick dafür versperren, wie ungemein vielfältig diese aufregende Epoche des europäischen Geisteslebens war, in der die beiden Protagonisten dieses Kapitels lebten. Der eine, Alexander von Hum-

---

1 Die ganz Großen der Naturwissenschaft dieser Zeit lebten entweder in Frankreich (zum Beispiel Jean-Baptiste Lamarck und die vielen Mathematiker in Paris) oder in England (zum Beispiel Thomas Young oder Michael Faraday).

boldt, hat nahezu die ganze Welt erkundet, während der andere, Carl Friedrich Gauß, am liebsten immer in denselben Zimmern weilte und in den letzten 24 Jahren seines Lebens keine einzige Nacht außerhalb seines Hauses in Göttingen verbracht hat.

Die Zeit um 1800 ist kulturell nicht nur durch Goethe (und Schiller) und politisch durch das Hochkommen Napoleons gekennzeichnet. Sie gilt auch als Zeit der Romantik, wobei dieser Begriff zwar gesamteuropäisch verstanden werden muß, aber sein besonderes deutsches Gepräge nicht zu übersehen ist. Die dazugehörende Geisteshaltung verschaffte sich nicht nur in Musik und Literatur Ausdruck, sondern brachte auch ihre ganz eigene Naturphilosophie zustande. Den »Romantikern« ging es darum, die wahre Beziehung des Menschen zur Natur zu finden und mit Einfühlung (Empathie) in die Tiefe ihres Wesens vorzudringen. Hinter der sichtbaren Natur vermuteten sie einen Urgrund, der zugleich das Fundament der menschlichen Seele sei. Der Urgrund galt auch als Nachtseite der Natur. Sie kann zwar durch keine Lampe des Bewußtseins erhellt werden, aber sie berührt uns doch, denn auf der Nachtseite wähnten viele philosophische Köpfe im frühen 19. Jahrhundert neben den universalen Symbolen des Menschen auch den Keim künftiger Entwicklungen – ein Gedanke, der sicher vielen Anhängern der exakten Naturwissenschaften unserer Zeit fremd erscheint, der aber Eingang in die Psychologie gefunden hat, die sich mit der Deutung von Träumen befaßt.[2] In der Romantik nahm man aber nicht nur die Träume und ihre Symbole ernst, man bemühte sich auch um die systematische Untersuchung von Mythen – ein Thema, das heute wieder neu entdeckt wird.[3] In den uralten Geschichten und ihren Motiven erblickten die Zeitgenossen Goethes keine abwegigen Verirrungen des Geistes, sondern lebendige Kräfte desselben, die erzählend offen-

---

2 Mehr dazu bei Ernst Peter Fischer, *Die aufschimmernde Nachtseite der Wissenschaft*, Libelle Verlag, Lengwil 1996
3 Zum Beispiel durch Norbert Bischof, *Kraftfeld der Mythen*, Piper Verlag, München 1996

barten, wie Menschen mit ihrem Bewußtsein die Welt entdeckt und sie für sich erschaffen haben.

»Soviel Anfang war nie« – diese vier Worte werden oft zur Charakterisierung jener Epoche benutzt, und sie sollen auch hier verwendet werden, um den revolutionären Abschnitt der Geistesgeschichte zu bezeichnen, in dem die Menschen mit aller Kraft versuchen, die »Selbstbefreiung von den kausalen Gesetzen, von den Mechanismen der äußeren Welt« zu finden, wie es der Philosoph Isaiah Berlin einmal ausgedrückt hat.[4] Sie spüren und verkünden, daß sie ihre Freiheit vor allem erreichen, wenn sie schöpferisch tätig werden – zum Beispiel als Künstler oder als Wissenschaftler. Hierin steckt die Möglichkeit zur Selbstbestimmung eines jedes einzelnen Menschen, wie damals bewußt wurde.

»Soviel Anfang war nie« – dies gilt auf seine Weise auch für die Sphäre der Ökonomie. Die »romantische« Zeit erlebte politisch-wirtschaftlich gesehen den Wechsel von der agrarischen Epoche zur industriellen Gesellschaft – mit den handfesten Konsequenzen, die bald jeder jeden Tag zu spüren bekam – zu seinem Nutzen. Bis zur Mitte des 19. Jahrhunderts herrschte in vielen der nicht-industrialisierten Regionen Deutschlands weniger die verträumte Lebensfreude und mehr die bittere Armut vor – zum Beispiel auch in Preußen. Das konkrete Leben zur Zeit der Romantik war für viele Deutsche wenig romantisch im schwärmerischen Sinn des modernen Wortverständnisses. Statt dessen waren Hunger und Elend weit verbreitet. Die Mittel des täglichen Bedarfs waren für den statistischen Durchschnittsverdiener keineswegs erschwinglich. 1817 gab es zum Beispiel eine Hungersnot, in deren Folge allein in Schwaben 30000 Menschen nach Amerika auswanderten. Sie wollten »lieber Sklaven in Amerika als Bürger in Weinsperg« sein, wie es damals nur allzu verständlich hieß.

Der Umschwung zur Industriegesellschaft kam aus England, wo im 18. Jahrhundert in der Umgebung von Manchester erste Werkzeug- und die Dampfmaschinen entwickelt und eingesetzt

---

4 Isaiah Berlin, *Wirklichkeitssinn*, Berlin Verlag, Berlin 1998, S. 308

worden waren. Jetzt konnte das beginnen, was Historiker später die Industrielle Revolution nennen würden. Mit den Maschinen ließen sich Fabriken einrichten, wo man wollte, denn man wurde unabhängig von den in der Natur gegebenen Kräften und den Orten, an denen sie verfügbar waren. Gleichzeitig entstand die Wissenschaft der Chemie, die Stoffe rein herstellen konnte – nicht nur Soda, Chinin und Morphium, sondern auch organische Substanzen, mit denen sich Farben und einige andere Produkte mehr herstellen ließen, für die es Bedarf gab. Als Folge wandeln sich zum Beispiel viele kleine Apotheken erst in mittlere Fabriken und dann in große Pharmafirmen um, und damit wird die Grundlage für die große Industrialisierung geschaffen, die um 1860 beginnt und schon bald der folgenden Generation den Wohlstand ermöglicht, der das Wilhelminische Zeitalter kennzeichnet.

Bereits 1830 überschritt die Zahl der Menschen die Grenze von einer Milliarde. Es beginnt »das Zeitalter der kleinen Leute«, und es endet »die Zeit der großen Genies«. Als Goethe und Hegel starben, kamen Boehringer und seine Söhne.[5] Diese praktisch vorgehenden Menschen fühlten sich vor allem durch den damals allgegenwärtigen Tod herausgefordert, der zu häufig und zu plötzlich das Leben ihrer Kinder forderte. Sie verstanden die Romantiker nicht, die sich im Anblick des Todes eher fasziniert zeigten und verklärt gaben. In industriell-wissenschaftlichen Kreisen reagierte man auf diese Todesverliebtheit der Romantiker eher angewidert. Man wollte statt dessen Antworten bereitstellen, etwa in Form von Arznei- oder anderen Lebensmitteln. Viele Wissenschaftler des 19. Jahrhunderts glaubten, daß sie erfüllen könnten, was ihre Kollegen aus dem 17. und 18. Jahrhundert versprochen hatten. Sie glaubten, daß es möglich sei, mit dem Einsatz von technischen Mitteln die Menschen nicht nur von ihrer Not zu befreien, sondern ihnen zudem das Glück bringen zu können. Zur Zeit der Romantik wurde nicht nur über Traumsymbolik nachgedacht, hier

---

5 Ernst Peter Fischer, *Wissenschaft für den Markt*, Piper Verlag, München 1992

träumte man den Traum aller Rationalisten und Weltverbesserer. Ein Traum, aus dem unsere Zeit langsam erwacht, um sich zu fragen, an welcher Stelle man damals zu weit gegangen ist.

Der Rahmen

1769, in dem Geburtsjahr von Alexander von Humboldt, kommt auch Napoleon zur Welt, und ein Jahr später folgt Beethoven. 1771 entdeckt der Engländer Priestley den Sauerstoff, 1772 schreibt Lessing das Trauerspiel *Emilia Galotti*, und im folgenden Jahr erscheint der *Götz von Berlichingen* von Goethe. 1774 stirbt Ludwig XV., 1775 bringt Lavater seine *Physiognomik* heraus, und 1776 erklären die britischen Kolonien in der Neuen Welt als Vereinigte Staaten von Amerika ihre Unabhängigkeit. 1777 wird Gauß geboren, 1778 sterben Voltaire und Rousseau, und 1779 kommt Lessings *Nathan der Weise* auf die Bühne. 1780 stirbt Maria Theresia, und 1781 publiziert Immanuel Kant seine *Kritik der reinen Vernunft* (die im Verlauf der Jahrhunderte so viel Kritik erfahren wird – von Gauß, von David Hilbert, von Albert Einstein und von Konrad Lorenz, wie noch in späteren Kapiteln zu lesen sein wird). Im folgenden Jahr (1782) läßt Montgolfier einen Heißluftballon aufsteigen; er wiederholt seine Flugversuche 1783 mit einem viel größeren Ballon und läßt einen Hahn, eine Ente und ein Schaf mitfliegen. 1790 gelingt es in Frankreich, ein Verfahren zur künstlichen Sodaherstellung zu entwickeln, der Italiener Galvani beobachtet das Zucken von Froschbeinen, und 1791 wird Mozarts *Zauberflöte* uraufgeführt – im Todesjahr des Komponisten. 1795 erfolgt die Einführung des metrischen Systems, 1796 kommt es durch den Engländer Jenner zur ersten Pockenschutzimpfung, ein Jahr später taucht die Idee der Normalverteilung in der Statistik auf. Eine erste Maschine zur Papierherstellung kommt 1798 auf den Markt, und kurz vor dem Ende des Jahrhunderts bricht Alexander von Humboldt nach Südamerika auf. 1800 wird die Voltasche Säule als Urform der Batterie konstruiert, und die Evolution der Arten taucht als Idee auf, um das Aussterben durch ein Anpassen zu ersetzen. 1801 gibt es einen Katalog mit 47000 Positionen von Sternen, und Gauß publiziert seine *Disquisitiones Arithmeticae*. 1802 legt Thomas Young eine Wellentheorie des Lichts und eine Erklärung der Farben vor, 1803 stirbt Herder, ein Jahr später Kant. Im gleichen Jahr 1804 krönt sich Napoleon zum »Kaiser der Franzosen«. 1805 stirbt Schiller. 1806 wird Chinin isoliert, und 1807 entdeckt Dalton das Gesetz der Proportionen in der Chemie; 1808 erscheint der erste Teil der *Faust*-Tragödie; Kalium und Natrium werden elektrolytisch getrennt; Dalton formuliert seine Atomhypothese, die Polarisierung des Lichts wird bemerkt, und Lamarck publiziert seine Schrift *Philosophie zoologique*, die den Wandel der Arten wissenschaftlich amtlich macht (wenn sie ihn auch leider unzutreffend erklärt). 1810 erscheint Goethes *Farbenlehre*, und die Berliner Universität wird durch Wilhelm von Humboldt reformiert. In den folgenden Jahren stellen Chemiker eine erste Theorie der Säuren auf; Avogadros Gesetz wird gefunden; die Industrialisierung des Webstuhls beginnt; Fraunhofer entdeckt die nach ihm benannten Linien im Sonnenspektrum, und die Drehung der Polarisationsebene durch Moleküle wird erkannt. 1814 baut Stephenson die erste Lokomotive, 1815 endet der Wiener Kongreß, 1817 findet das Wartburgfest statt. 1819 erscheint Schopenhauers *Die Welt als Wille und Vorstellung*, 1821 stirbt Napoleon im Exil auf St. Helena, und Dostojewskij wird geboren, 1824 komponiert Beethoven die Neunte Symphonie. 1826 entdeckt Johannes Müller spezifische Sinnesenergien; 1827 findet Ohm des Gesetz für den elektrischen Widerstand; 1828 gelingt die Harnstoff-Synthese durch Wöhler. Im selben Jahr sterben Schubert und Goya und werden Tolstoi und Ibsen geboren. 1830 kommt es zur Junirevolution in Paris. Die Gruppentheorie von Galois und der Positivismus werden geschaffen; 1832 – im Todesjahr Goethes – wird *Faust II* fertiggestellt. 1837 wird die 18jährige Prinzessin Viktoria Königin von Großbritannien und Irland (und sie bleibt dies bis zu ihrem Tod im Jahre 1901). 1839 wird die Zelltheorie der Biologie konzipiert. 1842 entdeckt Robert Mayer das Energiegesetz, das 1847 seine universelle Formulierung durch Helmholtz bekommt. In diesen Jahren komponiert Wagner den *Fliegenden Holländer* und den *Tannhäuser.* 1848 kommt es zur Märzrevolution in Deutschland, die durch die französische Februarrevolution im selben Jahr ausgelöst wird. Das *Manifest der Kommunistischen Partei* erscheint zur gleichen Zeit in London. 1851 wird hier die erste Weltausstellung organisiert, 1857 schreibt Baudelaire die *Blumen des Bösen,* und 1859 erscheint Darwins Werk vom *Ursprung der Arten.* Auf dem europäischen Kontinent beginnt das Zeitalter der großen Industrie.

Alexander von Humboldt

oder
Die innere Notwendigkeit von
Wissenschaft

Alexander von Humboldt ist in zwar Berlin geboren worden (am 14. September 1769) und neunzig Jahre später auch dort gestorben (am 6. Mai 1859), aber seinen größten Triumph hat er in Paris gefeiert. Als der 35jährige Naturforscher im Jahre 1804 nach seiner fünfjährigen Südamerikareise in der französischen Hauptstadt eintrifft, feiern ihn die Menschen wie einen Helden. Humboldt ist vorübergehend berühmter als Napoleon, der »voll Haß gegen mich« reagiert, wie Humboldt bemerkt. Napoleon, der sich auf seine Krönung zum Kaiser vorbereitet, blickt voller Neid auf den zwar bestaunten und bejubelten, aber zugleich auch so belesenen und bescheidenen Deutschen. Napoleon versucht Humboldt zu kränken. Er erkundigt sich: »Sie beschäftigen sich mit Botanik?« und fügt – ohne eine Antwort abzuwarten – hinzu: »Auch meine Frau treibt sie.« Dann wendet der Franzose dem Deutschen den Rücken zu.

Humboldt hält diese brüskierende Behandlung Napoleons aus. Er ist längst den Umgang mit großen Politikern gewohnt, als er vor dem kommenden Kaiser der Franzosen steht. Humboldt ist von Philadelphia aus nach Frankreich gekommen. In den Vereinigten Staaten war er drei Wochen lang Gast von Präsident Thomas Jefferson. Dieser Besuch bildete den Abschluß seiner Reise in die Neue Welt, die er 1799 zusammen mit dem französischen Botaniker Aimé Bonpland angetreten hat und die ihm nicht nur den Ehrentitel eines »deutschen Kolumbus«

einbringen, sondern seinen Name an mehr Orten auf der Weltkarte erscheinen lassen wird als den irgendeines anderen Menschen. »Humboldt« ist vor allem in Südamerika weit verbreitet und bekannt – inzwischen gibt es sogar einen Humboldt-Krater auf dem Mond.

Die beiden reiselustigen Wissenschaftler waren von Spanien aus in die Neue Welt aufgebrochen, weil sie dort die Genehmigung zur Forschungsreise durch die Kolonien einholen mußten. Humboldts und Bonplands Ziel besteht darin, mit dem vergleichenden Blick auf Flora und Fauna, dem Erkunden der Flüsse und dem Besteigen selbst höchster Berge zur wissenschaftlichen Erkundung und Entdeckung Lateinamerikas beizutragen. Sie sammeln allein über 60000 Pflanzen und beschreiben mehr als 3600 neue Arten. Als besonders eindrucksvolle Leistung gelingt es ihnen, die bis dahin umstrittene Gabelung (Bifurkation) des Orinoco nachzuweisen. 1802 schafft es Humboldt – mit primitivster Ausrüstung und ohne Handschuhe – sich bis auf rund 800 Meter an den Gipfel des 6267 m hohen Vulkans Chimborazo (im heutigen Ecuador) heranzuarbeiten, der damals in Europa für einen der höchsten Berge der Erde gehalten wurde.

Es sind diese bestandenen Abenteuer, die den Menschen Bewunderung entlockten und zu Humboldts Ruhm beitrugen, wobei zudem auffällt, daß er sich immer als Mann der westlichen Welt zu erkennen gibt. Wohin immer er auch geht, was immer er auch tut – stets trägt Humboldt den preußischen Gehrock und europäisches Schuhwerk.

Reiselust

Gereist ist Alexander von Humboldt schon in jungen Jahren. Er erläutert diesen Grundzug seiner Person, wenn er die umfangreichen und auf Jahre angelegten Vorbereitungen für die große *Reise in die Äquinoktial-Gegenden des Neuen Kontinents* beschreibt:

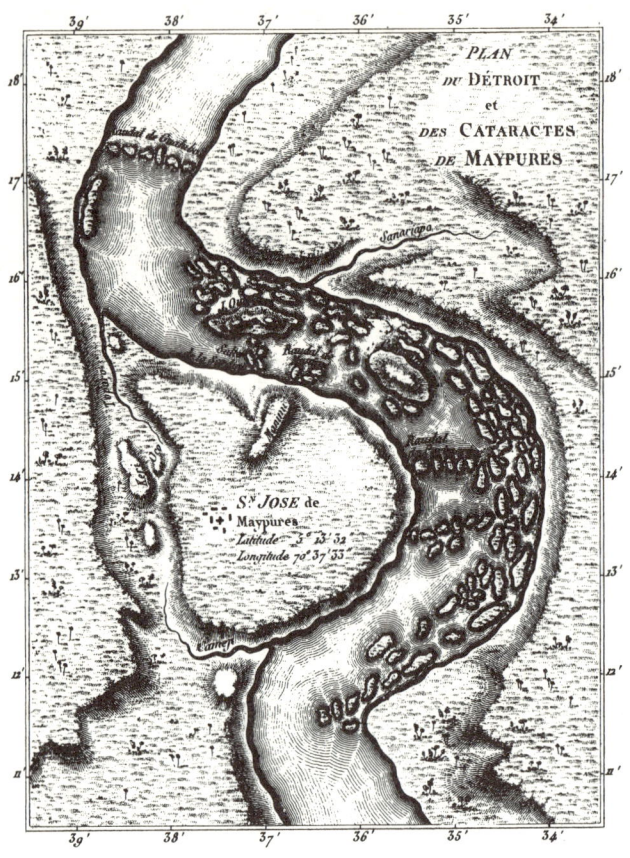

Im 21. Kapitel seines Buches Reise in die Äquinoktial-Gegenden des Neuen Kontinents berichtet Alexander von Humboldt über seine Fahrt auf dem Orinoco, die ihn unter anderem in die Stadt Maipures bringt. Er erzählt, daß in der Mission San José de Maipures »nichts als das Geschrei der Vögel und das Ferne Tosen des Katarakts« zu hören ist, das »etwas Bedrohliches« hat. Humboldt fügt seinem Bericht die Zeichnung der Katarakte von Maipures bei, die er im April 1800 angefertigt hat.

»Von früher Jugend auf lebte in mir der sehnlichste Wunsch, ferne, von Europäern wenig besuchte Länder bereisen zu dürfen. Dieser Drang ist bezeichnend für einen Zeitpunkt im Leben, wo dieses vor uns liegt wie ein schrankenloser Horizont, wo nichts uns so sehr anzieht als starke Gemütsbewegungen und Gefahren. In einem Lande aufgewachsen, das in keinem unmittelbaren Verkehr mit den Kolonien in beiden Indien[6] *steht, später in einem fern von der Meeresküste gelegenen, durch starken Bergbau berühmten Gebirge*[7] *lebend, fühlte ich eine Leidenschaft für das Meer und weite Seereisen immer mächtiger in mir werden.«*

Humboldt unterscheidet in diesem Zusammenhang die jugendliche Reiselust von den späteren Motiven:

»Wenn es mich noch immer in die schönsten Länder des heißen Erdgürtels zog, so war es jetzt nicht mehr der Drang nach einem aufregenden Wanderleben, sondern vielmehr der Trieb, eine wilde, großartige, an mannigfaltigen Naturprodukten reiche Natur zu sehen, die Aussicht, Erfahrungen zu sammeln, welche die Wissenschaften förderten.«

Das Verlangen nach Freiheit

Es lohnt sich, die Ausweitung seiner Reisetätigkeit schrittweise vorzustellen. Schon als 20jähriger Student an der Universität Göttingen hat Humboldt von dort aus Studienreisen nach Speyer und Mainz unternommen, die ihn über Köln und Kassel zurückführten. In Mainz trifft er Georg Forster, der den berühmten James Cook auf seiner Reise um die Welt begleitet hatte. Mit Foster reist Humboldt erst nach Brüssel, Amsterdam und England, bevor beide 1790 im revolutionären Paris eintreffen. Der zwanzigjährige Humboldt ist schlagartig begeistert von den Idealen der politischen Bewegung; für ihn gehören

6 Gemeint sind Nord- und Südamerika.
7 Gemeint ist das Erzgebirge.

Freiheit und Gleichheit untrennbar zusammen, was auch heißt, daß ihm jeder Rassismus als unsinnig erscheint. Schließlich gibt es keine »edleren Volksstämme, alle sind gleichmäßig zur Freiheit bestimmt«.[8]

Für die Freiheit will und wird Humboldt kämpfen, dem jede Verfolgung und erst recht jede Sklaverei aus tiefer Seele verhaßt ist, wobei ihm zu seinem großen Leidwesen nicht verborgen bleibt, daß sich bei der Unterdrückung anderer Menschen gerade die Mitglieder christlicher Gesellschaften hervortun und als besonders brutal erweisen. Das Thema Kolonialherrschaft und Sklaverei wird Humboldt viele Jahre beschäftigen und seinen schriftstellerischen Höhepunkt in einem französisch verfaßten *Politischen Essay über die Insel Kuba* erfahren, der 1827 erscheint (und im revolutionären Kuba unseres Jahrhunderts zur Pflichtlektüre geworden ist). In diesem Text schreibt Humboldt den für Kolonialherren verstörenden Satz:

»Alles Unrecht trägt den Keim der Zerstörung in sich.«

Die Idee der Freiheit, die Humboldt als junger Mann in Paris erlebt, wird sich in seinem Denken mit der Weite der Meere verbinden, die er durchquert, und der Unbegrenztheit des Blicks, den die Aussichten von den Gipfeln bieten, die er ersteigt. Noch am Ende seines Lebens wird Humboldt diese unendliche Sehnsucht betonen: »Was mir am teuersten ist und was man mir nicht rauben kann, ist das Gefühl der Freiheit, das mich bis zum Grabe begleiten wird.«[9]

---

8 Alexander von Humboldt ist hierin viel konsequenter als sein Bruder Wilhelm und viele seiner Zeitgenossen wie Goethe, Herder und Schelling.
9 Vgl. dazu Alexander von Humboldt, *Über die Freiheit des Menschen*, Insel Taschenbuch 2521, 1999

Stufen einer Karriere

Natürlich gibt es die Freiheit nicht umsonst, und zunächst muß etwas gelernt werden. Humboldt studiert an einer Handelsakademie in Hamburg und an der Bergakademie im sächsischen Freiberg. Nach dem Ende des Studiums, das wegen einer Reise durch das böhmische Mittelgebirge in Begleitung von Carl Freiersleben etwas verzögert wird, beginnt Humboldt seine Arbeit erst als Assessor und dann als Oberassessor im preußischen Bergdienst.[10] Dies liefert ihm Grund genug für eine Reise über München und Salzburg nach Wien und von dort über Breslau zurück nach Berlin.

Humboldt wird in den Jahren nach 1793 erst Oberbergmeister, und er besucht die später an Preußen gefallenen fränkischen Fürstentümer Ansbach und Bayreuth. Dann steigt er zum Bergrat auf, und er besichtigt Polen und Böhmen und dann Westfalen, das Rheinland und die Eifel. Zuletzt wird er zum Oberbergrat befördert, was eine wissenschaftliche Reise nach Oberitalien, in die Schweiz und zu den französischen Alpen ermöglicht. Als seine Mutter 1796 stirbt,[11] scheidet (der von Haus aus vermögende) Humboldt auf eigenen Wunsch aus dem Staatsdienst aus, um sich ausschließlich auf Forschungsreisen zu konzentrieren. Er will in die Tropen und sich dafür in jeder Hinsicht vorbereiten: Er erwirbt astronomische Kenntnisse, er übt geographische Ortsbestimmungen, er unternimmt botanische Exkursionen mit Übungen, er führt biologisch motivierte Versuche mit Muskel- und Nervenfasern durch (die auch publiziert werden), und er analysiert die chemische Zusammensetzung der Luft. Als er in Paris 1798 den Botaniker Bonpland kennenlernt, wird der große Plan für das kommende

---

10 Bislang sind nur Namen von Männern gefallen. Dies wird sich auch nicht ändern, denn eine Frau – mit der Ausnahme der Mutter – taucht in Alexander von Humboldts privatem Leben nicht auf. Die Mutter hat dem Sohn allerdings ein bedeutendes Erbe vermacht.
11 Humboldts Vater, der Major Alexander Georg von Humboldt, war bereits 1779 gestorben.

Jahr gefaßt. Alexander von Humboldt ist dreißig Jahre alt, als er sich auf das erste große Abenteuer seines Lebens einläßt, die *Reise in die Äquinoktial-Gegenden des Neuen Kontinents*.

Vom Kosmos

Bei seinem zweiten Abenteuer ist Humboldt schon doppelt so alt. 1829 feiert er seinen sechzigsten Geburtstag während einer Reise nach Rußland und Sibirien, die ihn – auf Einladung der russischen Regierung und in Begleitung des Mineralogen Gustav Rose und des Zoologen Gottfried Ehrenberg – bis an die chinesische Grenze bringt. Das Trio legt dabei in neun Monaten mehr als 15000 km zurück und weist unter anderem nach, daß es im Ural Diamantenvorkommen geben muß.

Die Jahre zwischen diesen beiden Ereignissen, von denen vor allem der wissenschaftliche Ertrag der zweiten Reise in das europäische und asiatische Rußland noch längst nicht erschlossen ist, sehen den Gelehrten vor allem in Paris, wo er von 1807 an zwanzig Jahre lang wohnt. Erst 1827 nimmt er wieder festen Wohnsitz in seiner Heimatstadt Berlin, für dessen Bevölkerung er seine berühmten Kosmos-Vorlesungen hält, die er von 1834 an in sein großes Werk einarbeitet, das genauso heißt, nämlich *Kosmos*. Er schreibt damals:

> *»Ich habe den tollen Einfall gehabt, alles was wir heute von den Erscheinungen der Himmelsräume und des Erdenlebens, von den Nebelsternen bis zur Geographie der Moose auf dem Granitfelsen wissen, alles in einem Werk darzustellen, und in einem Werk, das zugleich in lebendiger Sprache anregt und das Gemüt ergötzt. Das ganze ist nicht, was man gemeinhin physikalische Erdbeschreibung nennt; es begreift Himmel und Erde, alles Geschaffene.«*

In den Kosmos-Vorlesungen, die großen Zuspruch finden, und in dem sich anschließenden und zugleich auch abschließenden Werk mit dem gleichen Titel verdeutlicht Humboldt, daß er wie kein zweiter Goethes Diktum »Bezüge sind alles, Bezüge sind das Leben« in die wissenschaftliche Tat umgesetzt und erkennend verwirklicht hat. Humboldt hat sein wissenschaftliches Leben unter anderem damit verbracht, die Lagerung von Gesteinen zu vergleichen, und er hat die wechselseitigen Beziehungen zwischen Pflanzen und Tieren notiert:

> *»Diese Form der Typen, die Gesetze dieser Beziehungen und die ewigen Bande zu bestimmen, durch welche die Erscheinungen des Lebens mit den Phänomenen der unbelebten Natur verknüpft sind: das ist das zentrale Problem für eine Physik der Erde.«*

So heißt es in seinem Bericht über die *Reise in die Äquinoktial-Gegenden des Neuen Kontinents*, die Humboldt durch ganz Südamerika führt.

In den Bemühungen um seinen *Kosmos* zeigt Humboldt, daß er tatsächlich »der letzte Universalgelehrte« ist, wobei seine besondere Modernität in der Tatsache liegt, daß er sich zugleich bemüht, ein engagierter Vermittler der Naturwissenschaft zu sein. Er betont, daß jede Popularisierung wissenschaftlicher Ergebnisse von dem Vortragenden Humanität bis in die sprachliche Formulierung hinein erfordert, um das Erleben deutlich zu machen, das in jeder Beschäftigung mit der Natur steckt. Vermittlung von Wissenschaft muß den »Hauch des Lebens« erkennbar machen, der in der Natur selbst zu finden ist und den der Forschende bei seiner Arbeit zu spüren bekommt.

Die sprachliche Empfindsamkeit und die künstlerische Ausrichtung Humboldts hat sein Zeitgenosse Goethe verstanden und geschätzt, der ihm – und ihm allein – in den *Wahlverwandtschaften* ein kleines literarisches Denkmal setzt. Goethe läßt Ottilie ein Tagebuch führen, in dem sie bemerkt, nur der Naturforscher sei »verehrungswert, der uns das Fremdeste, Seltsamste mit seiner Lokalität, mit aller Nachbarschaft jedesmal in dem eigensten Elemente zu schildern und darzustellen weiß«. Und sie offenbart abschließend einen ganz besonderen Wunsch: »Wie gern möchte ich einmal Humboldten erzählen hören!«

Goethe selbst hat Humboldt im Gespräch mit Eckermann in ungewöhnlichen Worten gelobt:

»Was für ein Mann! Ich kenne ihn so lange, und bin von neuem über ihn in Erstaunen. Man kann sagen, er hat an Kenntnissen und lebendigem Wissen nicht seinesgleichen. Und eine Vielseitigkeit, wie sie mir gleichfalls noch nicht vorgekommen ist. Wohin man rührt, er ist überall zu Hause und überschüttet uns mit geistigen Schätzen. Er gleicht einem Brunnen mit vielen Röhren, wo man überall nur Gefäße unterzuhalten braucht und wo es uns immer erquicklich und unerschöpflich entgegenströmt.«

Naturgemälde

Humboldt strömt den Menschen tatsächlich entgegen, und zwar mit seinen Briefen, von denen er die unglaubliche Zahl von fast 50 000 verfaßt hat, wenn man den zählenden Historikern vertrauen darf, die zugleich über die doppelte Menge an eingegangenen Schreiben berichten.

Er hatte so viel zu sagen, und er wollte vor allem eines erreichen, nämlich eine Naturforschung, eine Naturkunde begründen, die weder auf das Sinnliche verzichtet noch vom Gemüt des Forschers absieht. Humboldt wollte die wissenschaftliche Natursicht »um die Dimension der ästhetischen Vernunft erweitern und bereichern«.[12] Er strebte eine »Synthese von Wissenschaft und Ästhetik, von Begriff und Anschauung« an, so wie es Kant in seiner *Kritik der reinen Vernunft* zwar vorgeschlagen, aber selbst nie umgesetzt hat. Solch eine ästhetisch angelegte Wissenschaft würde ihre Ergebnisse in Form von »Naturgemälden« vorstellen.

Der Ausdruck »Naturgemälde« geht auf Humboldt selbst zurück, der mit diesem Wort ein schwieriges Ziel bezeichnete. Er hoffte, langfristig eine Verbindung zwischen Wissenschaft und Kunst herstellen und so das wissenschaftliche Vorgehen um die ästhetische Dimension der Wahrnehmung erweitern zu

---

12 M. Osten im Vorwort zu dem Band *Alexander von Humboldt, Über die Freiheit des Menschen*, Insel Taschenbuch 2521, Frankfurt am Main 1999, S. 27

können. Nur auf diese Weise sah er den humanen Charakter des Unternehmens Naturwissenschaft gewahrt. Für Humboldt stellte der Dreiklang »Humanität, Kunst und Wissenschaft« den Ton dar, den die Kulturwelt erklingen lassen und den sie für alle Menschen hörbar machen mußte. Diese Aufgabe ist uns immer noch aufgegeben.

Die Schwierigkeiten mit Humboldts Naturverständnis beruhen darauf, daß sich hier »eine durchaus romantische Sehweise« zeigt, die viele Menschen für rückwärtsgewandt halten. Sie »beruht auf der Spannung zwischen Individuum und Landschaft, wobei sich diese Spannung in Bewußtsein und Gefühl des Menschen, in seinem Inneren, widerspiegele«.[13] Humboldt schreibt:

> »*Am Gestade eines Sees, in einem großen Walde, am Fuß dieser vom ewigen Eis bedeckten Berggipfel ist es nicht die materielle Größe, die uns mit dem heimlichen Gefühl der Bewunderung erfüllt. Was zu unserer Seele spricht, was so tiefe und mannigfache Empfindungen in uns wach ruft, entzieht sich unseren Messungen, wie auch den Formen der Sprache. Wenn man Naturschönheiten recht lebhaft empfindet, so mag man Landschaften von verschiedenem Charakter gar nicht vergleichen; man würde fürchten, sich selbst im Genuß zu stören.*«

Entscheidend ist, daß Humboldt diesen Zugang zur Natur als eine von zwei komplementären Möglichkeiten betrachtet hat. Ästhetischer Naturgenuß und wissenschaftliche Naturerkundung gehören in diesem Sinne untrennbar zusammen. Humboldt unterschätzte keineswegs die Bedeutung der Mathematik für die Naturbeschreibung. Im Gegenteil! Er erkannte und propagierte ihren Einsatz mit all seinen Möglichkeiten, gerade auch in Hinblick auf technische Anwendungen.

Es geht Humboldt aber nicht nur um die von Menschen ge-

---

13 O. Ette im Nachwort (*Blick auf die neue Welt*) der Neuausgabe von Humboldts *Reise in die Äquinoktial-Gegenden des Neuen Kontinents*, Insel Verlag, 1999, S. 633

nutzte, sondern um die von Menschen erlebte Natur, also um die Einheit unserer Seele. In seiner Naturbeschreibung steht deshalb auch die Morphologie im Mittelpunkt, und die Verwandtschaft der Gestalten spielt eine wesentliche Rolle. Es heißt bei ihm konkret:

»Die Außenwelt existiert nur für uns, indem wir sie aufnehmen, indem sie sich in uns zu einer Naturanschauung gestaltet. So geheimnisvoll unzertrennlich als Geist und Sprache, der Gedanke und das befruchtende Wort sind, ebenso schmilzt, uns gleichsam unbewußt, die Außenwelt mit dem Innersten im Menschen, mit dem Gedanken und der Empfindung zusammen.«

Humboldt beschreibt die Natur wie ein Dichter und Maler – mit poetischer Sprache und in lebendigen Bildern. Er bezieht die Spiegelung der Natur in die menschliche Seele mit ein und redet von Genuß, Gefühl, Furcht, Bewunderung und Erlebnis.

Der innere Zweck und die äußere Wahrnehmung

Zumindest diesen Gedanken sollte unsere Zeit von Alexander von Humboldt übernehmen, der nicht nur den Begriff der »vergleichenden Erdkunde« erfindet, sondern immer auch weiß, wo die oft romantische Naturbetrachtung vieler Zeitgenossen ihr Ende findet, nämlich da, wo es auf exakte Messungen und mathematische Grundlegungen ankommt. Humboldts Bemühungen, diese Aspekte des wissenschaftlichen Tuns mit den ganzheitlichen Naturbetrachtungen zu verbinden, die zum Beispiel Goethe so liebte, könnten Hinweise für die Moderne sein, die sich schwertut mit der Grundlagenforschung. Dabei hat Humboldt das Wesentliche dazu gesagt:

»In einem Zeitalter, wo man Früchte oft vor der Blüte erwartet und vieles darum zu verachten scheint, weil es nicht unmittelbar Wunden heilt, den Acker düngt, oder Mühlräder treibt, vergißt man, daß Wissenschaften einen inneren Zweck haben

und verliert das eigentliche Interesse, das Streben nach Erkenntnis, als Erkenntnis, aus dem Auge. Die Mathematik kann nichts von ihrer Würde einbüßen, wenn sie als bloßes Objekt der Spekulation, als unabwendbar zur Auflösung praktischer Aufgaben betrachtet wird. [Denn] alles ist wichtig, was die Grenzen unseres Wissens erweitert und dem Geist neue Gegenstände der Wahrnehmung oder neue Verhältnisse zwischen dem Wahrgenommenen darbietet.«

Nur wer die Welt wahrgenommen hatte bzw. wer sich persönlich um ihre Anschauung bemüht hatte, wurde von Humboldt als wissenschaftlicher Gesprächspartner akzeptiert. Seine zugleich deutliche und sarkastische Warnung vor einer anderen Weise des Vorgehens kann gar nicht oft genug zitiert werden:

»Die gefährlichste Weltanschauung ist die Weltanschauung der Leute, die die Welt nie angeschaut haben.« [14]

Nachtrag aus der Neuzeit

Es scheint, daß jemand wie Humboldt, der die modernen Aspekte der romantischen Zeit lebt und umsetzt, leicht mißverstanden werden kann. Für den modernen Naturwissenschaftler hat er zu wenig entdeckt, und für den heutigen Literaten hat er zu viel verändert. Hans Magnus Enzensberger hat Humboldt einmal so charakterisiert:

»Ein Gesunder war er, der mit sich die Krankheit ahnungslos schleppte, ein uneigennütziger Bote der Plünderung, ein Kurier, der nicht wußte, daß er die Zerstörung dessen zu melden gekommen war, was er, in seinen ›Naturgemälden‹ bis daß er neunzig war, liebevoll malte.«

---

14 Dies ist sicher gegen Hegel und viele andere Philosophen gesagt, die das Begriffliche dem Anschaulichen vorzogen und dabei vermutlich mehr Unheil anrichteten, als ihre heutigen Interpreten erkennen können.

Man scheint nicht zu verstehen, daß Humboldt vor zweihundert Jahren gezeigt hat, wie »der andere Fortschritt der Wissenschaft« aussehen könnte, die wir heute so dringend brauchen. Es gibt keine Alternative zum Wissen, nur mit ihm können die Menschen auf der Welt heimisch werden und sich diese Welt erhalten. Daß die Wissenschaften inzwischen unheimlich geworden sind, liegt daran, daß sie ohne Wahrnehmung betrieben werden – ohne Wahrnehmung des anderen und ohne Wahrnehmung der anderen. Beides läßt sich bei Humboldt ebenso lernen wie die Tatsache, daß man viele Menschen – und also Popularität – erreichen kann, ohne sich anbiedern zu müssen. Humboldt lehnte eine »sich schnell verbreitende Halbcultur« ab, »welche wissenschaftliche Resultate in das Gebiet der geselligen Unterhaltung, aber entstellt hinüberzieht«. Ihm kam es darauf an, beim Publikum den »Sinn für Anschaulichkeit im Ausdruck, Periodenbau und Harmonie des Styls« anzusprechen.

Nur wer die Form so hoch hält wie Humboldt, kann sein Format erreichen. Einer wie er fehlt unserer Zeit sehr.

Carl Friedrich Gauß

oder
Die Suche nach der inneren
Vollkommenheit

Carl Friedrich Gauß ist als »Titan der Wissenschaft« und als »Fürst der Mathematik« bzw. lateinisch als »Mathematicorum princeps« beschrieben worden, und er hat früh gezeigt, wie kreativ er sein kann. Seine erste geometrische Entdeckung hat Gauß gemacht, als er noch keine 19 Jahre alt war. Was da in einem *Intelligenzblatt der allgemeinen Literaturzeitung* veröffentlicht wurde, war nicht irgendeine kleine, sondern eine große Entdeckung, denn der Mathematiker als junger Mann löste am 30. März 1796 ein Problem, das bereits in der Antike gestellt worden und trotz emsiger Bemühungen ungelöst geblieben war. Das genaue Datum ist dabei in einem mathematischen Tagebuch festgehalten, das Carl Friedrich seit seinem 14. Lebensjahr führte.

An jenem 30. 3. konnte er nicht nur beweisen, daß es möglich ist, ein regelmäßiges Siebzehneck (!) allein mit Zirkel und Lineal zu konstruieren. Gauß gab darüber hinaus das Prinzip an, mit dem sämtliche Vielecke auf diese Weise konstruiert werden können. Und später fertigte er sogar eine Liste mit den 38 Zahlen an, die kleiner als 300 sind und für die sich das regelmäßige Gebilde entwerfen läßt. Sie lauten 2, 3, 4, 5, 6, 8, 10, 12, 15, 16, 17, 20, 24, 30, 32, 34, 40, 48, 51, 60, 64, 68, 80, 85, 96, 102, 120, 128, 136, 160, 170, 192, 204, 240, 255, 256, 257, 272.

Der junge Gauß kannte sich offenbar gut mit Zahlen aus, und diese frühe Vertrautheit ist zum Glück zeitig erkannt und sinnvoll gefördert worden, und zwar deshalb, weil einem Lehrer die wunderbare Begabung des Braunschweiger Knaben aufgefallen war und er seinen Schüler ernst nahm. Um seine Klasse zu beschäftigen, hatte der gute Mann (nach der Gauß-Legende) den Schülern aufgetragen, die Zahlen von 1 bis 100 zu addieren. Man mußte also 1 + 2 + 3 + 4 + 5 und so weiter rechnen. Eine sinnlos scheinende Tätigkeit, aus der Carl Friedrich Gewinn zog, weil er sie durch Bildung von Paaren lösen und das mühevolle Zusammenrechnen vermeiden konnte.[15] Dem Knirps fiel beim gedanklichen Spiel mit der vorgegebenen Menge nämlich auf, daß von den hundert Zahlen die erste und letzte, die zweite und vorletzte, die dritte und drittletzte (und so weiter) zusammengerechnet jeweils 101 ergeben und man dieses Spiel bloß 50mal zu wiederholen braucht, um alle Zahlen zwischen 1 und 100 zu erfassen. Die gefragte Summe mußte also 50 mal 101 sein, ein Produkt, das bequem ohne Tafel und Kreide im Kopf ausgerechnet werden kann und 5050 ergibt.

Zahlen und Figuren

Es waren also Zahlen *und* Figuren, mit denen Gauß schon in Jugendtagen umgehen konnte, und diese doppelte Meisterschaft weist auf einen durchgehenden Charakterzug hin, nämlich darauf, daß Gauß mathematisch und wissenschaftlich ein umfassendes Talent zeigte. Er war nie nur auf *einem* Feld aktiv, er bevorzugte es statt dessen, stets viele Probleme aus vielen Bereichen auf einmal vor und um sich zu haben. Wer Gauß' Leben überblickt, wird feststellen, daß er etwa alle zehn Jahre das Hauptgebiet seiner Beschäftigung wechselte. Auf diese Weise durchschritt er die Zahlentheorie ebenso wie die Statistik bzw. Wahrscheinlichkeitsrechnung; er engagierte sich für die Landvermessung und Geodäsie ebenso wie für die Plane-

---

15 Mathematik darf nie mit bloßem Rechnen verwechselt werden. Sie kann vielmehr als die Kunst bezeichnet werden, Rechnen zu vermeiden.

tenbahnen und die Astronomie, und er trug zum Verständnis der Optik und zur Entwicklung der Telegraphie ebenso bei wie zu den allgemeinen Grundgesetzen der Physik.

Die Fülle der Themen, die speziell in der Mathematik einen besonderen Umfang annimmt und neben elliptischen und hypergeometrischen Funktionen auch numerische Methoden umfaßt, bringt es mit sich, daß in dem vorliegenden Porträt einige von ihnen kaum oder gar nicht zur Sprache kommen. Was Gauß wissenschaftlich geleistet hat, kann vielfach bestenfalls angetippt werden, wobei es natürlich auch Fragestellungen gibt, die sich durch sein ganzes Leben ziehen, zum Beispiel die nach den Eigenschaften und der Herkunft der Zahlen, mit denen sein Geist so viel anfangen konnte.

Die früh gewonnene Sicherheit im Umgang mit Algebra und Geometrie macht über das Gesagte hinaus verständlich, warum Gauß nicht nur der Meinung war, daß die Naturerscheinungen durch Mathematik erklärt werden, sondern warum in ihm die viel tiefere Überzeugung heranreifte, daß die Mathematik die Natur beherrschte. Für Gauß konnte man vom Verstehen in der Naturwissenschaft nur dann sprechen, wenn sie ihren Erklärungen eine geeignete mathematische Form geben konnte, wenn die Natur also mathematisch durchdrungen wurde.

Für diese Einstellung hat er später sogar einen »Beweis« gefunden, nämlich die sogenannte »Methode der kleinsten Quadrate«, die er benutzte, um die unvermeidbar in Beobachtungsdaten steckenden Fehler mit der Absicht in den Griff zu bekommen, den wahren Wert freizulegen. Dessen Existenz war für Gauß allein deswegen selbstverständlich, weil er durch eine Zahl gegeben war. »Selbstverständlich« hieß für Gauß aber nicht, daß er nicht doch nach einem Beweis dafür suchen sollte. Er hat sich immer besonders gequält, wenn es um scheinbare Selbstverständlichkeiten ging, und deshalb insgesamt drei Begründungen für die Methode der kleinsten Quadrate angegeben. Er wollte sich und anderen vor Augen führen, was ihm innerlich Gewißheit war, die Tatsache nämlich, daß die Natur mathematisch verstanden werden konnte.

Es ist klar, daß Gauß und sein rigoroses Vorgehen inhaltlich den Gegenpol zu den Zielen einiger deutscher Romantiker darstellten, die sich gegen die Gradlinigkeit der Geometrie und die Ausschließlichkeit der mathematischen Analyse wehrten, was seinen deutlichsten poetischen Ausdruck bei Novalis gefunden hat. Zwar kümmerte sich der junge Friedrich von Hardenberg intensiv um Physik und Chemie, und er bewunderte die Sachlichkeit und Unerschrockenheit der Bergleute, aber er träumte als Zeitgenosse von Gauß auch von einer anderen Möglichkeit. Er fragte seine Leser, wie eine Erklärung der Natur aussehen würde,

»wenn nicht mehr Zahlen und Figuren,
sind Schlüssel aller Kreaturen«.

Während Novalis nach dem Zauberwort suchte, mit dem er das »ganze verkehrte Wesen« der ausschließlich mathematischen Naturdeutung verjagen konnte, versuchte Goethe in seinen Dichtungen, ein »ästhetischer Mathematiker« zu sein, der bestrebt ist, die beiden Welten des Sinnlichen und des Rationalen zu vereinigen.

Der Begriff des »ästhetischen Mathematikers« hätte Gauß gefallen. Natürlich argumentierte er rigoros und mit mathematischer Strenge, aber die Behauptung scheint trotzdem nicht abwegig, daß Gauß bei aller mühsam erarbeiteten und dauernd überprüften Exaktheit seiner Beweisführungen in der Tiefe etwas Ähnliches wie ein Dichter seiner Zeit vorhatte. Ihm war nämlich die Form oft wichtiger als der Inhalt, wie er einmal ausdrücklich in einem Brief vom 12. Februar 1826 an seinen Schüler H.C. Schumacher betont hat. Gauß antwortet darin auf den Vorwurf, zu wenig Material für das mathematische Gebäude zu liefern, das man errichten wollte:

»Ich habe während meines ganzen wissenschaftlichen Lebens immer das Gefühl gerade vom Gegenteil gehabt, d.h. ich fühle, daß oft die Form vollendeter hätte sein können und daß darin Nachlässigkeiten zurückgeblieben sind. Denn so werden

Sie es doch nicht verstehen, als ob ich mehr für die Wissenschaft leisten würde, wenn ich mich mehr damit begnügte, einzelne Mauersteine, Ziegel etc. zu liefern, anstatt eines Gebäudes, sei es nun ein Tempel oder eine Hütte, da gewissermaßen doch das Gebäude nur eine Form der Backsteine ist. Aber ungern stelle ich ein Gebäude auf, worin Hauptteile fehlen, wenngleich ich wenig auf den äußeren Aufputz gebe.«

Mathematik ist nur als ästhetische Wissenschaft möglich, aber die Schönheit der Form macht keinen Sinn ohne die Schärfe der Analyse, und an dieser Stelle verstehen Gauß und seine Nachfolger keinen Spaß. Er selbst klagte häufig über allzu viele Unklarheiten im Denken der Philosophen seiner Zeit und zitierte in seinen Briefen Hegels absurde astronomische Behauptungen als Beleg für dessen Dummheit und die seiner Kollegen. Einzig Kant wurde von Gauß geschätzt, allerdings widersprach er dem kritischen Philosophen aus Königsberg an einer zentralen Stelle, und zwar ganz entschieden. Während die Euklidische Geometrie des Raumes für Kant eine Denknotwendigkeit war und somit unabweisbar die Struktur des Kosmos festlegte, traute Gauß seinen Mitmenschen genug Phantasie zu, um auch andere Formen der Geometrie entwerfen zu können. Wie recht er hatte, zeigt die spätere Entwicklung der Physik, die im Rahmen der Relativitätstheorien Einsteins nicht nur von gekrümmten Räumen spricht, sondern auch ihre Existenz nachweist. Das dazugehörige Krümmungsmaß hatte Gauß selbst schon mal vorsorglich definiert.[16]

---

16 Kant ist so oft empirisch oder mathematisch in die Enge getrieben bzw. überholt worden, daß man sich über die Philosophen wundert, die seine kritischen Lehren verkünden, ohne ihnen kritisch gegenüberzustehen. Zwar reden Philosophen gerne von Interdisziplinarität – und manche sogar von Transdisziplinarität –, aber ihr eigenes Fach und ihre Säulenheiligen nehmen sie offenbar aus. Wie kann man über Kants Kritik reden, ohne deren Kritik durch Einstein und Co. zur Kenntnis zu nehmen?

Disquisitiones Arithmeticae

Wie gesagt – mit rein philosophischen Argumentationen konnte sich Gauß nur schwer anfreunden, und dabei war die Mathematik, die er seit 1795 in Göttingen studierte, noch in die philosophische Fakultät eingegliedert. Die Universität seiner Wahl ist zwar nur 100 km von Braunschweig entfernt, aber das »nur« bezieht sich auf heutige Verhältnisse und reiselustige Menschen. Für Gauß war Göttingen sehr weit weg. Es lag zudem im Ausland, im Königreich Hannover. Der Grund, warum der bodenständige Gauß seine Vaterstadt Braunschweig, wo er am 30. April 1777 geboren worden war, verlassen hat, kann nur mit der Qualität der naturwissenschaftlichen Lehrer vor Ort erklärt werden.

Zum Glück findet er in Göttingen bald einen guten Freund, den ungarischen Studenten Farkas Bolyai, mit dem er im Denken und Fühlen so sehr übereinstimmte, daß beide »mit den eigenen Gedanken beschäftigt, stundenlang wortlos« nebeneinander saßen und dabei der Meinung waren, miteinander Mathematik zu treiben. Als Bolyai in seine Heimat zurückkehrte, verabredeten er und Gauß, »am letzten Tag jeden Monats zwischen 20 und 22 Uhr beim Rauch eine Pfeife einander zu gedenken«.

Während des Studiums kommt Gauß ungeheuer voran, und 1801 publiziert der 24jährige frischgebackene Doktor der Mathematik ein umfangreiches Werk unter dem Titel *Disquisitiones Arithmeticae*, das manchmal als »das größte Wunder in der gesamten mathematischen Literatur« bezeichnet wird. Gauß führt in seinem in Leipzig erschienenen Werk zum Beispiel zwei Begriffe ein, die heute noch zum Schulunterricht gehören, nämlich den größten gemeinsamen Nenner (Teiler) und das kleinste gemeinsame Vielfache. Und er beschäftigt sich mit der Möglichkeit, die natürlichen Zahlen (1, 2, 3, ...) in Primzahlen zu zerlegen. Primzahlen sind natürliche Zahlen, die keinen Teiler (außer 1 und sich selbst) haben. Eine alte Beobachtung besteht darin, daß jede natürliche Zahl das Produkt von Primzahlen sein kann. 10 ist zum Beispiel das Produkt aus 2 und 5, die beide Primzahlen sind, und 21 ist das Produkt aus 3 und 7. Gauß beweist nun (1801), daß diese Zerlegung eindeutig ist, daß es – mit anderen Worten – nur jeweils eine einzige Form der Darstellung und keine andere gibt.

Was ihm wirklich wichtig ist an dem Buch, läßt sich zwar nicht ohne tieferes Eindringen in die höhere Mathematik verstehen, sei hier aber trotzdem erwähnt, und zwar aus Gründen, die leichter einsichtig sind als das Theorem selbst. Das zentrale Thema der *Disquisitiones Arithmeticae* ist ein Gesetz, von dem allein der Name schwierig ist. Gauß nennt es das »quadratische Reziprozitätsgesetz«. Es drückt in seiner einfachsten Fassung folgenden Zusammenhang von Primzahlen aus: Ist p eine Primzahl von der Form 4n+1, dann wird (+p) Rest oder Nichtrest jeder Primzahl sein, welche, positiv genommen, Rest oder Nichtrest von p ist. Ist hingegen p eine Primzahl von der Form 4n+3, dann wird (–p) Rest oder Nichtrest jeder Primzahl sein, welche, positiv genommen, Rest oder Nichtrest von p ist.

Verstehen kann (und muß) man dies hier zwar nicht; spannend ist aber, daß Gauß an dieser Stelle von seinem *theorema fundamentale* spricht und im Laufe seine Lebens sechs (!) unabhängige Beweise dafür ausarbeitet, die alle viel Zeit gekostet haben; in einem Fall gesteht er seinem Freund, dem Astronomen Heinrich Olbers, wie viel Mühe er sich mit seinen Arbeiten macht. Im Jahre 1805 quält er sich erneut mit einem Beweis und einer gesonderten Ergänzung zum quadratischen Reziprozitätsgesetz, und er teilt Olbers mit, wie er zur Lösung gelangt ist:

> *»Seit vier Jahren wird selten eine Woche hingegangen sein, wo ich nicht den einen oder anderen vergeblichen Versuch, diesen Knoten zu lösen, gemacht hätte, besonders lebhaft nun auch wieder in der letzten Zeit. Aber alles Brüten, alles Suchen ist umsonst gewesen, traurig habe ich jedesmal die Feder niederlegen müssen. Endlich vor ein paar Tagen ist es mir gelungen – aber nicht meinem mühsamen Suchen, sondern bloß durch die Gnade Gottes möchte ich sagen. Wie der Blitz einschlägt, hat sich das Räthsel gelöst; ich selbst wäre nicht im Stande, den*

leitenden Faden zwischen dem, was ich vorher wußte, dem womit ich die letzten Versuche gemacht hatte – und dem, wodurch es gelang nachzuweisen [...].«

Familie und Freunde

Als Gauß dies im September 1805 schreibt, muß er gut gelaunt gewesen sein, denn seine Hochzeit mit der Gerberstochter Johanna Osthoff steht unmittelbar bevor. Die beiden hatten sich im Jahr zuvor verlobt. Gauß ist glücklich. Er schwärmt von seiner Braut:

»Ein wunderschönes Madonnengesicht, ein Spiegel des Seelenfriedens und der Gesundheit, zärtliche, etwas schwärmerische Augen, ein tadelloser Wuchs, das ist etwas, ein heller Verstand und gebildete Sprache, das ist auch etwas, aber nun eine stille, heitre, bescheidene, keusche Engelsseele, die keinem Wesen wehe tun kann, die ist das Beste.«

Er selbst erwähnt von sich die eigenen »typisch niedersächsischen Gesichtszüge« und seine klaren, blauen Augen. Anzumerken ist, daß Gauß nur etwa 1,60 m groß war, was heute klein erscheint, damals aber einen Durchschnittswert ausmachte (man denke etwa an Napoleon).

Mit Johanna ist er glücklich. »Das Leben steht wie ein ewiger Frühling mit neuen glänzenden Farben vor mir«, schreibt Gauß seinem Freund Bolyai, dem er auch gesteht, wie sehr er sich über die Kinder freut, die bald die Familie vergrößern:

»Wenn das Mädchen einen neuen Zahn kriegt oder der Junge ein paar neue Wörter gelernt hat, so ist das fast ebenso wichtig, als wenn ein neuer Stern oder eine neue Wahrheit entdeckt ist.«

Doch die Zeit des Glücks ist kurz bemessen. Johanna stirbt plötzlich 1809 nach der Geburt des dritten Kindes. Sie ist noch keine 30 Jahre alt, und Gauß vergeht vor Schmerz. Er verfaßt eine lange Totenklage mit vielen Vorwürfen an sich selbst:

»Ich armer Tor konnte ein solch Glück für ewig halten, konnte wähnen, Du einst verkörperter und jetzt wieder neu verklärter Engel seist bestimmt, mein ganzes Leben hindurch alle die kleinlichen Bürden des Lebens mir tragen zu helfen? Womit hatte ich Dich denn verdient? Du bedurftest nicht des Erdenlebens, um besser zu werden. Du tratest nur ein ins Leben, um uns vorzuleuchten. Ach, ich war der Glückliche, dessen dunkle Pfade der Unerforschliche von Deiner Gegenwart, von Deiner Liebe, von Deiner zärtlichsten und reinen Liebe, erhellen ließ. Durfte ich Dich für meinesgleichen halten?«

Zwar wird Gauß seine erste Liebe nie vergessen, aber »der Gedanke, allein zu bleiben, ist mir unerträglich«, wie er Freunden mitteilt. Ohne Zuneigung kann er nicht leben. Da außerdem drei verwaiste Kinder eine Mutter brauchen und alle ihm zureden, wirbt er 1810 um die Hand von Wilhelmina Waldeck, der Tochter eines vermögenden Göttinger Universitätsprofessors. Als sie trotz anfänglichen Zögerns der Heirat zustimmt, hat dies nicht nur persönliche, sondern auch wissenschaftliche Konsequenzen. Jetzt kann Gauß nämlich das Angebot Wilhelm von Humboldts ablehnen, an die wesentlich von ihm neu gestaltete Berliner Universität zu kommen. Gauß will seiner zweiten Frau keine zu große Distanz zu der Familie zumuten, der sie entstammt, und so tut er, was er am liebsten machte: Er bewegt sich nicht und bleibt, wo er ist, in Niedersachsen.

Professor in Göttingen

Gauß ist in den geschilderten Jahren Professor in Göttingen. Er ist also in die Stadt seiner Studententage zurückgekehrt, wobei die Berufung weniger aufgrund seiner mathematischen Arbeiten und mehr aufgrund einer astronomischen Entdeckung bzw. mathematischen Hilfestellung für die Himmelsbeobachtungen zustande gekommen ist.

Um 1800 hatten technische Fortschritte in der Fertigung der Instrumente zum ersten Mal dazu geführt, daß die Wissenschaftler nicht nur über zuverlässige Sternatlanten verfügten, sondern daß ein kontinuierlicher Datenstrom einlief, der mathematisch ausgewertet werden wollte. 1801 wurde die Sache spannend, und zwar wegen eines kleinen Planeten – einem Planetoiden – namens Ceres, den der italienische Astronom Piazzi am Neujahrstag entdeckt hatte. Im Verlauf des Jahres war Ceres wieder hinter der Sonne verschwunden, und die große Frage lautete, ob sich aus dem kleinen Stück der Bahn, die man vermessen hatte, errechnen ließ, wo Ceres wieder auftauchen würde. Gauß – und viele andere Mathematiker – machten sich mit Stift und Papier an die Arbeit, wobei sich seine Art der Extrapolation beträchtlich von den anderen Berechnungen unterschied, die vorgenommen wurden. Als dann der kleine Planet in der Silvesternacht 1801/02 fast genau an der Position gefunden wurde, die Gauß – und er allein – angegeben hatte, wurde der nicht ganz 25jährige Mathematiker schlagartig in Europa bekannt und berühmt.

In der Folge erhielt Gauß die Einladung, Direktor der Sternwarte in St. Petersburg zu werden. Auf dieses Angebot antwortete der Herzog von Braunschweig mit dem Entschluß, für Gauß eine eigene Sternwarte in dessen Heimatstadt zu errichten. Zwar ist dieser Plan nie ausgeführt worden, aber Gauß wird als Professor nach Göttingen berufen, wo er sich weiter mit der Bahnbestimmung von Himmelskörpern befaßt. Sein astronomisches Hauptwerk erscheint 1809, und es liefert eine *Theorie der Bewegung der Himmelskörper, welche in Kegelschnitten die Sonne umlaufen.*

So festigt sich Gauß' Ruhm in der Wissenschaft nach außen. Aber er spürt zugleich, daß die Universität innen so reformbedürftig ist, wie Wilhelm von Humboldt in Berlin am deutlichsten erkannt hat. Es herrscht kein Leben mehr in den altehrwürdigen Gebäuden. Gauß klagt vielfach über das mangelnde Interesse der Studenten, zum Beispiel in einem Brief an Friedrich Wilhelm Bessel vom Januar 1810:

> *»Ich lese in diesem Winter zwei Kollegia für drei Zuhörer, wovon einer nur mittelmäßig, einer kaum vorbereitet ist, und dem dritten sowohl Vorbereitung als Fähigkeit fehlt.«*

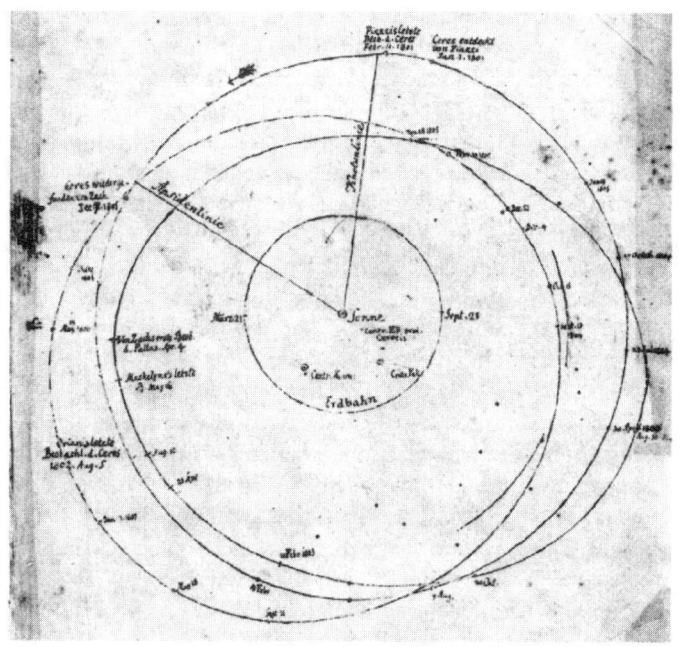

Im Handbuch 4 des »Nachlaß Gauß« der Niedersächsischen Staats- und Universitätsbibliothek Göttingen befindet sich die hier gezeigte Skizze der Bahn des Planetoiden Ceres, den der italienische Astronom Piazzi am 1. Januar 1801 entdeckt hatte, wie am oberen Bildrand vermerkt. Man beachte, daß die Erdbahn wie ein Kreis erscheint, obwohl sie in Wirklichkeit eine Ellipse ist.

Trotzdem bleibt Gauß in Göttingen, und er widersteht auch einem zweiten Versuch der preußischen Hauptstadt, ihn aus der Provinz wegzulocken. Vier Jahre lang – zwischen 1821 und 1825 – wird verhandelt, wobei niemand in Berlin den Mut findet, Gauß ein großzügiges Angebot zu unterbreiten. Wilhelm von Humboldt ist nicht mehr im Ministerium, und sein Bruder Alexander empfindet die »charakteristische Entschlußunfähigkeit« als »ekelhaft und rein deutsch«.

Gauß und Alexander von Humboldt haben sich übrigens gegenseitig sehr geschätzt[17] und 1828 sogar in Berlin getroffen und ausführlich miteinander geredet, und zwar aus Anlaß der VII. Versammlung Deutscher Naturforscher und Ärzte, die damals unter Humboldts Vorsitz stattfand. Gauß war als persönlicher Gast seines Freundes in die Hauptstadt gekommen, und er empfand seinen Besuch »fast wie den Übertritt aus atmosphärischer Luft in Sauerstoffgas«. Bei dieser Gelegenheit lernte er den jungen Physiker Wilhelm Weber kennen, der einen Vortrag über Wellen und Schwingungen hielt und Gauß so beeindruckte, daß er ihn für den 1831 frei werdenden Göttinger Physiklehrstuhl vorschlug.

Weber wurde tatsächlich berufen, und er traf in Göttingen ein, als Gauß erneut Trost brauchte, weil auch seine zweite Frau gestorben war. Der Ältere klammerte sich an den Jüngeren, um nicht in Depressionen zu verfallen. Dabei ist eine äußerst intensive wissenschaftliche Zusammenarbeit entstanden, in deren Verlauf der Erdmagnetismus ebenso erkundet wurde wie die elektrische Leitfähigkeit und die wundersamen Kapillarerscheinungen, bei denen es Flüssigkeiten in dünnen Röhren gelingt, gegen die Schwerkraft aufzusteigen.

Gauß erlebte dank Weber einen zweiten Frühling seiner Kreativität. Er hatte erneut »eine wahre Lust« an der Forschung und sieht vor allem in der Übertragung elektrischer Signale durch Metalldrähte eine große Chance. Gauß träumte schon von einer »unmittelbaren« Verbindung der großen Städte durch Telegraphie und regte sogar an – in einem Brief an Alexander von Humboldt –, sich Gedanken darüber zu machen,

> »ob man in Zukunft, wenn erst Eisenbahnen allgemeiner sind, nicht die Gleise selbst (wobei man freilich zwischen den einzelnen Schienen sich dauernder metallischer Berührung versichern müßte) anstatt der Leitungsdrähte gebrauchen könnte«.

---

17 In einem Brief vom 7. Dezember 1853 gratuliert Gauß Alexander von Humboldt dazu, mit diesem Tag das Alter Newtons erreicht zu haben, nämlich 30766 Tage.

Die Göttinger Sieben

Doch plötzlich bricht in die Welt des wissenschaftlichen Friedens ein Feind ein. Gauß ist auf einmal zumute, »wie wenn eine neue Welt entdeckt, der Weg hinein geebnet und dann auf einmal das Tor vor uns zugeschlagen wird«. Verantwortlich für diesen Einbruch ist letztlich die Thronbesteigung durch Königin Viktoria in London. Damit endet im Jahre 1837 die Personalunion zwischen Großbritannien und Hannover (wo weibliche Erbfolge unzulässig ist). Als Konsequenz wird Viktorias Onkel Ernst August König von Hannover, und dieser überzeugte Absolutist hat nichts Eiligeres zu tun, als die ihm verhaßte liberale Verfassung seines Landes wieder abzuschaffen, und zwar per Anordnung zum 1. 11. 1837. Bereits am 18.11. kommt es zu dem berühmten Protest der »Göttinger Sieben« gegen diesen Akt der Willkür. Sieben Professoren weisen auf den Eid hin, den sie auf die (alte) Verfassung geleistet hatten, und erklären feierlich, nicht gegen ihr Gewissen handeln zu können.

Die königliche Antwort läßt nicht lange auf sich warten, und die sieben Männer werden fristlos ihrer Ämter enthoben. Zu ihnen gehören die berühmten Brüder Jacob und Wilhelm Grimm, zu ihnen gehört auch Wilhelm Weber, zu ihnen gehört aber nicht Carl Friedrich Gauß. Er hält sich von dem Protest fern, obwohl die anderen dringend auf seinen Beistand gewartet hatten. Zwar bittet Gauß Alexander von Humboldt, wenigstens für Weber eine Ausnahme zu erreichen, aber dessen Intervention bleibt erfolglos – wie nicht anders zu erwarten war.

Es ist viel gerätselt worden, warum sich Gauß dem Protest nicht angeschlossen hat. Er wußte, daß die Göttinger Sieben auf seine Stimme hofften, zu denen zudem zwei ihm nahestehende Personen gehörten, nämlich der Physiker Weber und der Theologe Heinrich von Ewald, der Gauß' Schwiegersohn war.[18] Warum also ist er untätig geblieben?

---

18 Zu den Göttinger Sieben gehörten außer den genannten Professoren noch Wilhelm Eduard Albrecht, Friedrich Christoph Dahlmann und Georg Gottfried Gervinus.

In seinen Briefen bezieht er keine Stellung, und der Hinweis auf seine konservative Grundhaltung, die ihn zum Beispiel Studentenunruhen mißbilligen ließ, bleibt schwach. Das Rätsel läßt sich nicht ohne weiteres lösen, und der Hinweis auf finanzielle Sorgen ist vielleicht unfair. Tatsächlich gehört es zu den großen Befürchtungen des alternden Gauß, daß er mittellos sterben und seinen insgesamt sechs Kindern wenig oder nichts hinterlassen könne. An dieser Stelle muß sich der Mathematiker aber verrechnet haben, denn bei seinem Tod beläuft sich sein durch Sparsamkeit und den geschickten Umgang mit Wertpapieren angehäuftes Vermögen auf rund 500000 Mark. Mit anderen Worten, nach heutigen Maßstäben wäre Gauß als Millionär gestorben.

Die letzten Jahre

Gauß mißfällt das Altwerden. Er leidet und beklagt sich unter anderem bei Alexander von Humboldt darüber, daß »alle meine Beschwerden an Zahl, Intensität und Hartnäckigkeit beständig zunehmen«. Der fast zehn Jahre ältere Humboldt versucht ihn mit dem Hinweis zu trösten, daß jemand wie Gauß, der »so Vieles und Großes geistig geschaffen« habe, der »der elektrischen Sprache, die jetzt [als Telegraphie] über Meer und Land geht, zuerst Sicherheit, Maß und Flügel verliehen hat, [...] in dem erneuerten Andenken des Geleisteten auch einen Keim zur Linderung finden« sollte.

Gauß gib sich natürlich nicht ganz auf, und er lernt zum Beispiel noch Russisch, um die Beiträge, die der Mathematiker Nicolaj Lobatschewskij zur Geometrie liefert, im Original lesen zu können. Der originellste Beitrag von Gauß selbst aus dieser Zeit ist allerdings sehr praktischer Natur. Er betrifft ein Problem, das äußerst modern klingt. Es geht um die Analyse der finanziellen Situation, in die die Witwenkasse der Universität Göttingen geraten war. Ein langsames Anwachsen der Witwen ließ die Frage aufkommen, ob die Zahlungen langfristig unvermindert weitergehen können. Mußten die Beiträge erhöht werden? Brauchte man andere Geldquellen?

Gauß wurde gebeten, die Auswirkungen der zunehmenden Zahl von Witwen und deren Wunsch nach Erhöhung der Pensionen zu erkunden. Er machte sich an die Arbeit und kam – nach sechs Jahren und vielen Rechnungen – zu dem überraschenden Ergebnis, daß die Kasse nicht nur finanziell gesund war, sondern sogar eine Erhöhung der gezahlten Gelder empfohlen werden könne. Allerdings müsse die Zahl der Versicherten beschränkt werden. Im übrigen schlug er vor, eine radikale Neuberechnung in 20 bis 30 Jahren durchzuführen.

1854 – weniger als ein Jahr vor seinem Tod (am 23. Februar 1855 in Göttingen) – hatte Gauß noch die Gelegenheit, die Antrittsvorlesung des Mathematikers Bernard Riemann zu hören, der in seinen Bemerkungen *Über die Hypothesen, welche der Geometrie zu Grunde liegen* den Weg für die nicht-euklidischen Varianten dieser Wissenschaft ebnete, mit denen heute der Kosmos erfaßt wird. Gauß war zwar von Riemanns Vortrag begeistert, aber der Grundgedanke kam ihm vertraut vor. Er hielt die Geometrie seit Jahrzehnten für eine Experimentalwissenschaft, und er kannte den Vorschlag von Lobatschewskij, durch die genaue Vermessung eines aus Sternen bestehenden Dreiecks zu prüfen, welche geometrische Beschreibung der Wirklichkeit angemessen ist. Nur bei Euklid beträgt die Winkelsumme in einem Dreieck genau 180°. Intuitiv – so meinte Gauß – können nur vollendetere Wesen als die Menschen die wahre Natur des Raumes erfassen. Wir selbst haben nur die Möglichkeit, im wissenschaftlichen Rahmen exakt vorzugehen – oder auf die Zeit nach dem Tod zu warten.

Gauß hielt dies für eine echte Alternative. Er glaubte nicht, daß nach dem irdischen Leben nichts mehr komme. Und er bezog diese Idee paradoxerweise aus der »Nichtigkeit des Lebens« selbst, die »der größere Teil der Menschheit beim Annähern des Ziels aussprechen muß«. Für ihn bot das Bewußtsein dieser Nichtigkeit »die stärkste Bürgschaft für das Nachfolgen einer schöneren Metamorphose«. Sein Gehirn meinte er dafür allerdings nicht mehr zu benötigen. Er stellte es deshalb der Wissenschaft zur Verfügung, und es befindet sich mit seinen ungewöhnlich tiefen Windungen immer noch in Göttingen.

Der Weg der Frauen

Sofia Kowalewskaja (1850–1891)
Emmy Noether (1882–1935)
Dorothy Hodgkin (1910–1994)

In einem modernen Lexikon, das die führenden Naturwissenschaftler und -innen des 20. Jahrhunderts aufzählt, kommen insgesamt nicht mehr als drei Frauen vor – und zwar Marie Curie, Lise Meitner und Emmy Noether, also zwei Physikerinnen und eine Mathematikerin.[1] In einem Buch, das nur rund zwanzig Teilnehmer/innen am großen naturwissenschaftlichen Spiel vorstellen und bekanntmachen möchte, bräuchte bei einer entsprechenden Quote höchstens eine Dame all den Herren an die Seite gestellt zu werden, die im Bereich der exakten Forschung zum Fortschritt der Menschheit beigetragen haben. Doch dieser Gesichtspunkt zählt nur, wenn es allein auf rezipierte und akzeptierte Ergebnisse und nicht auch auf den Weg ankommt, der zu den Einsichten und Erkenntnissen geführt hat. Was Wissenschaft ist und wie Wissenschaft funktioniert, zeigt sich wahrscheinlich aber in größerer Klarheit unter dieser

---

1 Wenn man das Register des naturwissenschaftlichen Bandes über *Die 100 des Jahrhunderts* (rororo Band 6451) ansieht, scheint das Verhältnis etwa gleich zu bleiben. Von den rund 350 Personen haben 9 weibliche Vornamen. Allerdings werden drei von ihnen ausdrücklich nur als »Mitarbeiterinnen« genannt. Was die beiden genannten Physikerinnen angeht – Lise Meitner und Marie Curie –, so habe ich die beiden großen Wissenschaftlerinnen in meiner ersten Hintertreppe zur Wissenschaft, *Aristoteles, Einstein & Co.*, ausführlich vorgestellt.

Perspektive, und da scheint der Blick auf die vielfältigen Schwierigkeiten, die Frauen in den Weg gelegt worden sind und werden, ergiebiger zu sein als die Analyse der Leichtigkeit, mit der einige der vielen Männer in geistige Höhen aufgestiegen sind.

Im vorliegenden Kapitel geht es um drei Frauen, deren Lebensdaten die Zeit von der Mitte des 19. Jahrhunderts bis fast zum Ende des 20. Jahrhunderts umfassen, die in unterschiedlichen europäischen Ländern gewirkt haben – unter anderem in Rußland, Deutschland, Schweden und England – und die das wissenschaftliche Spektrum von der Mathematik bis zur Molekularbiologie repräsentieren und ganz wesentlich bereichert haben. Parallel zu den drei Biographien entwickelt sich die Frauenbewegung, die den Benachteiligungen des anderen Geschlechts auf politischem, sozialem und wirtschaftlichem Terrain entgegenwirken will und auf die an dieser Stelle hingewiesen werden soll. Sie bildet den sonst wenig beachteten Hintergrund, vor dem die drei Porträts gesehen werden müssen.

Ausgangspunkt des langen Kampfes der Frauen um Gleichberechtigung ist die deprimierende Erkenntnis am Übergang vom 18. zum 19. Jahrhundert, daß die Leitprinzipien der Französischen Revolution – Freiheit, Gleichheit, Brüderlichkeit – mehr oder weniger wörtlich gemeint waren und die Schwestern vielfach ausgeschlossen blieben. Bei den Menschenrechten ging es den meisten Revolutionären vor allem um »Männerrechte«, wobei dieses Defizit bereits 1791 eingeklagt wurde, und zwar durch Olympe de Gouges, die in einem Manifest (*Déclaration des droits de la femme et de la citoyenne*) zum ersten Mal in der Geschichte der Menschheit die Gleichstellung der Frau forderte – und dabei natürlich auf taube Ohren stieß. Ein Jahr später (1792) folgte ihr in Großbritannien Mary Wollstonecraft, die als verheiratete Frau Godwin hieß und mit ihrem häufig zitierten Buch *A Vindication of the Rights of Woman* den Grundtext der Frauenbewegung lieferte.

Das Wort »Feminismus«, das im Verlauf der 1960er Jahre seine heutige aggressive Bedeutung bekommen hat, taucht übrigens schon in der eben geschilderten Epoche auf. Mit seinem

Erscheinen war die bedenkens- und unterstützenswerte These verbunden, daß der Grad der Befreiung, den Frauen erreichen, nicht nur als Prüfstein der jeweiligen Gesellschaft, sondern auch als allgemeiner Maßstab der menschlichen Emanzipation dienen könne. Die Qualität der Aufklärung, die von (männlichen) Philosophen gepredigt wurde, sollte sich an der Qualität des Lebens zeigen, das Frauen führen konnten.

Das andere Geschlecht

Ausgangspunkt vieler Überlegungen unserer Zeit zur unterschiedlichen Fähigkeit und fehlenden Chancengleichheit der Geschlechter ist das Buch *Le deuxième sexe* von Simone de Beauvoir, ein Buch, das 1949 erschienen ist und dessen Titel seltsamerweise mit *Das andere Geschlecht* übersetzt wurde. Abgesehen von der befremdlichen Vorstellung, daß Weiblichkeit keine sich aus biologischen Wurzeln entfaltende, sondern eine gesellschaftlich konstruierte Qualität ist – »Man kommt nicht als Frau zur Welt, man wird es« –, vertritt die Autorin in diesem Buch die These, daß eine patriarchalisch orientierte Gesellschaft die Frau als das »Andere« begreift. Männer – so behauptet Simone de Beauvoir, die Lebensgefährtin des französischen Philosophen und Schriftstellers Jean-Paul Sartre – legen die Normen fest, an der sich Frauen messen lassen müssen.

Es wird in unseren Tagen immer deutlicher spürbar, daß die Praxis der Wissenschaft von männlichen Normen beherrscht wird (wobei niemand überlesen wird, daß in dem vorletzten Wort schon wieder der »Herr« erscheint, der die Macht hat). Möglicherweise trifft es zu, daß »die Wissenschaft ein Produkt des männlichen Bewußtseins« ist, wie der Physiker Wolfgang Pauli 1954 in einem Brief an Carl Friedrich von Weizsäcker geschrieben hat – von Mann zu Mann also.[2] Und vielleicht besteht ja die wichtigste Aufgabe der künftigen Zeit darin, die Einseitigkeiten des patriarchalischen Zeitalters zu korrigieren und

---

2 Von Pauli wird hier später noch ausführlich die Rede sein (vgl. S. 257 ff.).

dem weiblichen Vorgehen im Denken und Handeln den gleichen Rang wie dem männlichen zuzubilligen. Der Autor dieser Zeilen, der schon früher auf die Frauenseite als *aufschimmernde Nachtseite der Wissenschaft* hingewiesen hat,[3] würde dies begrüßen. Er würde aber empfehlen, das Kind nicht mit dem Bade auszuschütten und die Kirche im Dorf zu lassen, was heißen soll, daß es unsinnig wäre, die biologischen Wurzeln von Weiblichkeit zu ignorieren. Wer verstehen will, welche Rollen die Frauen übernehmen können, sollte ihre Qualitäten von der inneren Entwicklung her kennen (ohne daß dieses Thema hier zur Sprache kommen könnte). Er sollte allerdings auch wissen, welche Möglichkeiten ihnen im Rahmen der bisherigen historischen Entwicklung zur Verfügung standen. Darum geht es auf den folgenden Seiten.

Der Rahmen

Als Sofia Wassiljewna Krukowskaja – die spätere Sofia Kowalewskaja – 1850 in Moskau geboren wird, kreiste das wissenschaftliche Interesse der Physiker um den Begriff der Wärme bzw. um die Wärmelehre (Thermodynamik), und man versuchte, die Wandlungsmöglichkeiten der Energie so genau wie möglich zu erfassen. Der absolute Nullpunkt wurde ebenso entdeckt wie die sogenannte Entropie, die als Maß der Unordnung und der Unkenntnis immer nur zunehmen konnte. Mathematisch stehen die Jahre nach 1850 im Zeichen von Bernhard Riemann, der nicht nur den modernen Integralbegriff schafft, mit dem heute noch in der Schule gerechnet wird, der zudem darauf aufmerksam macht, daß zur Beschreibung der Welt auch eine andere Geometrie benutzt werden kann als die, die noch aus den Tagen von Euklid stammt.

Die Mitte des 19. Jahrhunderts kann auch als die Zeit betrachtet werden, in der die Frauenbewegung anfängt, international zu werden. Nach frühen Anfängen in Frankreich, Großbritannien und den USA regt sich der feministische Geist auch

---

3 In *Die aufschimmernde Nachtseite der Wissenschaft* (1995)

in Deutschland, und zwar im Gefolge der Revolution von 1848. Bald wird *Die Frauen-Zeitschrift* gegründet und 1865 der *Allgemeine Deutsche Frauenverein* (ADF), der sich weniger um große Gedanken und mehr um praktische Ziele in Hinblick auf Bildung und Erwerbsmöglichkeiten kümmert. 1890 gründet Helene Lange den *Allgemeinen Deutschen Lehrerinnen-Verein*, der die Zulassung der Frauen zum Universitätsstudium und zu den akademischen Berufen erreichen will, und vier Jahre später entsteht der *Bund Deutscher Frauenvereine* (BDF), der in den kommenden Jahren den Themenkatalog ausweitet und neben dem Frauenstimmrecht die »Sittlichkeitsfragen« nicht ausklammern will, wozu unter anderem die Stellung lediger Mütter und die frei gewählte Mutterschaft gehören. 1898 hält Clara Zetkin, die man als Führerin der proletarischen Frauenbewegung bezeichnen kann, auf dem Internationalen Arbeiterkongreß in Paris ihre berühmte Rede *Für die Befreiung der Frau*, in der sie sich für das Recht auf uneingeschränkte Erwerbs- und Berufstätigkeit einsetzt und dies als notwendige Voraussetzung für die Emanzipation bezeichnet. 1914 war die sozialdemokratische Frauenbewegung in Deutschland mit 175 000 Mitgliedern die größte ihrer Art weltweit. Zwischen 1900 und 1915 hatten die Frauen eine internationale Massenbewegung in Gang gesetzt und einen *Weltbund für Frauenstimmrecht* gegründet (1910), der über acht Millionen Mitglieder zählte. Das Frauenwahlrecht wurde nach und nach tatsächlich erreicht: 1906 in Finnland, 1913 in Norwegen, 1915 in Dänemark, 1917 in der UdSSR, Ende 1918 in Deutschland, 1920 in den USA, 1921 in Schweden, 1928 in Großbritannien und 1944 in Frankreich.

Diese Erfolge und der Zweite Weltkrieg lassen die bisherige Frauenbewegung auslaufen, die sich erneuert, als in der Nachkriegszeit die Legalisierung des Schwangerschaftsabbruchs erstritten wird. Beim Kampf gegen den § 218 des deutschen Strafgesetzbuches finden sich erstmals Frauen verschiedenster Alters-, Sozial- und Berufsgruppen zusammen. Sie erreichen 1976 die sogenannte Indikationsregelung und wenden sich nun anderen Themen, etwa in der Ökologie- und der Friedensbewegung, zu. In diesen Jahren richtet man in den USA unter der

Bezeichnung *Women Studies* einen der Frauenforschung gewidmeten selbständigen Studiengang mit akademischem Abschluß ein, und seit 1987 gibt es in Deutschland sogar Lehrstühle für eine feministische Wissenschaft.

Wenn die Frauen auch weit gekommen sind, so hat man den Eindruck, die Wissenschaft ist in derselben Zeit noch weiter gekommen. Als Sofia Kowalewskaja lebte, war die Biologie noch ein gemütliches Geschäft, zu dem Charles Darwin (1859) und Gregor Mendel (1865) Ideen über Evolution und Vererbung beitrugen. Als Emmy Noether geboren wurde (1882), entdeckt Robert Koch den Erreger der Tuberkulose, und im Laufe der kommenden Jahre entsteht nach und nach die Wissenschaft der Bakteriologie. Als Dorothy Mary Crowfoot (verheiratete Hodgkin) geboren wurde (1910), erscheint die Fruchtfliege *Drosophila* auf der genetischen Bühne, die selbst erst kurz zuvor – im ersten Jahr der neuen Jahrhunderts – errichtet worden ist. Mit Hilfe von *Drosophila* und der Analyse ihrer Mutationen kommt eine klassische Genetik zustande, die ihren Höhepunkt in der Mitte der dreißiger Jahre erreicht. Als die Nationalsozialisten die Macht übernehmen und jüdische Menschen aus Deutschland vertrieben werden, befindet sich unter ihnen auch Emmy Noether, die 1935 in den USA stirbt. Die Biologen, zu denen Dorothy Hodgkin gehört, konzentrieren ihre Bemühungen inzwischen immer stärker auf die Moleküle des Lebens, und sie errichten die Molekularbiologie, die 1938 ihren Namen bekommt und sich am Ende von Dorothy Hodgkins Leben (und rund einhundert Jahre nach Sofia Kowalewskajas Tod) anschickt, eine molekulare Medizin zu werden. Die russische Mathematikerin ist übrigens an den Folgen einer Lungenentzündung gestorben. Sie hätte mit Penicillin gerettet werden können, dem Stoff, den Dorothy Hodgkin in der Mitte ihres Lebens untersuchen und im atomaren Detail erkunden sollte.

Sofia Kowalewskaja

oder
Die Mathematikerin mit der Seele einer Dichterin

Sofia Kowalewskaja hat einmal geschrieben, daß die Mathematik ganz anders sei, als viele Außenstehende sich vorstellten. Mathematik sei alles andere als trocken und nur selten langweilige Rechnerei. Im Gegenteil! »In Wirklichkeit«, so beteuert sie, »verlangt diese Wissenschaft die größte Einbildungskraft«, und es sei unmöglich, »ein Mathematiker zu sein, ohne die Seele eines Dichters zu haben«.

Als sie dies 1889 schrieb, verblieben ihr noch anderthalb Jahre bis zu ihrem Tod. Sofia Kowalewskaja lebte damals in Stockholm, und sie war noch keine vierzig Jahre alt. Daß sie so früh sterben müßte, hat sie sicher nicht geahnt. Trotzdem ist es schwierig, ihre damalige seelische Gestimmtheit einzuschätzen. Es gab da nämlich zwei gegensätzliche Entwicklungen:

Auf der einen Seite hatten sich ihre letzten Jahre vor allem im hellen Licht des Glücks gezeigt. Sofia Kowalewskaja war in Schweden zur Professorin auf Lebenszeit ernannt worden; man hatte ihr 1888 in Paris den begehrten Prix Bourdin für ihre wissenschaftlichen Leistungen zuerkannt, genauer: für ihre Arbeit über die *Rotation eines starren Körpers um einen festen Punkt*; sie war zum Korrespondierenden Mitglied der Petersburger Akademie der Wissenschaften gewählt worden; man hatte ihr 1889 den Preis der Schwedischen Akademie der Wissenschaften verliehen; und sie steckte voller Pläne und Ideen mathematischer und literarischer Art.

Auf der anderen Seite fehlte es nicht an dunklen Schattenseiten. Sofia Kowalewskaja spürte überhaupt keinen Drang, sich um ihre inzwischen zehnjährige Tochter zu kümmern. Das Mädchen entstammte ihrer zunächst nur zum Schein eingegangenen Ehe mit dem Paläontologen Wladimir Onufrijewitsch Kowalewskij, die schließlich aber doch vollzogen worden war. Sofia Kowalewskaja bemühte sich schon länger vergeblich um die Liebe des Mannes, zu dem sie sich in den letzten Jahren – nach dem Selbstmord ihres Gatten – hingezogen fühlte. Und es gelang ihr immer weniger, angefangene wissenschaftliche Arbeiten abzuschließen bzw. ihre selbstgesteckten und sehr ehrgeizigen Ziele zu erreichen.

Auf der einen Seite wollte sie 1889/90 viele wissenschaftliche Gedanken und schriftstellerische Arbeiten zu einem Abschluß führen. Auf der anderen Seite mußte sie unentwegt mit den Dämonen ihrer »Zigeunernatur« kämpfen, wie sie es selbst nannte. Die Ungebundenheit setzte sich letztlich durch und ließ sie an die Riviera fahren, wo sie den Geliebten Maxim traf, der – aber nur zufällig – ebenfalls Kowalewskij hieß und ein großer, schwerer Mann mit Vollbart war. Maxim Kowalewskij – »ein echter Russe von Kopf bis Fuß« – hatte wegen anti-zaristischer Äußerungen seine Moskauer Professur für Strafrecht verloren. Er lebte nun in seiner Villa an der Riviera und nutzte sein geerbtes Vermögen, um auf langen Reisen durch Europa die Kultur des Kontinents zu erkunden. Weihnachten 1890 verbrachte Sofia mit ihrem geliebten Maxim zusammen in Südfrankreich und Italien. Es schien ihr glänzend zu gehen, wie uns ein Dokument aus diesen Tagen berichtet:

>*»Sie stand in der Blüthe ihrer Jahre, war ein Bild strotzender Gesundheit, voll von wissenschaftlicher und künstlerischer Schaffenskraft, voll von weit ausgreifenden Plänen für die Zukunft. Ihr Wesen war so lebhaft und bezaubernd, ihre Unterhaltung so sprudelnd geistvoll, ihre Freundschaft so reich als jemals.«*

Doch die Rückreise nach Schweden wurde zu einem »Alptraum der Irrungen«. Als Sofia Kowalewskaja, die den alltäglichen Dingen des Alltags ziemlich hilflos gegenüberstand, den Weg über Kopenhagen vermeiden und mit der Eisenbahn um die dänische Hauptstadt herumfahren wollte, weil dort die Pocken grassierten, geriet sie ohne passendes Kleingeld für Helfer in schwierige Situationen. Im strömenden Regen und mitten in der Nacht mußten vielfach die Züge gewechselt werden. Zwar gelang ihr dies trotz zunehmender Panik, doch am Ende traf Sofia Kowalewskaja völlig erschöpft in Stockholm ein, und sie erkrankte schwer. Sie versuchte noch, ihren Vorlesungsverpflichtungen nachzukommen, aber eine Lungenentzündung hatte sie bald fest ergriffen. Die Erreger breiteten sich unaufhaltsam in ihrem Körper aus, und 1891 kam das Leben der ersten Frau, die Professorin für Mathematik geworden war, zu seinem Abschluß.

»Jugenderinnerungen«

Sofia Kowalewskajas Vater kam aus einer ungarischen Familie und hieß Wassilij W. Korwin-Krukowskij. Er war Offizier und verfügte über 300 Leibeigene, was ihn ziemlich genau in die Mitte der sozialen Schicht im Rußland seiner Zeit plaziert. Sofias Mutter stammte aus einer russisch-deutschen Familie und hieß Elisaweta Fedorowna Schubert. Zu ihren Vorfahren gehörte ein Amateurmathematiker, der es bis zum Mitglied der ebenso ehrenwerten wie trinkfesten Akademie der Wissenschaften in St. Petersburg gebracht hatte. Sofia Wassiljewna wurde am 15. Januar 1850 in Moskau geboren. In ihren *Jugenderinnerungen* erzählt sie:

»Meine Leidenschaft für die Wissenschaft habe ich von meinem Vorfahren Matthias Corvinus, dem ungarischen König, geerbt; meine Liebe zur Mathematik, Musik und Dichtkunst vom Großvater meiner Mutter, dem Astronomen Schubert; meine Liebe zur Freiheit von Polen; meine Liebe zum Umherschweifen und meine Unfähigkeit, der anerkannten Tradition

zu gehorchen, von meiner Zigeuner-Urgroßmutter; und alles übrige verdanke ich Rußland.«

Diese *Jugenderinnerungen* schrieb Sofia Kowalewskaja nicht aus autobiographischem Ehrgeiz, sondern aus literarischer Lust. Sie beherbergte zwei Seelen in ihrer Brust, wobei ihr allerdings klar war, daß das Schreiben nur eine Nebenrolle spielen durfte und die große Liebe der Mathematik galt. Ihre Fähigkeiten wurden um 1867 – als sie 17 Jahre alt war – entdeckt: Man bemerkte, daß das Mädchen, das Sonja gerufen wurde, ein Physikbuch lesen konnte, ohne daß ihr jemand die Sinus- bzw. Cosinus-Funktionen erklärt hatte, die darin vorkamen. Man schickte sie zum Unterricht nach St. Petersburg, und hier ließ sie sich in die Fragen und Themen der Mathematik einführen:

»Ich sah in eine höhere, geheimnisvolle Wissenschaft, die dem Kundigen eine neue, herrliche Welt eröffnet, zu welcher gewöhnliche Sterbliche jedoch keinen Zugang erlangen können.«

Den letzten Satz, ebenfalls aus ihren *Jugenderinnerungen*, kann man wohl so deuten, daß sie früh verstanden hat, keine gewöhnliche Frau und zu großen Dingen berufen zu sein. Zumindest fühlt sie ungewöhnliche Kräfte, als sie in St. Petersburg nicht nur ihre erste Bekanntschaft mit der Mathematik macht, sondern auch in Kontakt zu den »Frauen der 60er Jahre« tritt, die für eine Gleichstellung der Geschlechter kämpfen. Höhere Bildung war den Frauen damals in Rußland wieder versagt – nach einer kurzen Öffnung der Universitäten für sie um 1860. Mädchen waren gezwungen, besondere Wege einzuschlagen, um daran teilhaben zu können. Sofia wählte den der Scheinehe, auf die sie sich 1868 einließ und durch die aus Fräulein Sofia Korwin-Krukowkaja Frau Sofia Kowalewskaja wurde. Die Hochzeit wird auf dem väterlichen Gut gefeiert, und dann zieht das Paar in die Hauptstadt, »überzeugt, daß die jetzt herrschende Gesellschaftsordnung nicht mehr lange bestehen könne«. Sofia sieht »eine herrliche Zeit der Freiheit und allgemeinen Aufklärung« vor sich, und als ihr die Familie eine Apanage von 1000 Rubeln jährlich zur Verfügung stellt – etwa doppelt soviel wie das Gehalt eines russischen Verwaltungsbeamten –, beschließt sie sogar, Rußland für eine Zeitlang ganz zu verlassen und zusammen mit ihrem Mann ins Ausland zu gehen. Sie hat Deutsch gelernt, und so fällt die Wahl auf Heidelberg, obwohl sie sich auf der dortigen Universität nicht regulär einschreiben lassen kann. Noch war es Frauen in Deutschland nicht ohne weiteres erlaubt, Vorlesungen zu besuchen. Trotzdem kann Sofia Kowalewskaja in Heidelberg Naturwissenschaften und Mathematik studieren, denn sie bekommt die besondere Einwilligung der jeweiligen Professoren, und darunter finden sich die illustren Namen, derentwegen sie an den Neckar gekommen ist – zum Beispiel Gustav Robert Kirchhoff und Hermann von Helmholtz. Die junge Russin belegt 22 Wochenstunden, davon 16 in Mathematik.

Existenz und Eindeutigkeit

Doch so spannend ihr inneres Leben mit den mathematischen Wissenschaften von nun an auch wurde, so langweilig ging es in ihrer unmittelbaren Umgebung zu, denn Ehemann Wladimir Kowalewskij fühlte sich mit dem Geld seiner Frau im Rücken nicht sonderlich gedrängt, seine Studien aufzunehmen, »ihm genügte ein Glas Thee, um sich vollkommen zufrieden zu fühlen«. Das war für ihr Temperament viel zu wenig, und so trennten sich die »Eheleute« nach zwei Semestern, wobei Sofia Kowalewskaja nach Berlin und ihr Mann nach Leipzig ging.[4]

In Berlin wurde Sofia Privatschülerin des wohl berühmtesten Mathematikers der damaligen Zeit. Gemeint ist Karl Weierstraß, dem die strenge und bis heute praktizierte Grundlegung der Integral- und Differentialrechnung gelungen war, die bei Newton und Leibniz ihren Ausgang genommen hatte.[5]

---

4 Er wurde später ein anerkannter Paläontologe, der 1872 über die Stammesgeschichte des Pferdes promovierte.
5 Weierstraß hat die sogenannte Epsilontik eingeführt, die es auf

Weierstraß war vor allem wegen seiner ungewöhnlich klaren Vorlesungen berühmt und beliebt, und seine Schüler verehrten ihn. Sofia Kowalewskaja war keine Ausnahme, und noch 1890 legte sie Wert auf die Feststellung, daß »alle meine Arbeiten im Geiste der Weierstraßschen Ideen verfaßt sind«.

Was ist damit gemeint? Weierstraß hat den Stil der Mathematik im 19. Jahrhundert vor allem dadurch bestimmt, daß er der Frage, wie die Lösung einer gegebenen Gleichung aussieht, zwei andere voranstellte, nämlich zum einen die, *ob* eine Gleichung überhaupt lösbar sei, und zum zweiten die, *wie viele* Lösungen es für sie gebe. Die Mathematiker sprechen dabei von der Existenz und der Eindeutigkeit einer Lösung, und sie haben entdeckt, daß das intellektuelle Vergnügen auf dieser Ebene der Suchens und Beweisens wesentlich größer sein kann als auf dem Weg zur Lösung selbst. Einem Mathematiker reicht es oft, die Existenz einer Lösung und ihre Eindeutigkeit nachzuweisen. Die Lösung selbst überläßt er anderen. Die Wirklichkeit ist bekanntlich nie so schön wie die Vorstellung, die man sich in phantasievoller Freiheit von ihr machen kann.

Tatsächlich bestand Sofias erste wichtige Leistung darin, für eine bestimmte Gleichungsart – es handelte sich um die sogenannten partiellen Differentialgleichungen – die richtigen Voraussetzungen gefunden zu haben, die es den Mathematikern erlauben, die Existenz eindeutiger Lösungen anzunehmen. Sie publizierte ihr Ergebnis in allgemeiner Form 1875, nachdem sie im Jahr zuvor drei thematisch unterschiedliche Abhandlungen bei der Universität Göttingen als Dissertationsschrift eingereicht hatte. Die Arbeit wird von der mathematischen Fakultät nicht nur akzeptiert, sondern auch mit dem höchsten Lob – *summa cum laude* – bedacht, und die Autorin kann als erste Frau die Ehre eines voll anerkannten Mitglieds der mathematischen Gemeinde empfangen.

Vielleicht sollten hier ein oder zwei Sätze zu den Differentialgleichungen eingefügt werden. Sie spielen eine Rolle, wenn

wunderbare Weise gestattet, die Stetigkeit und die Ableitbarkeit (Differenzierbarkeit) von Funktionen zu definieren.

den Mathematikern bekannt ist, an welchen Stellen sich eine Kurve (allgemeiner: eine Funktion) auf welche Weise und in welche Richtung ändert. Ihre Aufgabe besteht nun darin, aus diesen Ableitungen den ganzen Kurvenverlauf zu berechnen. Wenn man dafür ein einfaches Bild sucht, kann man an die Beschreibung eines Weges denken, die sich nur aus Biegungen und Erhebungen zusammensetzt oder die Stellen angibt, an denen man schneller oder langsamer gehen kann. Der Ausdruck »partiell« weist darauf hin, daß die Funktion – im Beispiel: der Weg – von mehr als einem Parameter abhängt – im Beispiel: Ort und Geschwindigkeit – und man sich nicht für die ganze, sondern nur für eine partielle (teilweise) Abhängigkeit interessiert. Partielle Differentialgleichungen haben schon früh eine Rolle für technische Anwendungen der Mathematik und Physik gespielt, so daß es stets ein reges Interesse an ihren Lösungen bzw. an ihrer Lösbarkeit gab.

Sofia Kowalewskajas zweite Schrift aus dieser Zeit wurde erst zehn Jahre später (1884) publiziert, als sie Deutschland längst verlassen hatte und nach Schweden gegangen war, wo sie noch im gleichen Jahr zur Professorin für Mathematik ernannt wurde – zur ersten Professorin der Welt für dieses Fach überhaupt. Verantwortlich für ihre Karriere im Norden war vor allem Gösta Mittag-Leffler, der 1882 eine eigene Zeitschrift gegründet hatte – die *Acta Mathematica* –, und in der ist auch Sofia Kowalewskajas oben erwähnte Arbeit *Über die Reduction einer bestimmten Klasse Abel'scher Integrale 3ten Ranges auf elliptische Integrale* erschienen.

Abgesehen von dem Hinweis, daß Integrale etwa so das Gegenstück zum Problem der Differentialgleichungen bilden, wie es die Multiplikation zur Division tut, ist es ziemlich aussichtslos, diese zweite Thema von Sofia Kowalewskajas frühen Beiträgen zur Mathematik zu beschreiben. Selbst wenn sich dazu ein Versuch unternehmen ließe, er würde sich trotz aller aufgewendeten Eleganz in der geometrischen Argumentation allein deshalb nicht weiter lohnen, weil das Ergebnis bislang selbst von Fachleuten nur marginal beachtet worden ist.

Spannender ging es schon beim dritten Problem zu, das auf

einen seltsamen Zug im Denken der Kowalewskaja hinweist. Im Zentrum ihrer Überlegungen standen die Saturnringe, die der französische Astronom Pierre Simon Laplace im 18. Jahrhundert als erster zu bestimmen bzw. zu berechnen versucht hatte. Laplace war bei seinen Rechnungen auf elliptische Formen gekommen, was heißt, daß er sich die Ringe um den Saturn wie die Bahnen von Planeten vorstellte, nämlich in Form von Ellipsen. Allerdings wußte Laplace nicht zu bestimmen, in welchem Verhältnis die Höhe und die Breite der Ellipsenachsen zueinander standen. An dieser Stelle nun setzte Sofia Kowalewskaja an, wobei sich ihr Interesse für dieses Thema vor allem deshalb seltsam ausnimmt, weil der schottische Physiker James Clerk Maxwell bereits 1859 – also fünfzehn Jahre zuvor – gezeigt hatte, daß es gar keinen Ring geben konnte, der den physikalischen Annahmen von Laplace genügte und zugleich stabil war. Was um den Planeten Saturn kreiste, so konnte Maxwell zeigen, mußten vielmehr zahlreiche einzelne Gesteinsbrocken sein, die von der Erde aus den Eindruck von kontinuierlichen Ringen machten.[6]

Nachdem Maxwell seine Arbeit über die Stabilität der Saturnringe publiziert hatte, verlor zwar jeder Mann das Interesse an den Untersuchungen von Laplace – nicht aber Sofia Kowalewskaja, die offenbar weniger an die physikalischen Wirklichkeiten und mehr, wenn nicht ausschließlich, an die mathematischen Möglichkeiten dachte, mit der die Arbeit zu tun hatte. Unberührt von Maxwells Einsicht entwickelte sie eine Methode, mit der unter den von Laplace gemachten Vorgaben jede gewünschte Genauigkeit erreicht werden konnte. Ihre Lösung existierte und war eindeutig – allerdings nur in der Welt der Funktionen, die von der Mathematik erfaßt wurde, und nicht in der Welt der Wirklichkeit, die von der Physik erfaßt wurde.

---

6 Daß Maxwell recht hatte, zeigen die modernen Satellitenbilder von den Saturnringen.

»Die Nihilistin«

Mit dem Doktortitel vor dem Namen kehrte Sofia Kowalewskaja nach Rußland zurück, und sie ließ sich erneut in Petersburg nieder. Hier erfaßte sie das

»Leben wie ein Rausch. Für eine Zeitlang vergaß ich die Begriffe von analytischen Funktionen, Raum, vier Dimensionen, die noch vor kurzem meine ganze innere Welt erfüllten, und gab mich mit der ganzen Seele den neuen Interessen hin; ich machte links und rechts Bekanntschaften, bemühte mich in die verschiedensten Kreise einzudringen und verfolgte mit brennender Neugier die Erscheinungen dieses verwickelten, im Grunde so leeren, aber auf den ersten Blick so verlockend aussehenden Chaos, das man Leben heißt.«

Sie beteiligte sich an »endlosen, zu nichts führenden Disputen über alle möglichen abtracten Themata« und gab sich diesen Debatten

»mit dem Enthusiasmus hin, dessen nur der von Natur gesprächige Russe fähig ist, welcher noch dazu fünf Jahre hindurch ausschließlich in Gesellschaft zweier, dreier Specialisten lebte, die von ihrer engen, sie gänzlich ausfüllenden Beschäftigung in Anspruch genommen sind und nicht begreifen können, wie man seine Zeit mit müßigem Tratsch vergeudet. [...] Der Ruf einer gelehrten Frau umgab mich wie eine Art Aureole; [...] ich durchlebte in dieser Epoche meines Lebens sozusagen la lune de miel meiner Berühmtheit; ich wäre bereit gewesen, auszurufen: Alles ist auf das Beste bestellt in dieser besten der Welten.«

Die eben zitierten Worte hat Sofia erst 1887 – also dreizehn Jahre später – zu Papier gebracht, und zwar in einer Erzählung mit dem Titel *Die Nihilistin*. In diesem literarischen Text kommt zwar ihr Mann nicht vor, aber im wirklichen Leben ist er sehr präsent, und zwar etwa seit 1875, als Sofia Kowalewskajas

Vater stirbt und sie auf einmal anfängt, auch auf ihr Äußeres zu achten. Sie gibt nach und nach den Charakter der Scheinehe auf und bringt im Oktober 1879 sogar ein Mädchen zur Welt. Muttergefühle stellen sich aber nicht ein. Zuerst bemüht sich Sofia noch redlich, eine zärtliche Mutter zu sein, doch bald vertraut sie das einsam bleibende Kind Freunden an, die es an ihrer Stelle aufziehen.

Ein Grund für dieses Versagen kann im Geld gesucht werden. Es geht nämlich langsam aus, obwohl die Kowalewskajas über 2100 Rubel jährlich verfügen, die unter anderem aus Erbschaft und Gutseinkünften fließen. Aber leider verspekuliert sich der Ehemann häufig – nicht ohne die »Mithilfe« Sofias, die zwar mathematische Beweise führen, aber keine Rechenaufgaben lösen kann. Und so kommt es, daß die Familie nach der Geburt der Tochter mehr oder weniger vor dem Bankrott steht.

Es folgen hektische und unzufriedene Jahre in Berlin und Paris, die damit enden, daß sich Sofia Kowalewskaja im Frühsommer 1882 endgültig von ihrem Mann trennt. Dieser Bruch trifft ihn tief. Er empfindet plötzlich, daß er sein Leben ohne Ziel geführt und vergeudet hat, und im April 1883 macht er ihm ein Ende. Wladimir Kowalewskij vergiftet sich mit Chloroform. Als Sofia die Nachricht erhält, wird ihr wiederum schlagartig deutlich, wie leichtfertig sie mit ihrem Mann gespielt und ihn verloren gegeben hat. Sie fällt in eine tiefe Ohnmacht, aus der sie eine Woche lang nicht erwacht. Kaum aber kehrt das Bewußtsein zurück, bittet sie um Papier und Feder, um ohne Zögern erneut in ihr wissenschaftliches Reich einzutreten:

»Ich muß die Mathematik nur berühren, und schon vergesse ich alles andere auf der Welt«,

wie sie Freunden mitteilt, denen klar ist, daß »alles andere« auch ihre Tochter einschließt.

Im November 1883 siedelt Sofia Kowalewskaja nach Stockholm über, wo sie vom 30. Januar 1884 an Vorlesungen über Mathematik hält. Sie ist die erste Frau, die so weit gekommen ist.

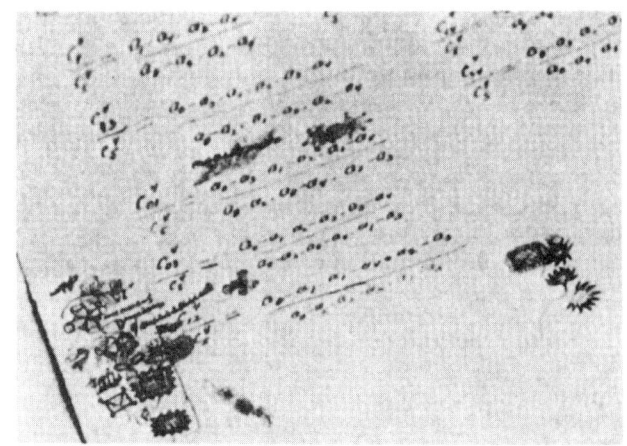

Geometrische Skizzen und Rechnungen, die Sofia Kowalewskaja ausgeführt hat, als sie an dem Problem der Kreiselbewegung arbeitete.

Die Bewegung starrer Körper

Sofia Kowalewskaja bleibt bis zu ihrem Tode in Schweden, sie lernt die Sprache des Landes und wird in den verbleibenden Jahren ihres Lebens mehr als ein Dutzend Vorlesungen halten und dabei ihr besonderes Spezialgebiet finden, die Bewegung starrer Körper. Hierbei löst sie ein uraltes Problem der theoretischen Physik, und für diesen Erfolg bekommt sie den schon erwähnten Pariser Prix Bourdin. Das Preiskomitee begründet seine Entscheidung dabei wie folgt:

»*Die bemerkenswerte Arbeit enthält die Entdeckung eines neuen Falles, in dem es möglich ist, die Differentialgleichungen, die die Bewegung eines schweren (und unter dem Einfluß der Schwerkraft befindlichen), in einem Punkt fixierten Körpers beschreiben, zu lösen. Damit hat die Autorin [...] eine Entdeckung gemacht, der wir aufgrund ihrer profunden Studie, die alle modernen Hilfsmittel der modernen Funktionentheorie involviert, höchsten Tribut zollen müssen.*«

Ein starrer Körper, der sich um einen Punkt bewegt – das ist zum Beispiel ein Kreisel, der sich um die Spitze dreht, mit der er den Boden berührt. Als Kinder haben wir alle die seltsam komplizierten und manchmal überraschenden Bewegungen gesehen, die ein Kreisel ausführen kann, und es gehört zu den uralten Problemen der Mechanik, Gleichungen für seine Bewegung aufzustellen und Bedingungen für ihre Lösbarkeit zu finden. Sofia Kowalewskaja ist dies und mehr gelungen. Sie konnte die dazugehörigen Gleichungen ihres Kreisels in einem Fall sogar explizit lösen, dem »Kowalewskaja-Fall«, den sie 1886 entdeckt hat. Zwar gibt es bis heute keine konkrete Anwendung dieser Einsicht in der Technik, aber die Mathematiker staunten, und sie verliehen ihr den großen Preis.

Das eben skizzierte »Kreiselproblem« war in Fachkreisen als »mathematische Nixe« bekannt, da es sowohl reizend als auch unnahbar war. Die große Schwierigkeit steckt dabei in der Gestalt des starren Körpers, der sich um eine Stelle dreht. In der herkömmlichen Mechanik – also in der Theorie der Bewegung, die auf Newton zurückgeht – ist es erlaubt, den sich bewegenden Gegenstand auf einen einzigen Punkt zusammenschrumpfen zu lassen. Wenn Newton berechnet, wie die Erde um die Sonne kreist, dann stellt er sich sowohl den Planeten als auch das Zentralgestirn als Punkte – als sogenannte Massenpunkte – vor. Daß sich die Erde um ihre eigene Achse dreht, kann er vernachlässigen, und er muß dies auch tun, weil sonst die Gleichungen so kompliziert werden, daß eine Lösung nicht in Sicht ist.

Bei einem Kreisel kann die Rotation natürlich nicht vernachlässigt werden, denn sie ist das eigentliche Thema, und so schreitet die theoretische Physik vom Konzept des bewegten Punktes zur Idee des sich drehenden starren Körpers fort, wobei das Attribut »starr« bedeutet, daß die Form des Körpers unverändert bleibt und die Kraft, die von einer Seite auf ihn einwirkt, komplett auf die andere übertragen und dort ohne Verzögerung spürbar wird.

Die Quellen legen die Vermutung nahe, daß Sofia Kowalewskaja viele Nächte mit der Lösung der mathematischen Probleme verbracht hat, die sie fesselten. Es scheint, daß sie dabei vielen anderen Dingen gegenüber gleichgültig geworden ist, vor allem, als sie einsehen mußte, daß sie vergeblich auf die Liebe Maxim Kowalewskijs hoffte. Kurz vor ihrem Tod – am 10. Februar 1891 in Stockholm – hat sie geschrieben:

> *»Wenn man nicht das Beste im Leben haben kann, das Herzensglück, so wird das Leben doch jedenfalls erträglich, wenn man wenigstens das Nächstbeste besitzt: ein geistiges Milieu. Aber weder eins noch das andere zu besitzen, ist unerträglich.«*

Unerträglich ist Sofias Leben nicht gewesen, aber sowohl mit dem Herzen als auch mit dem Kopf Glück zu haben ist ihr versagt geblieben.

Emmy Noether

oder
Die Bedeutung der Symmetrie

Emmy Noether wird zwar von Kennern des Fachs als die wichtigste Mathematikerin des 20. Jahrhunderts bezeichnet, aber wer ihren Namen in einem Lehrbuch sucht, bemüht sich oft vergeblich. Tatsächlich benutzt man ihre zentrale Einsicht, ohne die Urheberin zu nennen, und der Eindruck drängt sich auf, daß dies charakteristisch für die Karriere einer Frau ist. Dabei hat sie eine der schönsten Verbindungen sichtbar gemacht, die zwischen der wahrnehmbaren Welt und ihrer wissenschaftlichen Beschreibung besteht. Sie tat dies noch vor 1919, also noch vor der Zeit, die durch die Verfassung der Weimarer Republik bestimmt wird, in der zum ersten Mal die gleichen Rechte für Frauen garantiert waren – wenigstens auf dem Papier.

Das Erlanger Programm

Emmy Noethers Vater Max Noether (1844–1921) war Professor für Mathematik in Erlangen. Er lebte seit 1875 in dieser fränkischen Stadt, in der nur wenige Jahre zuvor das damals weltberühmte und heute noch einflußreiche »Erlanger Programm« verkündet worden war. Entworfen hatte es der Mathematiker Felix Klein, der damit die Richtung bestimmen wollte, die bei geometrischen Arbeiten der Zukunft einzuhalten war. Die von Klein angestellten *Vergleichenden Betrachtungen über neue geometrische Forschungen* waren möglich und nötig geworden, nachdem die Mathematiker erkannt hatten, daß es nicht nur *eine* Form der »Erdvermessung« bzw. »Feldmeßkunst« gab, wie das griechische Wort Geometrie wörtlich übersetzt heißt, nämlich die, die der legendäre Euklid vor zweitausend Jahren aufgeschrieben hatte. Vielmehr bestanden noch andere und sogar überraschend zahlreiche Möglichkeiten, den physikalischen Raum zu erfassen, in dem sich das Leben abspielt und in dem sich Linien einzeichnen lassen – als schlängelnder Flußrand oder sanft gebogenes Seeufer zum Beispiel –, in dem Flächen erkennbar werden – als Golfplätze oder Fußballfelder – und in dem Räume architektonisch umbaut werden. In der Geometrie von Euklid wird unter anderem postuliert, daß Linien, die an einer Stelle parallel sind, diese Eigenschaft überall haben und sich dementsprechend nirgendwo schneiden. Im 19. Jahrhundert war aufgefallen, daß man das auch anders entscheiden konnte, und im Rahmen der sogenannten nicht-euklidischen Geometrie war es widerspruchsfrei möglich, zwei lokal parallele Linien so verlaufen zu lassen, daß sie sich zuletzt doch schneiden. Dazu braucht man sich nur vorzustellen, daß sie auf geeignet gekrümmten Flächen laufen – zum Beispiel auf der Oberfläche einer Kugel.

Heute kennen die Mathematiker viele Formen der Geometrie. Sie heißen zum Beispiel analytisch, topologisch, projektiv oder darstellend, wobei die besondere Version einer algebraischen Geometrie von Emmy Noethers Vater Max erfunden und begründet worden ist. Wenn solch eine Vielfalt auftritt, stellt sich bald die Frage, ob sich in diesem Rahmen eine Gemeinsamkeit formulieren läßt. Genau dies wollte man in dem erwähnten Erlanger Programm versuchen, das deshalb so ausführlich eingeführt wird, weil Emmy Noethers größte Leistung auf einer Idee beruht, die in diesem umfassenden Vorhaben an zentraler Stelle steht. Es geht um das Konzept der Invarianz bzw. um den Invariantenbegriff, der nur so lange schwierig ist, solange man sich nicht an das etwas ungelenke Wort gewöhnt hat.

Invariant ist das, was sich nicht verändert, wenn man etwas

tut, bzw. als invariante Eigenschaft bezeichnet man die Qualität eines Gebildes, die sich nicht ändert, wenn man das ganze Gebilde selbst doch verändert. Die Mathematiker fassen alles, was sie mit ihren Objekten tun, unter dem Begriff der *Operation* zusammen, wobei jede Operation – eine Verschiebung oder eine Spiegelung zum Beispiel – durch die Eigenschaften charakterisiert werden kann, die sie in sich überführt, die sie invariant läßt. Ein Kreis zum Beispiel ändert sich nicht, wenn man ihn dreht, wobei man diesen schlichten Vorgang auch vornehm und schwergewichtig ausdrücken kann, indem man sagt, daß ein Kreis invariant gegenüber der Operation Drehung ist.

Nun läßt sich ein Kreis auch anders verformen – etwa durch unregelmäßige Dehnungen oder Richtungsänderungen seines Umfangs –, und dabei kann wieder etwas anderes invariant bleiben, unter anderem seine Eigenschaft, eine geschlossene Kurve zu sein. Diese Geschlossenheit bleibt unverändert, selbst wenn jemand den Kreis erweitert oder verbiegt, und also ist sie eine Invariante unter den genannten Operationen.

Geometrie insgesamt behandelt bekanntlich die Darstellung von Figuren, und Felix Klein hat in Erlangen vorgeschlagen, verschiedene Formen der Geometrie systematisch nach den Qualitäten einzuteilen, die bei ihren Abbildungen unverändert bleiben. Dabei sollen nur Umwandlungen (Transformationen) der Gegenstände berücksichtigt werden, die selbst wieder geometrische Gebilde ergeben. Technisch läßt sich nun formulieren, daß im Erlanger Programm die Idee entwickelt wurde, jede Form der Geometrie nach den Invarianten ihrer Transformationen zu klassifizieren. Biographisch gilt zu beachten, daß Emmy Noethers Vater gewissermaßen im Schatten dieses Konzepts gelebt und gearbeitet und wesentlich zu ihm beigetragen hat.

Der frühe Lebensweg

Emmy Noether, geboren am 23. März 1882 in Erlangen, war das erste Kind ihrer Eltern, und sie bekam als zweiten – selten gebrauchten – Vornamen den ihrer Mutter, Amalie. Als junges

Mädchen fiel Emmy kaum auf, wenn sie auch stark kurzsichtig war. Die Verwandten bedauerten zwar, daß sie äußerlich nicht attraktiv wirkte, lobten aber schon früh ihre innere Wärme, ihren großen Charme und ihre wundervolle Freundlichkeit.

Die Schülerin besuchte die Städtische Höhere Töchterschule in Erlangen, was aus heutiger Sicht eine Nebenbemerkung verdient. Denn die Tatsache, daß Emmy Noether eine reine Mädchenschule (ohne jede Koedukation) besuchen konnte, hat nach den jüngsten Einsichten der empirischen Sozialforschung wohl mit dafür gesorgt, daß ihre mathematischen Talente besser und ungestörter zur Entfaltung kamen. Damit ist nicht gesagt, daß sie eine besondere Ausbildung in diesem Fach bekam; eher ist zu vermuten, daß der Hauptteil des Unterrichts für Sprachen und musische Fächer verwendet wurde. Emmy lernte fließend Französisch und Englisch, und bereits im April 1900 – also im Alter von 18 Jahren – bestand sie die bayerische Lehrerinnenprüfung für diese Fächer. Trotz glänzender Prüfungsergebnisse wollte sie aber nicht schon jetzt in den klassischen Frauenberuf einsteigen. Statt dessen bemühte sie sich um die Sondergenehmigung, die Frauen damals brauchten, um studieren zu können. Sie belegte Mathematik in Erlangen und war eine von zwei weiblichen unter rund 1000 männlichen Studenten (genau gab es 986 Studierende an der Universität). Im Wintersemester 1903/04 wechselte sie nach Göttingen, wo sie unter anderem Vorlesungen bei Hermann Minkowski und David Hilbert hörte. Aber nach einem halben Jahr kehrte Emmy Noether nach Erlangen zurück, denn inzwischen war es Frauen auch hier gestattet, sich ganz normal einzuschreiben. Sie bekam am 24. Oktober 1904 die Matrikelnummer 468 und belegte ausschließlich mathematische Kurse.

Nun war Emmy Noether in ihrem Element, und es dauerte nur drei Jahre, bis sie ihre Doktorarbeit vorlegen konnte, und zwar *Über die Bildung des Formensystems der ternären biquadratischen Form*. Den Titel kann man einfach auf sich wirken lassen. Es soll hier nicht der Versuch unternommen werden, die Fragestellung durch eine populäre Darstellung begreifbar zu machen, zum einen nicht, weil Emmy Noether später selbst ihre Dissertation mit den (sicher zu groben) Worten »Mist«, »Rechnerei« und »Formelgestrüpp« bedacht hat, und zum anderen nicht, weil ihre großen Leistungen später gerade auf einer anderen – und viel eleganteren – Art von Mathematik beruhen.

Mathematische Körper

Der Weg von der frühen »Rechnerei« zu einer abstrakteren Weise des mathematischen Tuns beginnt in den Jahren nach 1908, als Emmy Noether als (natürlich) unbezahlte Assistentin am Mathematischen Institut der Universität Erlangen tätig war und wissenschaftlich zum Beispiel über *Körper und Systeme rationaler Funktionen* nachdachte. So lautet der Titel einer Arbeit, die 1914 erschienen ist. »Körper« ist dabei weder ein anatomischer noch ein geometrischer, sondern ein algebraischer Begriff: Mit »Körper« wird eine Menge von Objekten bezeichnet, die sich durch rechnerische Operationen verknüpfen lassen – und zwar so, daß man stets in der ursprünglichen Menge bleibt und sie nicht verläßt. Als Beispiel können die rationalen Zahlen dienen – also alle Zahlen, die sich als Quotient aus zwei ganzen Zahlen schreiben lassen –, die durch Addition und Multiplikation verknüpft werden. Es ist klar, daß die Summe oder das Produkt zweier rationaler Zahlen erneut eine rationale Zahl ist. Diese notwendige Bedingung für die Bezeichnung »Körper der rationalen Zahlen« wird ergänzt durch das Vorhandensein von dem, was die Mathematiker das neutrale Element der Verknüpfung nennen, was einfach heißt, daß es eine rationale Zahl unverändert läßt. Im Fall der Multiplikation ist dies die Eins, und im Fall der Addition ist dies die Null.

Das Konzept des Körpers spielt in der Mathematik eine große Rolle, seit erkannt worden ist, daß mit seiner Hilfe die Frage nach der Existenz und der Eindeutigkeit der Lösungen von Gleichungen leichter beantwortet werden kann, ein Thema, das zur Lebenszeit von Sofia Kowalewskaja viel Aufmerksamkeit auf sich ziehen konnte, wie in dem ihr gehörenden Abschnitt erläutert worden ist (vgl. S. 127).

Übrigens ergeben nicht alle Zahlenmengen automatisch Zahlenkörper. Die negativen Zahlen zum Beispiel können nicht so erfaßt werden, wenn als Operation die Multiplikation eingeführt wird, denn »Minus mal Minus gibt Plus«, wie man sich sicher noch aus Schultagen erinnert bzw. wie jeder weiß, der eine doppelte Verneinung benutzt, um sie etwa als Kompliment zu nutzen (»nicht ungeschickt formuliert, dieser Satz«).

Glanz und Elend in Göttingen

Spätestens 1915 war Emmy Noether unter Kollegen so bekannt, daß sie von den Großen ihres Fachs eingeladen wurde, nach Göttingen zu kommen. »Invariantentheorie ist hier Trumpf«, schrieb sie im November 1915 an den Erlanger Mathematiker Ernst Fischer, mit dem sie zuletzt zusammengearbeitet hatte, und von besonderem Interesse waren die »Einsteinschen Differentialinvarianten«, wie sie anmerkte. Damit verwies sie auf eine Arbeit, in der Albert Einstein 1915 das formuliert hatte, was heute als »Allgemeine Relativitätstheorie« bekannt ist und die Struktur des Weltraums erfaßt, in dem wir alle leben. Um seine physikalischen Ideen und Vorstellungen formulieren zu können, mußte Einstein eine eigenwillige Mathematik konstruieren, und festen Boden unter die Füße bekam er dabei mit Hilfe der oben genauer bezeichneten Invarianten.

Emmy Noether schickte Einstein ihre eigenen Überlegungen zu diesem Thema, und er lobte sie über alle Maßen. In einem Brief an den führenden Göttinger Mathematiker David Hilbert schreibt Einstein am 24. Mai 1918:

> *»Gestern erhielt ich von Frl. Noether eine sehr interessante Arbeit über Invariantenbildung. Es imponiert mir, daß man diese Dinge von so allgemeinem Standpunkt übersehen kann. Es hätte den Göttinger Feldgrauen nichts geschadet, wenn sie zu Frl. Noether in die Schule geschickt worden wären. Sie scheint ihr Handwerk zu verstehen.«*

Flechtdekorationen von Leonardo da Vinci, aus der Fantasia da Vinci, die in der Biblioteca Ambrosiana in Mailand liegt. Die Form der Dekoration zeigt die Qualität der Symmetrie, denn eine geeignete Drehung oder Spiegelung führt das Gebilde in sich selbst zurück. Emmy Noethers Mathematik trägt solchen Invarianzen Rechnung und hebt ihre Besonderheiten hervor. Der Schriftzug in der Mitte bringt zwar eine geringe Asymmetrie ins Spiel, doch wird der ästhetische Reiz dadurch nicht beeinträchtigt.

Was Einstein da anspricht, ist heute als Noethersches Theorem bekannt und zum ersten Mal in ihrer Habilitationsschrift publiziert worden. Diese Arbeit trägt den knappen Titel *Invariante Variationsprobleme*, und in ihr wird etwas Wunderbares bewiesen. Es wird ein Zusammenhang hergestellt zwischen der Symmetrie einer mathematischen Form und der Erhaltung einer physikalischen Größe. Emmy Noether legt klar, daß die Invarianz eines Naturgesetzes mit der Konstanz einer Naturerscheinung einhergeht.

Um dies besser zu verstehen, muß man sich zuerst verdeutlichen, daß Symmetrie und Invarianz denselben Tatbestand ansprechen. Wenn zum Beispiel ein Gegenstand spiegelsymmetrisch ist, kann man dies auch dadurch ausdrücken, daß man sagt, der Gegenstand bleibt unverändert (invariant), wenn man ihn spiegelt. Er ist also invariant gegenüber der Operation der Spiegelung.

Die schlichte Tatsache, daß das Ergebnis eines Experiments sich nicht ändert, wenn man seine Anfangszeit verschiebt, kann man auch so formulieren, daß die Gesetze der Physik invariant gegenüber einer Zeitverschiebung (Translation) sein müssen. Das Noether-Theorem sagt jetzt voraus, daß unter diesen Bedingungen eine physikalische Größe konstant sein muß, und dies ist die Energie.

Der Satz von der Erhaltung der Energie, der unendlich mühsam im Experiment zu finden war, der dann aber als markanter Eckstein die Physik des 19. Jahrhunderts bestimmt hat – dieser fundamentale Hauptsatz der Wärmelehre läßt sich mit dem Noether-Theorem als Konsequenz einer ästhetischen Qualität ableiten. Er ergibt sich als Folge einer Symmetrie, als Resultat der Homogenität der Zeit.

Und das Noether-Theorem beschränkt sich nicht auf diesen Fall, sondern sagt mehr. Es sagt, daß sich für jede Symmetrie ein Erhaltungssatz finden lassen muß. Tatsächlich führt die Homogenität des Raumes zum Impulserhaltungssatz, und die Invarianz von Eigenschaften gegenüber beliebigen Drehungen (Isotropie des Raumes) bringt die Erhaltung des Drehimpulses mit sich, um nur einige konkrete Beispiele zu nennen.

Emmy Noether hat 1918 – im Alter von 36 Jahren – einen tiefen Zusammenhang zwischen der Welt der Ideen und der Welt der Dinge erkannt und der theoretischen Wissenschaft ein elegantes Instrument geliefert, um mit anschaulichen Konzepten Einsichten in unanschauliche Bereiche des Wirklichen zu bekommen. Man könnte erwarten, daß ihr nun in der Folgezeit die Ehrungen und Titel nur so zufliegen, aber man darf natürlich nicht vergessen, daß sie eine Frau war – und für Frauen gab es vorerst keine Möglichkeit, sich zu habilitieren. Nach der sogenannten Privatdozentenverordnung von 1908 konnten nur Männer in solche akademischen Sphären aufsteigen, und in Göttingen hielt man es für angebracht, unter sich zu bleiben. Sonderregelungen wurden von der Universitätsleitung mit dem Hinweis auf den gerade zu Ende gehenden Krieg abgelehnt. Wie sähe es denn aus, so fragten die Verantwortlichen, wenn man die Männer, die aus dem Feld zurückkehrten, von Frauen unterrichten lassen würde? Zwar versuchte David Hilbert mit dem Hinweis darauf, daß man an einer Universität und nicht in einer Badeanstalt sei, seine Kollegen von der Unsinnigkeit ihrer ablehnenden Haltung zu überzeugen, doch die Göttinger Professoren blieben stur. Und Emmy Noether konnte nur versteckt unter Hilberts Namen Mathematik unterrichten. In den Vorlesungsverzeichnissen dieser Zeit findet sich der Eintrag: »Mathematisch-physikalisches Seminar: Invariantentheorie: Prof. Hilbert mit Unterstützung von Frl. Dr. E. Noether, Montags 4–6, gratis.« »Gratis« meint, daß die Studenten keine Hörgelder für diesen Kurs zu bezahlen hatten. Unabhängig davon erhielt das Fräulein Noether natürlich immer noch kein Geld für ihre Arbeit.

Moderne Algebra

Es dauerte bis 1922, bevor Emmy Noether wenigstens ein klein wenig auf der akademischen Leiter nach oben rücken durfte. Am 6. April dieses Jahres wurde sie »zum nicht beamteten außerordentlichen Professor« ernannt, wobei der zuständige Minister in seinem Schreiben ausführte, »daß diese Bezeichnung eine Änderung Ihrer Rechtsstellung nicht zur Folge hat. Insbesondere bleiben die aus Ihrer Stellung als Privatdozentin zu Ihrer Fakultät sich ergebenden Verhältnisse unberührt; auch ist damit die Übertragung einer beamteten Eigenschaft nicht verbunden.«

Immerhin bekommt Emmy Noether einen Lehrauftrag für Algebra und damit zum ersten Mal eine zwar kleine, aber regelmäßige Entlohnung. In ihrer Forschung beschäftigt sie sich inzwischen mit sogenannten Ringen, die man sich als komplizierte Körper vorstellen kann und die hier nicht weiter definiert werden sollen. Konkret sucht sie darin wieder – wie bei den Invarianzen – nach festen Punkten in der bunten Vielfalt der mathematischen Strukturen, wobei diesmal der Begriff des Ideals eine Rolle spielt. Er meint in der Mathematik nicht den Inbegriff der Vollkommenheit oder ein als höchster Wert anerkanntes Ziel, sondern den Teil eines Ringes, der in sich geschlossen bleibt, das heißt, der durch die zugelassenen Operationen seiner Elemente nicht aus sich herausführt. Man kann zum Beispiel an die ganzen Zahlen denken, die durch acht teilbar sind – 8, 16, 24, 32 und so weiter –, und dabei die Möglichkeit erkennen, daß es Idealketten gibt. Damit sind Ideale gemeint, die zusammenhängen: Die ganzen Zahlen, die durch acht teilbar sind, gehören auch zu den ganzen Zahlen, die durch vier teilbar sind, und sie wiederum gehören zu den ganzen Zahlen, die durch zwei teilbar sind. An dieser Stelle hört diese spezielle Idealkette auf. Sie wird stationär, wie man sagt, und Emmy Noether zeigt, daß jede solche Kette die Eigenschaft hat, stationär zu werden. Sie wird seitdem als »noethersch« bezeichnet.

Diese Untersuchungen begründeten das, was heute als »moderne Algebra« in den Lehrbüchern steht. *Moderne Algebra* heißt auch das Buch, das Emmy Noethers Schüler Bartel van der Waerden 1930 publiziert hat und in dem ausdrücklich festgestellt wird, daß es ihre Vorlesungen waren, die diese Form der Wissenschaft begründet und ermöglicht haben. 1930 markiert auch das Jahr, in dem der berühmteste Göttinger Mathematiker, der schon mehrfach genannte David Hilbert, seinen Lehrstuhl verläßt und emeritiert wird. Natürlich gab es die Hoffnung, daß Emmy Noether als beliebte Lehrerin, als erfolgreiche Wissenschaftlerin und als begeisterndes Vorbild für die nachwachsende Generation von Mathematikern Nachfolgerin von Hilbert würde. Aber die Herren Kollegen zeigten sich erneut dickköpfig und wählten Hermann Weyl aus Zürich an ihrer Stelle.

Möglicherweise spielte bei dieser Ablehnung auch ihre äußere Erscheinung eine Rolle. Zeitgenössische Berichte erzählen von einer Frau, die zu korpulent und deren Stimme zu laut war, die wenig Sorgfalt auf ihre Kleidung legte, sich bei Mahlzeiten nicht stören ließ, wenn sie sich bekleckerte, und die zu allem Überfluß bei ihren Vorlesungen dauernd mit einem Taschentuch herumfummelte, das sie unter ihrer Bluse hervorholte und nach Gebrauch wieder dorthin steckte. »Die Grazien haben nicht an ihrer Wiege gestanden«, konnte man oft hören, »aber geliebt wird sie von uns allen.«

Die letzten Jahre

Als Emmy Noether fünfzig Jahre alt wird, scheint ihr Leben besonderen Glanz zu bekommen. Sie erhält einen Preis für ihre große wissenschaftliche Leistung – den Alfred-Ackermann-Teubner-Gedächtnis-Preis –, und man veranstaltet ihr zu Ehren ein Symposium. Doch die politischen Umstände lassen diesen Zustand nur vorübergehend erscheinen. Die Nationalsozialisten kommen an die Macht und entziehen der Jüdin Emmy Noether im April 1933 die Lehrbefugnis. Sie muß nicht nur Göttingen, sondern auch Deutschland verlassen, und Hilfe bekommt sie aus den USA. Der Präsident des Bryn Mawr College in Pennsylvania beantragt bei der Rockefeller Foundation in New York finanzielle Mittel, um sie als Gastdozentin an seine Hochschule zu berufen. Dem Antrag wird stattgegeben, und Emmy Noether emigriert in die USA. Sie kehrte 1934 noch einmal kurz nach Deutschland zurück, aber nur, um die Stätte ihrer früheren Wirkung völlig leer von (jüdischen) Freunden zu finden.

Am 10. April 1935 muß sie sich in den USA einer Tumoroperation unterziehen. Zwar verläuft der Eingriff zufriedenstellend, wie die Ärzte sagen, doch in den folgenden Tagen tritt plötzlich hohes Fieber auf, und am Nachmittag des 14. April 1935 stirbt Emmy Noether in Bryn Mawr. Um seinen Dank für ihr Leben auszudrücken, schreibt Albert Einstein einen Brief an die *New York Times*, in dem es heißt:

»Die Anstrengungen der meisten Menschen werden für den Kampf um das tägliche Brot aufgewendet. Und die meisten, die das Schicksal durch ein besonderes Talent von diesem Kampf befreit hat, sind wiederum weitgehend damit beschäftigt, ihr irdisches Dasein zu verbessern. Hinter diesem Bemühen, das auf Ansammlung materieller Güter gerichtet ist, steckt allzu häufig die Illusion, daß dies das wichtigste und erstrebenswerteste Ziel sei. Doch gibt es zum Glück eine Minderheit von Menschen, die schon früh in ihrem Leben erkannt haben, daß die schönsten und befriedigendsten Erfahrungen, die uns und ihnen zugänglich sind, nicht von außen kommen, sondern an die innere Entwicklung des eigenen Fühlens, Denkens und Handelns gebunden sind. Die wirklichen Künstler, Forscher und Denker sind immer Menschen dieses Schlags gewesen. Wie unauffällig das Leben dieser Einzelnen auch gewesen sein mag, die Früchte ihrer Bemühungen sind die wertvollsten Beiträge, die eine Generation ihren Nachfolgern übergeben kann.«

Emmy Noether gehörte zu dieser Minderheit, und sie hat uns mehr gegeben als wir ihr.

Dorothy Hodgkin

oder
Ein Leben mit Kommunisten und Molekülen

Dorothy Hodgkin ist zwar die einzige Engländerin, die bisher mit einem Nobelpreis ausgezeichnet worden ist, aber als es soweit war, haben die britischen Zeitungen eher hilflos auf diese Ehrung reagiert. Am 29. Oktober 1964 gab die Königliche Akademie in Stockholm bekannt, daß Dorothy Hodgkin – und nur sie allein – im Dezember des Jahres mit dem Nobelpreis für Chemie ausgezeichnet werden würde, und dem sonst so formulierungsgewandten *Daily Telegraph* fiel als einzige Mitteilung für seine Leser ein, daß eine »Mutter von drei Kindern« den begehrten Preis bekommen hätte, und zwar »for a thoroughly un-housewifely skill,« also für Qualitäten, die man bzw. frau wohl kaum für die Aufzucht von Kindern bzw. für Arbeiten in der Küche oder im Garten braucht. Dabei war und ist es überhaupt nicht schwer, die wissenschaftlichen Leistungen von Dorothy Hodgkin zu erklären. Sie hat zum einen etwas sehr Einsichtiges getan – nämlich die genaue Struktur von Molekülen bestimmt, die als Hormone, Antibiotika oder Vitamine für das menschliche Leben wichtig sind –, und sie hat zum zweiten Ergebnisse erzielt, die nicht nur nützlich in medizinischer Hinsicht, sondern darüber hinaus schön unter einem ästhetischen Gesichtspunkt sind. Es geht im einzelnen um die Stoffe, die Insulin, Penicillin und Vitamin B_{12} heißen, und alle drei spielen für unseren Körper eine große Rolle, wenn es um die Gesundheit geht. Es gibt darüber hinaus aber noch einen weiteren

Aspekt, der das von Dorothy Hodgkin Geleistete so interessant und einprägsam macht. Aus ihrem Leben läßt sich nämlich lernen, daß es in der Wissenschaft keineswegs (nur) von Personen wimmelt, die voller Ehrgeiz und Durchsetzungskraft um Anerkennung oder Ruhm kämpfen. In der Wissenschaft bieten sich auch Alternativen voller Sachlichkeit und Freundschaft, und Dorothy Hodgkin zeigt, wie dies aussehen kann.

Von Kairo nach Cambridge

Geboren wurde Dorothy Hodgkin als Dorothy Mary Crowfoot am 12. Mai 1910 in Kairo, und aufgewachsen ist sie im Sudan. Ihr Vater arbeitete dort im Auftrag der britischen Regierung. Er hatte nach einer humanistischen Ausbildung in Oxford eine Anstellung im britischen Erziehungsministerium bekommen. Seine Aufgabe bestand unter anderem darin, die von seinem Land unterhaltenen Schulen im arabisch-islamischen Raum zu inspizieren. Als er 36 Jahre alt wurde, holte er seine Jugendliebe nach Kairo, um sie hier zu heiraten. Dorothy wurde in Sichtweite der Pyramiden geboren, und zwar als erste von drei Schwestern. Als sie ihren zehnten Geburtstag feierte, quittierte der Vater seinen Dienst und kehrte nach England zurück. Die Familie zog nach Beccles (Suffolk), wo die Töchter von nun an zur Schule gingen – ohne allerdings aufzuhören, von den paradiesischen Zuständen im Orient zu träumen.

Bereits im Sudan – der Lebensstation zwischen Ägypten und Großbritannien – hatte sich Dorothys Lust am Experiment offenbart, wie von Freunden berichtet wird. Nachdem man ihr gezeigt hatte, mit welchen Gerätschaften Goldsucher nach dem Objekt ihrer Begierde schürften, machte sie es ihnen nach. Dabei stieß sie auf leuchtend schwarzes Gestein, um dessen Identifizierung sie sich mit Hilfe von Nachschlagewerken und Bekannten so lange bemühte, bis sie wußte, daß es unter anderem aus Titan bestand – ohne allerdings zu wissen, was damit gemeint war bzw. was dieses Element darstellen und bedeuten konnte.

Es ist nicht berichtet worden, ob und wie Dorothy ihre Neu-

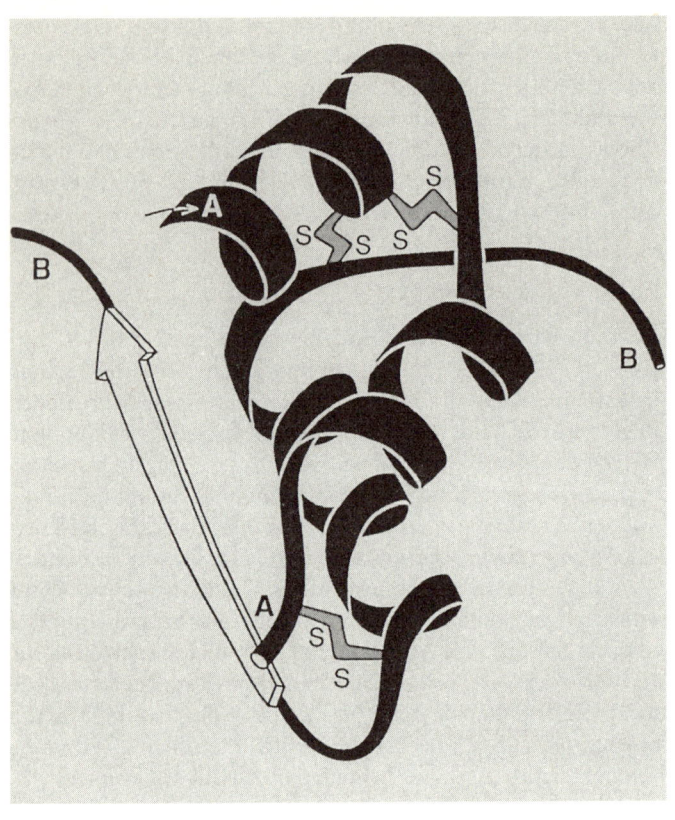

Insulin besteht aus zwei Ketten, die A und B genannt werden. Ihre Faltung wird hier in einer Darstellung (nach Jane Richardson) gezeigt, bei der die chemischen Brücken (»Disulfidbrücken«) deutlich hervortreten, die von zwei Schwefel-Atomen (S) stammen. Man erkennt den vielfach gewundenen (spiralen) Verlauf der Ketten und ein gerades Stück (durch einen Pfeil angedeutet, dessen Spitze zum sogenannten Carboxyl-Ende der Aminosäuren weist, aus denen das Insulin besteht).

gier in diesem speziellen Fall befriedigen konnte. Die Leidenschaft für Chemie war jetzt aber geweckt, und sie hielt auch in England an – trotz unzureichenden Unterrichts. Dorothys Mutter förderte das neugierige Treiben ihrer Tochter, indem sie ausreichend Lesestoff besorgte, unter anderem eine Vorlesung *Über die Natur der Dinge*, die der berühmte William Bragg um 1924 gehalten hatte. Bragg hatte maßgeblich die Methode entwickelt, mit der Dorothy später ihre großen Erfolge feiern sollte, nämlich die Methode der Röntgenbeugung an Kristallen. Es geht dabei um die Streuung, die Röntgenstrahlen an einer regelmäßigen Kristallstruktur – einem Kristallgitter – erfahren, und Bragg war es gelungen, ein Gesetz zu formulieren, mit dessen Hilfe es möglich wurde, aus dem für Meßinstrumente zugänglichen Streulicht den inneren Aufbau eines Kristalls zu bestimmen, der einer direkten Wahrnehmung verborgen blieb. In der Vorlesung sprach Bragg von »neuen Augen«, die der Wissenschaft zur Verfügung standen, um »die Natur der Dinge« zu erkunden, und er schwärmte von der bislang verborgenen Welt der Moleküle, die nun direkt sichtbar gemacht werden könnte.

Dorothy war fasziniert. Sie fragte begierig, wo sie mehr über diese Moleküle erfahren könnte, erfuhr von einem Buch über die *Grundlagen der Biochemie*, das ein gewisser T. R. Parson verfaßt hatte, und las auf den ersten Seiten die folgenden Worte:

»Wir können das Studium der chemischen Veränderungen, die in lebenden Organismen vor sich gehen, nicht besser beginnen als mit der Betrachtung der wichtigsten Substanzen, die in allen Zellen und Geweben vorhanden sind – den Proteinen.«

Dorothy wollte mehr von diesen Proteinen wissen, die als die entscheidenden Bausteine der Zelle galten. Sie war fest entschlossen, Biochemie zu studieren, und 1928 fing sie in Oxford damit an. Dabei stieß sie – zu ihrer milden Enttäuschung – auf eine nahezu ausschließlich experimentell orientierte Disziplin der Wissenschaft, was heißt, daß die praktizierenden Chemiker, die sie kennenlernte und die ihr Unterricht gaben, vor allem mit »Kochrezepten« beschäftigt waren und sich über die Resultate freuten – leider ohne sich jemals zu fragen, warum die Stoffe bzw. Moleküle, die sie da in einem Reagenzglas zusammenkochten, so und nicht anders reagierten. Leicht frustriert suchte sie in der Bibliothek nach systematischen Wegen, um Moleküle und ihre Reaktionsmöglichkeiten zu verstehen, und traf erneut auf die Röntgenstrukturanalyse, von der schon Bragg berichtet hatte.

Ausgangspunkt dieses Verfahrens war die 1895 erfolgte Entdeckung einer neuen Art von Strahlen durch Wilhelm Conrad Röntgen, die auf deutsch nach ihm benannt sind und auf englisch »X-Rays« heißen. Etwa seit der Zeit, die Dorothy auf der Welt war, wußten die Wissenschaftler, daß die Röntgenstrahlen von Kristallgittern abgelenkt bzw. gebeugt werden und die sich ergebenden Muster Informationen über die Anordnung der Atome in dem untersuchten Kristall enthalten. William Bragg und sein Sohn hatten dieses Verfahren so weit perfektioniert, daß die Kristallographie als Königin der Wissenschaft bezeichnet wurde. Im September 1931 fing Dorothy mit ersten kleinen und aus heutiger Sicht eher schlichten eigenen Versuchen in diese Richtung an, um eine Abschlußarbeit für ihr Chemiestudium anzufertigen. Sie arbeitete hart, ignorierte alle Rückenschmerzen und hatte bald genug Daten, um sie ein Jahr später in dem angesehenen Fachblatt *Nature* zu veröffentlichen. Dorothy Crowfoot hatte damit auf sich aufmerksam gemacht, und sie erhielt die Chance, nach Cambridge zu gehen, wo ein völlig neues Gebäude für die Röntgenstrukturanalyse eingerichtet worden war.

Zwei Männer und ein Molekül

Die treibende Kraft hinter den Anstrengungen in Cambridge hieß John Desmond Bernal (1901–1971). Er war nicht nur ein brillanter Wissenschaftler, der viel zur Verbesserung der Röntgenbeugung beigetragen hatte. Bernal glaubte auch voller Leidenschaft an die große Möglichkeit, das Leben der Menschen mit wissenschaftlicher Hilfe zu verbessern, und er hoffte, diese Chance mit Hilfe der kommunistischen Parteien zu verwirklichen. Er war 1923 Mitglied der Kommunistischen Partei Englands geworden und hatte oft die UdSSR besucht. Daß er in diesem Zusammenhang viele utopische Ansichten entwickelte und zum Beispiel für freie Liebe und ungebundene Sexualität eintrat, sei nicht nur als Nebensache angemerkt. Schließlich war Dorothy gerade einmal zweiundzwanzig Jahre alt, als sie in seinem Umkreis eintraf, und es ist ein offenes Geheimnis, daß sie hier ihre erste Liebe und Leidenschaft erfahren hat. Der verheiratete Bernal hat dabei im übrigen kein Hehl aus seinen zahlreichen anderen Beziehungen zu Frauen gemacht, wobei allerdings nicht klar auszumachen ist, welche seiner Überzeugungen von Dorothy geteilt wurden.

Wissenschaftlich waren die beiden Kristallographen sicher auf einer Linie. Auf diesem Gebiet hatte Bernal große Pläne. Er wollte die Röntgenstrukturanalyse so verfeinern, daß sie über die bisher erfaßten kleinen Einheiten der anorganischen Kristalle auch die viel größeren biologischen Moleküle – die Proteine – erfassen konnte. Dorothy war mehr als begeistert von diesem Vorhaben, konnte sie doch hier versuchen, ihren Jugendtraum zu verwirklichen. Sie ging dabei behutsam vor, das heißt, sie blieb mit beiden Beinen auf festem wissenschaftlichem Boden und begann mit einer Doktorarbeit über eine traditionelle Stoffklasse namens Sterole. Daneben bemühte sie sich darum, die Voraussetzungen zu schaffen, mit denen sich Bernals (und ihre) Vorstellungen bzw. Träume erfüllen ließen.

Was man dazu brauchte, waren geeignete Kristalle von interessanten biologischen Molekülen, die als Proteine gebaut waren. Der Stoff, der sie faszinierte, war das Insulin. Dieses Hormon, das eine entscheidende Rolle bei der Regulierung des Zuckers im menschlichen Blut – und damit bei der Zuckerkrankheit (Diabetes mellitus) – spielt und also ein viel untersuchtes Molekül war, konnte zwar bereits 1926 kristallisiert werden, aber noch war es niemandem gelungen, eine Röntgenstrukturaufnahme davon herzustellen. Die Schwierigkeiten hingen zum einen damit zusammen, daß die verfügbaren Kristalle nur winzige Ausmaße hatten und weniger als ein Viertelmillimeter dick waren, und sie hatten zum zweiten damit zu tun, daß die Aufnahme fast einen Tag in Anspruch nahm und jede kleinste Unruhe und Ungeduld das Experiment ruinierte. Doch wo Dorothys Wille ist, findet sie einen Weg, und nach vielen Versuchen konnte sie am 25. Oktober 1934 endlich Erfolg melden, und zwar an ihrer alten Wirkungsstätte in Oxford, an die sie im Verlauf dieses Jahres zurückgekehrt war. Als sie an dem genannten Tag um 10 Uhr abends ein Muster von reflektierten Röntgenstrahlen auf dem belichteten Film erkannte, erlebte Dorothy »den aufregendsten Augenblick meines Lebens«, wie sie im Rückblick schreibt, »the most exciting moment in my life«.

Sie weiß nun, daß sich auf diesem Weg die genaue Struktur des Hormons ermitteln läßt, und sie ist fest entschlossen, ihn zu Ende zu gehen. Zum Glück ahnt sie in diesem Moment der Freude nicht, daß ihre Eingebung zwar stimmt, daß es aber noch bis zum Juni 1969 dauern, also noch fünfunddreißig Jahre voller Arbeit kosten wird, bevor sie endlich am Ziel ankommen wird und die gesuchte Struktur angeben kann.

Der Hauptgrund für die Schwierigkeiten, die zu der tatsächlich sehr langen Dauer der Insulin-Arbeiten führen, liegt in einem technischen Problem. Es hängt mit der Eigenschaft von Wellen zusammen, die als Phase bekannt ist und den Abstand zwischen Wellentälern und -bergen angibt. Es genügt nicht, die Intensität einer Welle zu kennen, man benötigt auch Informationen über die Phase. Dorothy Hodgkin entdeckt zwar einen ersten Weg zu ihrer Bestimmung noch vor ihrem 25. Geburtstag, aber er ist nicht leicht zu gehen, weil er voller langwieriger Rechnungen steckt, und noch gibt es die Computer nicht, die uns heute so sehr vertraut sind. In der Mitte der dreißiger Jahre geben nur kleine Moleküle ihre strukturellen Geheimnisse preis, und sie liefern auch den Stoff für Dorothys Doktorarbeit, die ein Jahr später fertig ist.

Noch heißt sie allerdings Dr. Crowfoot. Den Namen Hodgkin trägt sie erst von 1937 an, nachdem sie den aus reichem Hause stammenden Thomas Hodgkin geheiratet hat, der als Afrika-Experte später Direktor des Instituts für Afrikanische Studien an der Universität von Ghana wird. Als Dorothy ihren Mann kennenlernt – dessen Name übrigens in der Medizin sehr berühmt ist, weil ein Vorfahre im 19. Jahrhundert als erster die Krebsart beschrieben hat, die man im englischsprachigen Raum »Hodgkin's disease« nennt –, ist Thomas eher ziellos und unentschieden, wie er sein Leben verbringen soll. Er hat sich allerdings der Kommunistischen Partei Englands angeschlossen, und er hilft, deren Blatt – den *Daily Worker* – in den Straßen zu verteilen. So ist man zwar sehr verliebt, aber jeder Partner behält seine besonderen Eigeninteressen. Dorothy jedenfalls sorgt dafür, daß die Hochzeit nicht zu sehr ihre Forschungsvorhaben beeinträchtigt, die gerade jetzt ihre erhöhte Aufmerksamkeit benötigen, da ein erster Doktorand sich im Laboratorium der 26jährigen Chefin gemeldet hat. Außerdem hatte sie nicht vor, bei wissenschaftlichen Publikationen einen anderen als ihren Mädchennamen zu benutzen. »Jeder, der von Röntgenstrahlen etwas versteht, kennt Crowfoot, und niemand kennt Hodgkin«, hat Dorothy einmal gesagt und sich daran bis zum Ende der vierziger Jahre gehalten.

Zwischen Proteinen und Penicillin

Trotz dieser Eigenwilligkeiten wird geheiratet, und bald ist Dorothy Hodgkin schwanger, was vor allem deshalb erwähnt wird, weil sie die erste Frau war, der man in Oxford Mutterschaftsurlaub gewährte. Als sie 1944 zum zweiten Mal Nachwuchs erwartet, beschließt die Universitätsleitung im übrigen, von nun an allen Müttern drei Monate bezahlten Urlaub zu gewähren, damit sie ihr Kind zur Welt bringen können.

Mit der ersten Geburt bekommt Dorothy Hodgkin leider auch die Krankheit zu spüren, die sie für den Rest ihres Lebens plagen wird. Es handelt sich um Rheumatismus bzw. um rheumatoide Arthritis. Bald sind ihre Hände so beeinträchtigt, daß sie nicht mehr in der Lage sind, die Schalter der Röntgengeräte zu bedienen, mit denen ihre Forschungen langsam, aber sicher vorangehen. Das große Thema, die Struktur von Proteinen, fesselt inzwischen – also noch vor dem Zweiten Weltkrieg – viele Forscher, und alle arbeiten mit außergewöhnlicher Intensität und Spannung, denn noch stehen die überragenden Ergebnisse aus, die den Wissenschaftlern auch den letzten Zweifel nehmen könnten, daß sie auf dem Weg zu einer neuen Biologie sind, der Molekularbiologie, wie sie heute heißt.

Während des Krieges rückt eine Substanz in das Zentrum des Interesses, die heute zu den berühmtesten Molekülen überhaupt gehört, das Antibiotikum Penicillin. Chemikern des US-amerikanischen Pharmaunternehmens E. R. Squibb war es gelungen, Kristalle aus Penicillin herzustellen, und als Dorothy Hodgkin davon hörte, bat sie darum, die begehrte Form in Oxford nach derselben Methode anfertigen zu dürfen, um sie mit Röntgenstrahlen zu analysieren. Von 1942 an arbeitet sie daran mit zunehmender Intensität, wobei ihr als entscheidende Erleichterung die inzwischen immer besseren Rechenmaschinen zur Hilfe kommen. Ohne die damals noch mittels Lochkarten gesteuerten elektronischen Datenverarbeitungsanlagen wäre es nie möglich geworden, die vielen Informationen, die eine Röntgenaufnahme von einem Penicillinkristall liefert, in ein Modell des wirksamen Moleküls umzuwandeln. Trotz dieser Hilfe dauerte es aber immer noch bis 1949, bevor das Problem endgültig gelöst und die Struktur des Antibiotikums bekannt war. Als eine Art Nebenprodukt konnten mit Hilfe der Zwischenergebnisse, die Dorothy Hodgkin den pharmazeutischen Unternehmen nicht vorenthielt, eine Vielzahl von halbsynthetischen Penicillinmolekülen hergestellt werden, die für den Reichtum der Antibiotika verantwortlich waren, die in den Jahren nach dem Krieg zur Verfügung standen.

Ihre Forschungsmittel hatte Dorothy Hodgkin übrigens von der Rockefeller-Stiftung bekommen, die es ihr nach dem Zweiten Weltkrieg auch ermöglichte, eine Rundreise durch die USA anzutreten. Hier traf sie nicht nur mit dem berühmten Linus Pauling zusammen, der ähnlich wie sie am Thema der Proteinstruktur arbeitete. Hier gelang es ihr außerdem, sämtliche Röntgenaufnahmen zu Gesicht zu bekommen, die von Proteinen gemacht worden waren.

Mit der kontinuierlichen Arbeit am Insulin im Hintergrund und dem Penicillin vor Augen suchte Dorothy Hodgkin nach einem interessanten Molekül, dessen Größe zwischen der des Antibiotikums und der eines Proteins lag. Ihre Wahl fiel auf das Vitamin B_{12}, von dem viele wichtige physiologische Funktionen bekannt waren und dessen Fehlen zu Blutkrankheiten (Anämien) führt. Vitamin B_{12} besteht aus rund 100 Atomen – wenn man die Wasserstoffe nicht mitzählt – und stellt insofern eine große Herausforderung dar. Sie war im Jahre 1955 bewältigt, wobei viele technische und kalkulatorische Fortschritte auf dem Weg zum Ziel nötig waren und immer mehr Menschen in immer größeren Gruppen um die Ehre stritten, das Rätsel gelöst zu haben. Im Fall des Vitamins kam es sogar zu einem echten Wettrennen zwischen Dorothy Hodgkin und ihrem Team in Oxford und Alexander Todd und seinem Team in Cambridge. Zwar verkündeten die Zeitungen im Juli 1955, daß es einen Sieger bei dem Versuch gegeben hätte, »das schwierigste Rätsel der Natur zu lösen«, doch die Wissenschaftler selbst empfanden dies nicht so. Sie feierten allein die Tatsache, daß man die Struktur nun endlich kannte.

Mitte der fünfziger Jahre

Die Kristallographie sorgte in den frühen fünfziger Jahren für entscheidende Fortschritte in der Biologie. Das oben angesprochene Phasenproblem konnte zur allgemeinen Zufriedenheit gelöst werden, was den Zugang zu den Proteinen erleichterte. In Cambridge konnten Francis Crick und James Watson die Röntgenaufnahmen der Erbsubstanz nutzen, um die Struktur der Doppelhelix vorzuschlagen (vgl. S. 315), und in derselben Stadt teilte Fred Sanger im gleichen Jahr 1953 mit, daß er nicht nur angeben konnte, aus welchen Bausteinen das Insulin bestehe, sondern auch, daß sie in zwei Ketten angeordnet seien, die er A und B nannte.

Was die Struktur der Erbsubstanz und ihre Entdeckung angeht, so wird gerne auf die Tatsache hingewiesen, daß die entscheidenden Röntgenaufnahmen von einer Frau gemacht worden sind, nämlich von Rosalind Franklin. Die viel diskutierte Frage lautet, warum sie nicht die Form erkennen konnte, die zwei Männer – Watson und Crick – berühmt gemacht hat. Was hatte Dorothy Hodgkin ihr voraus?

Ein Zusammentreffen der beiden Forscherinnen ist bekannt, bei dem beide eine Röntgenaufnahme betrachtet haben, die Rosalind Franklin von DNA-Kristallen gemacht hatte. Während Dorothy Hodgkin sofort sah, daß es sich bei dem Molekül um ein wiederholtes Muster handeln müsse, und meinte, die Aufnahmen seien so gut, daß man in der Lage sein sollte, die entsprechenden Symmetrien abzuleiten und die Struktur zu finden, blieb Rosalind Franklin skeptisch. Es gäbe zu viele Möglichkeiten, erwiderte sie, die nach und nach abgearbeitet werden müßten. Zwar wies Dorothy sofort auf die chemischen Besonderheiten der Bausteine hin, die helfen konnten, die Zahl zu verringern, doch Rosalind wollte davon nichts wissen. Sie schien das Modellieren und Imaginieren von Strukturen auch dann abzulehnen, wenn die experimentelle Evidenz längst ausreichend war.

Der Preis

Dorothy Hodgkin war mutiger und wurde dafür mit Erfolgen belohnt, die ihr Ruhm und Anerkennung einbrachten. 1956 bekam sie als erste Frau die Royal Medal der Royal Society, und zwar als Anerkennung für ihre Arbeit mit dem Vitamin B_{12}, die als »most beautiful and complex analysis« beschrieben wurde, die jemals auf dem Gebiet der Röntgenstrukturanalyse geleistet worden sei. Zwar arbeitet Dorothy immer noch an der Struktur des Insulins, aber sie ahnt längst, daß sie genug geleistet hat, um den Nobelpreis zu verdienen. In einem Brief an ihren Mann Thomas, der damals für drei Monate in Montreal war, schrieb Dorothy, nachdem sie auf Heiratspläne ihrer Tochter hingewiesen hatte, daß ihr mitten in der Nacht eine seltsame Vorstellung gekommen sei:

»Ich dachte plötzlich – wenn ich im nächsten Jahr den Nobelpreis bekomme, werden die Zeitschriften auf der Titelseite melden, ›Großmutter bekommt Nobelpreis‹. Da mußte ich losplatzen vor Lachen.«

Der Preis kam dann 1964, wobei Dorothy mit ihrem Mann in Ghana war, als die Nachricht aus Stockholm eintraf. Sie war die fünfte Frau, die mit dieser höchsten Ehrung für Wissenschaftler ausgezeichnet wurde, und ein Jahr später nahm Königin Elisabeth II. sie sogar in den *Order of Merit* auf – als erste Frau nach Florence Nightingale. Das heißt, erneut erweist man ihr die höchste Ehre, und diesmal die, die einem britischen Staatsbürger zuteil werden kann. Zwar blieb Dorothy Hodgkin ihrer wissenschaftlichen Arbeit im Laboratorium im wesentlichen treu – es dauerte ja noch bis 1969, bis endlich die Insulin-Struktur verkündet werden konnte –, doch die hohen Auszeichnungen hatten sie zu einer öffentlichen Figur gemacht. Sie akzeptiert diese Herausforderung und versucht, sich weltweit für die Erziehung zum wissenschaftlichen Denken einzusetzen, denn hierin sieht sie die beste Garantie für den Erhalt des Friedens.

Doch bei allem Engagement für Frieden und Verantwortung – in ihrem Herzen ist Dorothy Hodgkin immer eine Forscherin geblieben. Das heißt, ihr war ständig klar, wie wenig man trotz aller Detailkenntnisse von den großen Zusammenhängen des Organischen versteht. Da hatte sie viele Jahrzehnte am Insulin gearbeitet, aber nur um zuletzt einsehen zu müssen, »that we still do not know how insulin really works, or how patients dying from diabetes can be restored to life«. So heißt es in ihrer letzten Arbeit zu diesem Thema, die sie 1988 publiziert hat, als sie bald 80 Jahre alt war. Immerhin hatten ihre Entdeckungen der Wissenschaft ein sinnvolles Weiterfragen ermöglicht. Ihre persönlichen Erfolge hat Dorothy Hodgkin, die am 29. Juli 1994 gestorben ist, mit dem Hinweis erklärt, daß sie bei ihrem Forschen stets nach dem Sektor gesucht habe, auf dem sie glaubte, perfekt sein zu können – und zwar immer und immer wieder.

Mannigfaltige Mathematik

David Hilbert (1862–1943)
Norbert Wiener (1894–1964)
Alan Turing (1912–1954)

Wenn es um Mathematik geht, scheiden sich vielfach die Geister. Auf einer unteren Ebene bricht oft das kalte Grausen aus, wenn eine mathematische Formel als Argument herangezogen wird, und auf einer höheren Ebene scheinen die Überlegungen darüber kein Ende zu finden, ob Mathematik nun eine Naturwissenschaft sei oder nicht. Während es unten wie Hohn wirken muß, daß das Wort Mathematik von dem griechischen Wort für das Gelernte (*mathema*) abstammt und also etwas bezeichnet, was jedem zugänglich ist, hat man weiter oben mit der Frage zu kämpfen, wieso die mathematischen Strukturen überhaupt sinnvoll sind und helfen können, wenn es darum geht, die Natur zu beschreiben. Wieso paßt die Mathematik auf die Wirklichkeit? Wieso ist das Buch der Natur in einer Sprache geschrieben, die an Stelle von Buchstaben ganz andere Zeichen und Symbole benutzt und die statt eleganter Formulierungen raffinierte Formeln bietet?

Die moderne westliche Wissenschaft hat mit dem Glauben an die mathematische Naturbeschreibung begonnen, und besonders deutlich ist diese Überzeugung durch Galileo Galilei ausgedrückt worden. Sein Zeitgenosse Johannes Kepler hat damals für diesen Zusammenhang sogar ein ästhetisches Argument geliefert: »Die Mathematik ist das Urbild der Schönheit der Welt«, wie Werner Heisenberg »Geometria est archetypus pulchritudinis mundi« übersetzt.

Eine Folge dieser von allen Naturforschern akzeptierten und praktizierten Einsicht betrifft die Mathematik selbst, die in dieser Sichtweise nur schön sein kann. Tatsächlich lautet ein viel zitiertes Credo der mathematischen Zunft, daß es in der Welt keinen Platz für häßliche Mathematik gebe und daß die Wortkombination »häßliche Mathematik« ein Widerspruch in sich sei.

Mathematik hat auf jeden Fall weniger mit Rechnen und mehr mit ästhetischen Qualitäten zu tun – eine Einsicht, die einen Mathematiklehrer vielleicht ursprünglich in sein Fachgebiet lockte, die den meisten auf dem Weg in den Beruf dann aber doch abhanden gekommen zu sein scheint. Dabei findet sich die Verbindung des mathematisch Genauen und des ästhetisch Geformten am Beginn aller abendländischen Wissenschaft, nämlich in der Person des Pythagoras. Von ihm ist nicht nur das Diktum überliefert: »Alles ist Zahl«; von ihm weiß man auch, daß er vor allem mit Hilfe von Zahlen an einem Instrument namens Monochord nach den harmonischen Verhältnissen der Saiten suchte, deren Schwingungen dem Ohr gefallen.

Als Pythagoras »Alles ist Zahl« sagte, drückte er die Überzeugung aus, daß Zahlen nicht *er*funden, sondern *ge*funden werden. Die Zahlen stellen nicht nur Quantitäten dar, sie stellen vor allem Qualitäten dar, und wahrscheinlich repräsentieren sie sogar die ursprüngliche Form dessen, was im philosophischen Gespräch »das Sein« genannt wird. Mathematik hat also mit Urformen zu tun – Urformen des Denkens und des Existierens –, und immer wenn mathematische Methoden Erfolg haben, können wir etwas über diese Grundstrukturen lernen. Da das 20. Jahrhundert vielfach als das goldene Zeitalter der Mathematik gepriesen worden ist, darf der Schluß gezogen werden, daß in ihrem Rahmen viele tiefe Einsichten der genannten Art gelungen sind. Es lohnt daher, sich trotz aller Sorge um die Schwierigkeiten der mathematischen Formelsprache mit den Personen zu befassen, die auf diesem Gebiet Erfolg hatten. Drei von ihnen werden im folgenden Kapitel vorgestellt. Sie zeigen nicht nur die erreichbare Tiefe der Mathematik, sondern zugleich auch ihre Mannigfaltigkeit.

Schließlich hat einer von ihnen – Norbert Wiener – eine ganze Industrie möglich gemacht. Ein zweiter – Alan Turing – hat fast allein den Zweiten Weltkrieg gewonnen. Und der dritte – David Hilbert – hat die Schule gegründet, die die beiden anderen besuchen konnten. Die Ausbildung, die sie hier bekamen, erlaubte es ihnen, sich den Traum zu erfüllen, den viele Philosophen geträumt haben. Sie konnten tatsächlich durch reines Denken die Welt nicht nur verstehen, sondern auch verändern, und das sogar zu unserem Vorteil.

Der Rahmen

Im Jahre 1862, dem Geburtsjahr von David Hilbert, investiert der 23jährige John D. Rockefeller 4000 Dollar in ein Ölgeschäft (mit den bekannten Konsequenzen, aus denen zum Beispiel die Rockefeller-Stiftung hervorging, die unter anderem die Forschungsarbeiten von Norbert Wiener und Dorothy Hodgkin gefördert hat). 1863 hält Abraham Lincoln, der Präsident der USA, im Sezessionskrieg seine berühmte Ansprache, die als *Gettysburg Address* in die Geschichte eingeht. In Paris entdeckt zur gleichen Zeit Louis Pasteur, daß die alkoholische Gärung durch Mikroorganismen zustande kommt. 1864 publiziert Hermann von Helmholtz in Berlin seine *Lehre von den Tonempfindungen*. Politisch spricht man in Deutschland von der Zeit Bismarcks, der Preußischer Ministerpräsident ist und die politische Einheit aller deutschen Länder (ohne Österreich) im Sinn hat. Die langfristigste Wirkung sowohl wissenschaftlicher als auch allgemeiner Art erzielen die Maxwellschen Gleichungen des elektromagnetischen Feldes, die 1864 publiziert werden und zum Beispiel den Umgang mit Radiowellen ermöglichen. Ein Jahr später stellt Gregor Mendel seine ebenfalls berühmten *Versuche mit Pflanzen-Hybriden* vor, mit denen die Erbelemente in die wissenschaftliche Welt kommen, die wir heute Gene nennen. 1866 prägt Ernst Haeckel den Ausdruck »Ökologie« und erfindet Alfred Nobel das Dynamit. Mit der Gründung des Deutschen Reiches (1871) beginnt eine Blütezeit der Mathematik, die durch die Namen Felix Klein – sein

Erlanger Programm stammt von 1872 –, Richard Dedekind, Georg Cantor, Gottlob Frege und andere charakterisiert ist. Frege publiziert die *Grundgesetze der Arithmetik* 1893, also ein Jahr vor Wieners Geburt. 1895 stiftet Alfred Nobel den nach ihm benannten Wissenschaftspreis, der die Mathematik allerdings nicht berücksichtigt, und 1896 finden die ersten Olympischen Spiele der Neuzeit in Athen statt. Es ist die hohe Zeit Hilberts, der 1899 die *Grundlagen der Geometrie* veröffentlicht, bevor er zur Jahrhundertwende den Mathematikern erklärt, welche Probleme ihnen noch zu lösen bleiben. 1901 werden die ersten Nobelpreise vergeben, und 1902 versetzt Bertrand Russell der Welt der Mathematik einen Schock. Er hat ein Paradoxon entdeckt – es geht um den Barbier, der alle Leute rasiert, die sich nicht selbst rasieren –, mit dem leider deutlich wird, daß die ganze Mathematik unmöglich allein auf Logik zu gründen ist. Russell entwirft 1903 mit den *Prinzipien der Mathematik* ein Programm zur axiomatischen Fassung seiner Wissenschaft, und zehn Jahre später kann er – gemeinsam mit Alfred North Whitehead – das legendäre Werk *Principia mathematica* vorlegen. In der Zwischenzeit gibt es Damenstrümpfe aus Kunstseide (seit 1910), malt Kandinsky immer mehr abstrakte Kompositionen, und ist die *Titanic* untergegangen, und zwar genau in dem Jahr, in dem Turing geboren wird (1912). Danach folgt der Erste Weltkrieg. 1918 teilt Karl von Frisch mit, daß er die Sprache der Bienen versteht. 1920 wird der Völkerbund gegründet, 1921 tritt Rorschach mit dem bekannten *Tintenkleckstest* hervor, und 1922 publiziert Ludwig Wittgenstein den *Tractatus logico-philosophicus*, dessen berühmter Schlußsatz die Leser auffordert, über das zu schweigen, worüber sie nicht reden können. Im Deutschland der Inflation kann man bald nicht mehr das Geld zählen, und 1923 kommt es zu einer Reform der Währung (eine Billion Papiermark werden in eine Rentenmark umgetauscht). 1924 werden zum ersten Mal Bilder zwischen England und den USA per Funk übertragen. Charlie Chaplin bringt 1925 *Goldrausch* in die Kinos, und zur gleichen Zeit wird in Tennessee ein Lehrer angeklagt, die Evolutionstheorie unterrichtet zu haben (der berühmte »Affenprozeß«, der mit Varianten bis heute in den USA geführt wird). Der erste Tonfilm kommt 1927 in die Kinos, und 1928 erscheint das Buch von Richard von Mises, das die Verbindung zwischen *Wahrscheinlichkeit, Statistik und Wahrheit* erkundet. 1929 kommt es zum Börsenkrach an der Wall Street. 1930 tritt Hilbert in den Ruhestand, und 1931 zeigt der junge Wiener Mathematiker Kurt Gödel mit seinem Unvollständigkeitstheorem, daß Hilberts Probleme von 1900 nicht alle gelöst werden können und einige für alle Zeiten offenbleiben werden. Ein Jahr später wird die Fields-Medaille des *International Congress of Mathematics* als Ersatz für den fehlenden Nobelpreis der Zunft geschaffen, Aldous Huxley veröffentlicht die *Schöne neue Welt,* und es gibt den ersten Fernsehempfänger mit Kathodenstrahlröhre. 1933 entwickelt der sowjetische Mathematiker Andrei Kolmogorow eine abstrakte Wahrscheinlichkeitstheorie, 1934 stellt John D. Bernal die erste Röntgenaufnahme eines Proteinkristalls her, und Alan Turing entwickelt das Gedankenmodell eines Universalrechners. 1938 wird die Uranspaltung entdeckt, und Claude Shannon zeigt, wie elektrische Kontakte eine binäre Logik repräsentieren können (*A Symbolic Analysis of Relay and Switching Circuits*). 1939 veröffentlicht eine Gruppe französischer Mathematiker, die sich den Namen Bourbaki gegeben hat, den ersten Band ihrer *Eléments de mathématique.* Es folgt der Zweite Weltkrieg. An seinem Ende gibt es einen universellen Dezimalrechner namens ENIAC, der mit 18 000 Röhren arbeitet und von den Amerikanern John P. Eckert und John W. Mauchy konstruiert worden ist. Gleichfalls 1945 zeigt John von Neumann, wie man einen universellen Binärrechner mit Zentralspeicher und speicherbaren Programmen herstellen kann. Er trägt den Namen EDVAC und wird 1947 gebaut. In diesem Jahr wird auch der Transistor erfunden und die Wissenschaft der Kybernetik begründet, und zwar durch Norbert Wiener. Nicht nur in der Mathematik wird nun der Begriff der *Information* immer wichtiger, der spätestens 1953 in der Biologie eine Rolle übernimmt, als die Struktur des Erbmaterials entdeckt wird. Zu dieser Zeit haben Eckert und Mauchy schon UNIVAC I auf den Markt gebracht, die erste elektronische Datenverarbeitungsmaschine, die kommerziell genutzt werden kann und ihren Input auf Magnetbändern speichert. Bereits 1952 hat der US-amerikanische Fernsehsender CBS einen UNIVAC-Computer genutzt, um die Ergebnisse der amerikanischen Präsidentenwahl vorherzuberechnen. Als die Daten einen überwältigenden Sieg von Dwight D. Eisenhower vorhersagen – der dann auch eingetreten ist –, programmiert die CBS-Redaktion den Computer so um, daß es nach einem knappen Ergebnis aussieht. Zur gleichen Zeit bringt Sony das erste Transistorradio auf den Markt. Hörgeräte werden von nun an ebenfalls mit Transistoren gebaut. 1953 erreichen Edmund Hillary und Sherpa Tensing den Gipfel des Mount Everest, und Elisabeth II. wird Königin von England. 1956 wird die Programmiersprache FORTRAN eingeführt, die John Backus bei IBM entwickelt hat, und 1958 geht in den USA das erste Kernkraftwerk ans Netz. John F. Kennedy verkündet 1961 das amerikanische Mondlandeprogramm Apollo, 1962 schickt die NASA den ersten aktiven Telekommunikationssatelliten Telstar auf seine Umlaufbahn. Die ersten Fernsehbilder überqueren den Atlantik. Die Welt beginnt damit, ein globales Dorf (»global village«) zu werden – etwas, was sie noch länger bleiben wird.

David Hilbert

oder
»In der Mathematik gibt es kein Ignorabimus«

David Hilbert war ein ruhiger, bäuerlich wirkender Ostpreuße, der bei allem Bewußtsein für seine Stärke in seinem Auftreten bescheiden blieb. Er repräsentierte in Göttingen die wunderbare abendländische Tradition der mathematischen Wissenschaften; er wählte sich die schwierigsten Probleme und weitreichendsten Themen aus allen Gebieten der Mathematik; er hatte überall große und größte Erfolge; er formulierte die Zukunftsfragen seines Fachs, und die ganze wissenschaftliche Welt hörte aufmerksam und begierig zu, wenn er sprach. Doch gegen Ende seines Lebens riß die Serie seiner Siege ab. Erst starben die Kollegen, mit denen er sein Leben lang eng verbunden war; dann wurde seine zentrale Hoffnung auf die vollständige Entscheidbarkeit aller mathematischen Fragen entkräftet; zuletzt ruinierten die Nationalsozialisten den geistigen Ort, den Hilbert durch seine Lebensarbeit aufgebaut hatte. Als Hilbert 1943 starb, gab es »keine Mathematik mehr« in Göttingen. Und als seine Frau Hilde ihm zwei Jahre später folgte, lag Hilberts Geburtsort Königsberg in Schutt und Asche.

Im Schatten von Kant

Wer wie Hilbert im preußischen Königsberg des 19. Jahrhunderts geboren wurde – er kam hier am 3. Januar 1862 zur Welt – und aus bildungsbürgerlichen Kreisen stammte, konnte weder aufwachsen noch seine Schulzeit durchleben, ohne unentwegt Worte und Sätze von Immanuel Kant im Ohr zu haben. Bei Hilbert haben sie einen derart starken Eindruck hinterlassen, daß er sich entschied, Kants Rat ernst zu nehmen und sich seines eigenen Verstandes zu bedienen. Hilbert meldete sich auf der Universität zu einer Prüfung an. Am Ende seines Studiums der Mathematik wagte er es tatsächlich, eine These gegen den berühmten Philosophen ins Feld zu führen. Hilbert war damals 22 Jahre alt, und er hatte seine Vaterstadt bis dahin nicht verlassen – ebensowenig wie Kant es vor ihm getan hatte.

Hilberts Einwand von 1884 gegen den philosophischen Gegner aus dem Schattenreich nutzte eine Entdeckung aus, die den Mathematikern in der ersten Hälfte des 19. Jahrhunderts gelungen war, und zwar die Entdeckung, daß die Wissenschaft der Geometrie auch in einer anderen Form betrieben werden kann als der, die Euklid ihr gegeben hatte. Man sprach von der nicht-euklidischen Geometrie, und mit ihrer Hilfe widerlegte die mathematische Wissenschaft die philosophische Annahme von Kant, daß die Art, in der Euklid die Beschreibung des Raumes vorgenommen hatte, denknotwendig (»a priori«) gegeben sei und keinesfalls von der Erfahrung (»a posteriori«) beeinflußt werden könne.

So weit war man vor und ohne Hilbert gekommen. Nun hatte Kant aber noch mehr behauptet und die Meinung vertreten, daß nicht nur geometrische, sondern auch arithmetische Urteile nicht aus irgendwelchen Erfahrungen ableitbar sind, sondern wie der euklidische Raum mit uns und in uns – eben *a priori* – in die Welt kommen. Genau dies bestritt Hilbert im Rahmen seiner Doktorprüfung, und es gilt festzuhalten, daß er erstens recht hat und daß ihm zweitens damals in Königsberg kein Widerspruch begegnet ist.

Aufstieg als Mathematiker

Hilbert war damit zwar aus dem Schatten Kants herausgetreten, aber sein eigentliches Interesse bestand darin, den eigenen Namen durch positive Beiträge in die mathematischen Annalen einschreiben zu können. Nachdem der Schüler nicht durch eine besondere Begabung aufgefallen war – Hilbert hat später gesagt, daß er sich auf der Schule deshalb nicht um Mathematik gekümmert habe, weil er das später im Leben tun wollte –, dauerte es auf der Universität nicht lange, bis sich sein Talent zeigte. Während des Studiums entwickelte Hilbert eine enge Freundschaft zu dem zwei Jahre jüngeren Hermann Minkowski und dem frisch ernannten Professor Adolf Hurwitz, der auch noch keine dreißig Jahre alt war. Alle drei zusammen durchstöberten in der Folgezeit »wohl alle Winkel des mathematischen Wissens«. Hilbert richtete dabei sein Augenmerk bald auf eine Frage, die unter Eingeweihten als »Problem von Gordan« bekannt war, weil es auf den »König der Invarianten«, Paul Albert Gordan, zurückging. Die sogenannten Invarianten waren ein großes Thema der Mathematik, wie bei Emmy Noether bereits berichtet (vgl. Seite 142). Man versteht unter ihnen dasjenige, was bei einer Abbildung oder bei einer Operation (etwa einer Verschiebung) unverändert bleibt. Gordan hatte die Frage gestellt, ob man etwas über die Gesamtheit von Invarianten aussagen kann. Er wollte wissen, ob es eine endliche Basis gibt, mit deren Hilfe alle Invarianten auf rationale und mathematisch saubere Weise dargestellt werden können, selbst wenn es potentiell unendlich viele davon gibt.

Hilbert hielt dies für ein fruchtbares Problem, weil es erstens einfach zu formulieren war, weil es zweitens zwar schwierig, aber nicht unzugänglich war und weil es drittens bedeutend in dem Sinne war, daß seine Lösung den Weg zu weiteren »verborgenen Wahrheiten« eröffnen konnte. Er befaßte sich als junger Privatdozent für Mathematik – immer noch in Königsberg – ausführlich mit Gordans Fragestellung. Im November 1888 konnte er eine Antwort präsentieren, mit der er die Fachwelt verblüffte und die Gordan selbst ausrufen ließ: »Das ist keine Mathematik, das ist Theologie!«

Was die Mathematiker erwartet hatten, war eine Konstruktion bzw. eine Darstellung der gesuchten Basis. Was Hilbert ihnen lieferte, war ein Beweis für deren Vorhandensein. Hilbert zeigte, daß die Behauptung zutrifft, es gebe die gesuchte Basis.

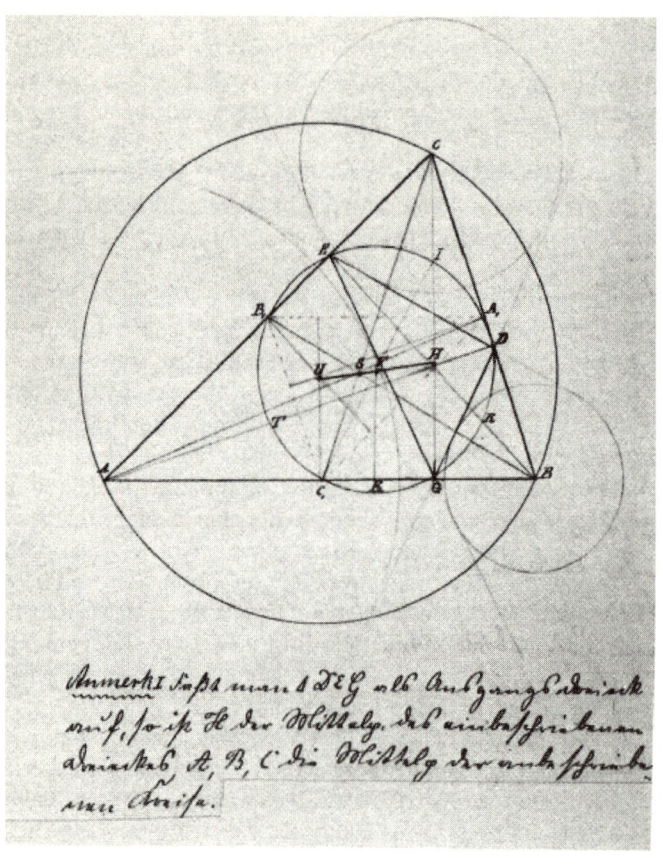

Aus einem Schulheft von David Hilbert, das den Stoff der projektiven Geometrie behandelt. Man sieht, daß sich Hilbert schon als Schüler mit einer damals neuen Geometrie beschäftigt hat. Der Eintrag unter der Zeichnung lautet: »Faßt man ∆ DEG als Ausgangsdreieck auf, so ist H der Mittelp[unkt] des einbeschriebenen Dreieckes [Kreises]; A, B, C die Mittelp[unkte] der anbeschriebenen Kreise.«

Hilbert lieferte also nicht mehr – und nicht weniger – als einen Existenzbeweis für die Basis, ohne sie im Detail zu konstruieren. Als einfaches Beispiel für mathematische Sätze, die nur die Existenz von etwas behaupten, ohne diese Gegebenheit präzise vorzuführen, trug Hilbert später in seinen Vorlesungen immer die Behauptung vor, daß es im Hörsaal einen Menschen gebe, auf dessen Kopf die Anzahl von Haaren die kleinste sei; diese Person gebe es, auch wenn er sie nicht persönlich kenne bzw. näher bezeichnen könne.

Hilbert hatte seinen Beweis konkret geführt, indem er zeigte, daß die Annahme, die von Gordan gesuchte Basis gäbe es nicht, zu Widersprüchen führte. Folglich mußte sie existieren, und mit diesem genialen Schachzug hatte Hilbert das Gordansche Problem in etwa so gelöst wie Alexander der Große den Gordischen Knoten. Der 26jährige Privatdozent für Mathematik war mit einem Schlag berühmt, der Aufstieg im mathematischen Establishment konnte beginnen, und Hilbert fügte den bürgerlichen Rahmen hinzu. Er heiratete und wurde Vater.

Geometrie und Göttingen

1895 wurde Hilbert nach Göttingen berufen, der zweiten und letzten Station seines Lebens. Er traf im März des Jahres ein und damit ziemlich genau 100 Jahre nach Carl Friedrich Gauß.

In den acht Jahren, die Hilbert als Königsberger Dozent mathematische Vorlesungen gehalten hatte, war kein Thema von ihm zweimal behandelt worden. Die Vielfalt findet sich nicht nur in der Lehre, sondern auch in der Forschung. Was übrigens den Lehrer Hilbert angeht, so lernten die Studenten bald unterscheiden, daß es Tage gab, an denen er gut vorbereitet war – dann ging alles »einfach, natürlich und logisch« vor sich –, und daß es Tage gab, an denen er furchtbar aufgelegt war und an denen es schon einmal vorkommen konnte, daß er die Veranstaltung abbrach und die Studenten nach Hause schickte.

Was den Forscher Hilbert betrifft, so konzentrierten sich seine Anstrengungen zuerst auf die Theorie der Zahlen, die er wie Gauß als das schönste Gebiet der Mathematik empfand. Dabei ist der legendäre *Zahlbericht* entstanden, der 1897 erschien und die weiteren Forschungen auf diesem Gebiet bestimmte.

Hilbert selbst überraschte seine Mitwelt durch eine erneute Kehrtwendung, indem er für das Wintersemester 1898/99 Vorlesungen über die Grundlagen der Geometrie ankündigte. Seit den Studententagen hatte ihn die Bemerkung eines Lehrers beschäftigt, daß es auf die Namen der geometrischen Objekte nicht ankomme und man statt Punkt, Linie und Fläche auch Tisch, Stuhl oder Bierkrug sagen könne. In dem Buch, das Hilbert 1899 mit dem Titel der Vorlesung *Grundlagen der Geometrie* veröffentlichte, verzichtete er ausdrücklich darauf, Punkt, Gerade und Fläche zu definieren. Sie mögen sein, was sie wollen, wenn für sie nur die Regeln gelten, die ihre *Beziehungen* zueinander festlegen. Diese Regeln werden bei Hilbert natürlich sehr sorgfältig festgelegt, zum Beispiel durch den Hinweis, daß auf einer geraden Linie wenigstens zwei Punkte liegen. Und ein Kreis wird wie folgt bestimmt:

»Wenn M ein beliebiger Punkt in einer Ebene ist, so heißt die Gesamtheit aller Punkte A, für welche die Strecken MA kongruent sind, ein Kreis«.

Tatsächlich gelingt es Hilbert, völlig anders als Euklid vorzugehen und trotzdem dieselben Einsichten zu gewinnen. Während der griechische Geometer vor 2000 Jahren die Dinge (Punkte, Geraden, Ebenen) zwar genau beschrieben, aber *nicht definiert* hatte, was Ausdrücke wie »gleich sein« (dafür sagt Hilbert »kongruent sein«) oder »schneiden« bedeuten, legt der Göttinger Geometer den Hauptakzent auf die Beziehungen zwischen den Objekten und präzisiert, was es heißt, wenn man sagt, ein Punkt »liegt auf« einer Linie oder »liegt zwischen« zwei Ebenen. Aus dem Kreis als »Gesamtheit der Punkte mit gleichem Abstand zu einem Mittelpunkt« wird das, was ihm erlaubt, ganz nach Belieben etwas zu sein, zum Beispiel rund.

Die Hilbertschen Probleme

»Wer von uns würde nicht gern den Schleier lüften, unter dem die Zukunft verborgen liegt, um einen Blick zu werfen auf die bevorstehenden Fortschritte unserer Wissenschaft und in die Geheimnisse ihrer Entwicklung während der künftigen Jahrhunderte! Welche besonderen Ziele werden es sein, denen die führenden mathematischen Geister der kommenden Geschlechter nachstreben? Welche neuen Methoden und neuen Tatsachen werden die neuen Jahrhunderte entdecken – auf dem weiten und reichen Feld des mathematischen Denkens?«

Mit diesen Fragen leitete Hilbert im August 1900 in Paris seinen Vortrag vor dem Internationalen Mathematikerkongreß ein, der den einfachen Titel *Mathematische Probleme* trug und zu der berühmtesten Rede werden sollte, die bis heute ein Mathematiker gehalten hat. Hilberts Ausführungen bekommen ihre Bedeutung und Lebendigkeit durch eine feste Grundhaltung, nämlich durch seine »Überzeugung von der Lösbarkeit eines jeden mathematischen Problems«. Hier steckt der Ansporn zur Arbeit, denn

»wir hören in uns den steten Zuruf: Da ist das Problem, suche die Lösung. Du kannst sie durch reines Denken finden, denn in der Mathematik gibt es kein Ignorabimus.«

Hilbert sprach zwar langsam, aber er sprach Deutsch, und es bleibt offen, wie viele Teilnehmer in Paris alle Details verstanden haben. Verstanden wurde aber sicher, worauf sich das lateinische »Ignorabimus« bezog, nämlich auf einen Vortrag des Physiologen Emil du Bois-Reymond, der im 19. Jahrhundert auf Grenzen des wissenschaftlichen Zugriffs aufmerksam machen wollte und dazu die Formulierung »Ignoramus et ignorabimus« gewählt hatte. »Wir wissen es nicht, und wir werden es nicht wissen.«

Hilbert haßte solch eine Einstellung, und er predigte im 20. Jahrhundert, daß Wissenschaftler eine andere Einstellung haben sollten. »Wir müssen wissen. Wir werden wissen«, wie er 1930 bei einem Vortrag in Königsberg verkündete und wie auf seinem Grabstein eingemeißelt ist.

Im Sommer 1900 in Paris zählte Hilbert dreiundzwanzig Probleme auf, deren Lösung ihm die beste Förderung der mathematischen Wissenschaft zu sein schien. Bei seiner Auswahl hielt sich Hilbert an die Kriterien, die oben in Zusammenhang mit dem Gordanschen Knoten erwähnt wurden, und er fügte einen Aspekt hinzu, der auf das allgemeine Publikum Rücksicht nehmen sollte:

»Ein alter französischer Mathematiker hat gesagt: Eine mathematische Theorie ist nicht eher als vollkommen anzusehen, als bis du sie so klar gemacht hast, daß du sie dem ersten Mann erklären könntest, den du auf der Straße triffst. Diese Klarheit und leichte Faßlichkeit, wie sie hier so drastisch für eine mathematische Theorie verlangt wird, möchte ich viel mehr von einem mathematischen Problem fordern, wenn dasselbe vollkommen sein soll; denn das Klare und leicht Faßliche zieht uns an, das Verwickelte schreckt uns ab.«

Als erste Zukunftsaufgabe spricht Hilbert »Cantors Problem der Mächtigkeit des Kontinuums« an, und wenn diese Bezeichnung für die meisten Leser auch kaum ein Aha-Erlebnis nach sich ziehen wird, so bleibt doch die Sicherheit zu bewundern, mit der Hilbert ein aufregendes Thema gewählt hat – wenn sich die Spannung auch anders löste, als er hoffen konnte.

Es geht um eine Frage des zeitgenössischen Mathematikers Georg Cantor, der von seinen Kollegen so verehrt wurde, daß sie ihm zu seinem 70. Geburtstag im Jahre 1915 Huldigungen darbrachten und ihm für das »Paradies« dankten, das er für sie geschaffen habe. Das Paradies meinte die Mengenlehre, also den Umgang mit mathematischen Objekten in Form von Mengen, wobei die Anzahl der Elemente einer Menge ihre *Mächtigkeit* genannt wurde. Cantor versuchte die Mächtigkeit verschiedener Mengen zu vergleichen, und er stieß dabei auf ein seltsames Problem:

Wenn er die natürlichen Zahlen 1, 2, 3, ... als Menge zusammenfaßte, war ihre Mächtigkeit unendlich groß. Doch offenbar gab es noch andere als die natürlichen Zahlen, zum Beispiel die ganzen Zahlen, die rationalen Zahlen und die Dezimalzahlen. Wenn man alle diese reellen Zahlen zusammenfaßte, bekam man eine Menge, deren Mächtigkeit ebenfalls unendlich war. Um diese Formen von Unendlichkeit zu unterscheiden, gab Cantor der Mächtigkeit der natürlichen Zahlen den einleuchtenden Namen »abzählbar unendlich« – man konnte ja auch immer eins weiterzählen –, und der Mächtigkeit der reellen Zahlen gab er den konsequent weitergeführten Namen »überabzählbar unendlich« (oder »kontinuierlich«). In einem eleganten Beweis – dem berühmten Diagonalverfahren – war es Cantor gelungen zu zeigen, daß sich die beiden sprachlich getrennten Unendlichkeiten auch mathematisch auseinanderhalten lassen. »Überabzählbar unendlich« bzw. »kontinuierlich« ist tatsächlich und nachweisbar mehr als »abzählbar unendlich«. Doch so schön diese (dem gesunden Menschenverstand sogar einleuchtende) Einsicht auch war, sie führte auf eine neue Frage, nämlich die, ob es neben dem abzählbaren und dem kontinuierlichen Unendlichen noch andere Mächtigkeiten gibt. Cantor kam an dieser Stelle nicht weiter, und die Frage war unbeantwortet, als Hilbert 1900 in Paris sprach und sie an den Anfang seiner Liste stellte.

Unentscheidbare Sätze

Dieses erste Hilbertsche Problem ist in den sechziger Jahren des 20. Jahrhunderts durch den amerikanischen Mathematiker Paul J. Cohen gelöst worden, wobei »gelöst« wahrscheinlich nicht das richtige Wort ist. Hilbert wollte wissen, ob es noch eine dritte oder sogar mehr Formen von Unendlichkeit gibt – und gezeigt wurde von Cohen etwas anderes, nämlich die seltsame Tatsache, daß die Frage nicht entschieden werden kann.

Hinter diesem schlichten Satz versteckt sich eine besondere Entwicklung der Mathematik, die mit dem Stichwort der *Entscheidbarkeit* einhergeht und mit dem Namen von Kurt Gödel verbunden ist. Im Jahre 1931 konnte der aus Wien stammende und damals 25jährige Logiker Gödel – sehr zum Ärger Hilberts – zeigen, daß sich nicht alles in der Mathematik beweisen läßt, daß man auch im Reich der Zahlen und Figuren nicht alles wissen kann. Gödel wies die Existenz von formal unentscheidbaren Sätzen nach, was genauer heißt, daß Denkgebäude (sogenannte »formalisierte Systeme«), die aus widerspruchsfrei konstruierten Axiomen (unbewiesenen Grundwahrheiten) aufgebaut sind, unvollständig bleiben müssen. Oder so schlicht wie möglich ausgedrückt: In jedem mathematischen Rahmen lassen sich Sätze formulieren, die in dieser Anlage nicht zu beweisen sind. Ein Beispiel für eine solche Aussage besteht in der Behauptung, daß es nur die beiden genannten Unendlichkeiten gibt und keine weitere. Hilberts erstes Problem ist also unentscheidbar, und seine Hoffnung, daß es in der Mathematik kein Ignorabimus gebe, bleibt unerfüllbar.

Gödel hatte ganz konkret auf eine neue Herausforderung Hilberts reagiert, der 1928 – mit vielleicht etwas zu großer Selbstsicherheit – vier Probleme als »Aufgaben für die jüngere Mathematikergeneration« zusammengestellt hatte, in denen es um die Ableitbarkeit und die Widerspruchsfreiheit der Grundlagen (Axiome) einer mathematischen Theorie ging. 1930 hatte Gödel alle Probleme gelöst, allerdings nicht im Sinne des Erfinders. Gödel entzog dem Hilbertschen Programm den Boden, was ein ehemaliger Klassenkamerad von Gödel, der Dichter Robert Musil, mit den Worten kommentierte:

»Plötzlich kamen die Mathematiker – jene, die ganz innen herumgrübelten – darauf, daß etwas nicht in Ordnung zu bringen sei; tatsächlich, sie sahen zuunterst nach und fanden, daß das ganze Gebäude in der Luft stehe.«

Man kann dem negativen Ergebnis von Gödel aber auch positive Seiten abgewinnen. Zum ersten scheint sich hier ein Unterschied zwischen der Idee der Beweisbarkeit (was im Rahmen bleibt) und der Idee der Wahrheit (was über den Rahmen hinausgeht) zu zeigen, und es scheint so, als ob dies genau den Unterschied zwischen der Intelligenz von Maschinen und der Qualität des menschlichen Gehirns erfaßt. Zum zweiten gewinnt ein Wissenschaftler so etwas wie Freiheit zurück, wenn nicht alles strikt ableitbar ist. So hat sich zum Beispiel herausgestellt, daß die formale Unentscheidbarkeit die Möglichkeit zur Wahl gibt. Man kann tatsächlich wählen, ob es drei, vier oder unendlich viele Unendlichkeiten gibt und nach dieser freien Entscheidung die dazugehörige Mathematik treiben. Eigentlich kein schlechter Gedanke, wenn man der Phantasie des Geistes so vertraut hat wie Hilbert, dem allzu viele Unentscheidbarkeiten trotzdem die Stimmung verdarben. Besonders ärgerte ihn der völlig neue Ansatz, den der Holländer Luitzen Jan Brouwer in die Mathematik brachte. Brouwer zeigte schon früh eine Aversion gegen die Übermacht der Logik in der Mathematik, da er diese Denkform nicht als geeignetes Instrument zur Wahrheitsfindung ansah, und er entwickelte eine eigenständige Vorgehensweise, der er den mißverständlichen Namen »Intuitionismus« gab.

Mathematische Physik

Hilbert konnte diese Form seiner Wissenschaft nicht leiden, die als Grundannahme vorgab, daß die Mathematik ein vom menschlichen Geist errichtetes Konstrukt ist, dessen Objekte nur in unseren Köpfen existieren. Für Hilbert steckten die Zahlen und Figuren auch in der Natur, und er war fest davon überzeugt, daß *seine* neue Grundlegung der Mathematik weitere Wissenschaften reformieren würde:

> *»Wir haben die Mathematik erneuert, als nächstes werden wir uns die Physik vornehmen, und dann kommt die Chemie an die Reihe.«*

Tatsächlich fing Hilbert in den Jahrzehnten nach 1900 immer stärker an, sich für die damals revolutionär voranschreitende Physik zu interessieren. Gemeinsam mit Richard Courant publizierte er umfangreiche Lehrbücher über die *Methoden der mathematischen Physik*, in denen auch das vorgestellt wird, was heutige Lehrbücher der Theoretischen Physik »Hilbert-Raum« nennen. In ihm lassen sich die Funktionen definieren, die benötigt werden, um die atomare Wirklichkeit in mathematischer Form zu fassen, wobei es sicher Hilberts Gegenwart in Göttingen zu verdanken ist, daß diese Stadt zu einem der Zentren der in den zwanziger Jahren entstandenen neuen Atomphysik namens Quantentheorie werden konnte.

Exodus

Zu Beginn der dreißiger Jahre brach – durch Kurt Gödels Ansätze – nicht nur Hilberts Programm zusammen, damals brach auch Hilberts Welt zusammen. Die Nationalsozialisten kamen an die Macht und vertrieben die jüdischen Wissenschaftler. Die besten Physiker und Mathematiker wurden quasi über Nacht von den Universitäten und außer Landes gejagt, unter anderem Emmy Noether und Richard Courant. Hilbert hatte sich nie für Religionszugehörigkeit interessiert und nur danach gefragt, wer welche wichtigen mathematischen Fragen beantworten konnte. Als er im hohen Alter einmal neben dem nationalsozialistischen Erziehungsminister zu sitzen kam, fragte ihn der Politiker, wie es denn jetzt mit der Mathematik in Göttingen voranginge, nachdem sie von dem furchtbaren jüdischen Einfluß befreit worden sei. »Mathematik in Göttingen?« hat Hilbert geantwortet, »es gibt in Göttingen keine Mathematik mehr.« Am 14. Februar 1943 ist er in Göttingen gestorben.

Norbert Wiener

oder
Das Wunderkind und sein
teuflischer Gegner

Norbert Wiener war ein Wunderkind.[1] Schon im Alter von 15 Jahren wechselte er vom College zur Hochschule, und noch bevor er 19 wurde, durfte er sich einen Doktorhut aufsetzen – und zwar auf dem Campus der berühmten Harvard Universität. Der Teenager hatte ihn sich für eine Arbeit verdient, in der es um einen Vergleich von verschiedenen Formen der Algebra im Rahmen einer formalen Logik ging. So kompliziert dies auch klingt – noch markanter als das schwierige Thema und das sehr frühe Promotionsalter ist die Tatsache, daß der kindlich-jugendliche Wiener neben dem Hauptfach Mathematik zusätzlich Biologie und Philosophie studierte und diese akademischen Bemühungen auch noch abgeschlossen hat. Er war unglaublich umtriebig, und er blieb diesem Charakterzug seines forschenden Tuns nicht nur durchgängig treu, er versuchte vor allem, eine Brücke zwischen all den Wissenschaften zu konstruieren, die ihn faszinierten. Dabei ist die berühmte Kybernetik zustande gekommen, die in den Jahren nach dem Zweiten Weltkrieg die Forscher in ihren Bann zog, wenn es auch heute eher still in diesen Kreisen geworden ist.

---

1 Er hat seine Autobiographie unter diesem Aspekt geschrieben. Sie heißt *Ex-Prodigy* und ist 1953 in New York erschienen; die deutsche Übersetzung hat das Wort vermieden und ist unter dem eher langweiligen Titel *Mathematik – Mein Leben* erschienen.

Doch bleiben wir erst noch bei dem jungen Wiener. Dem Wissenschaftler gelang es als quirligem Twen offenbar ohne größere Schwierigkeiten, Aufsätze für die *Encyclopedia Americana* aus dem Ärmel zu schütteln, die das Wissen wenn auch nicht von A bis Z, so doch wenigstens von A bis U umfaßten, womit genauer eine lange Liste von Stichworten gemeint ist, die mit *Algebra* und *Ästhetik* beginnt, die *Apperzeption* ebenso einschließt wie *Bedeutung* und *Metaphysik*, und die zum Ende des Alphabets von *Seele, Unendlichkeit* und *Universalien* handelt. Und neben alledem hatte der frühreife Jüngling noch zahlreiche Sprachen gelernt, unter anderem Deutsch, das der 20jährige Wiener zunächst gut gebrauchen und dann wissenschaftlich erweitern konnte, als er 1914 zum ersten Mal nach Göttingen kam – unter anderem, um Vorlesungen bei David Hilbert zu hören und damit mehr über die Grundlagen seiner eigentlichen Disziplin zu lernen, der Mathematik. Wiener ist in den zwanziger Jahren regelmäßig einmal im Jahr nach Deutschland gekommen, weil hier die maßgeblichen Entwicklungen der theoretischen Physik stattfanden und die dafür notwendigen neuen mathematischen Strukturen entwickelt wurden – auch mit Beiträgen von Wiener selbst. Sein liebster Aufenthaltsort war stets Göttingen, wo er mit Max Born zusammenarbeitete (und in der Mensa dadurch auffiel, daß er es sich erlauben konnte – als ein mit einem reichhaltigen Stipendium ausgestatteter Amerikaner –, mittags zwei Wurstbrote zu kaufen, aber nur, um anschließend *ein* Brot mit *zwei* Scheiben Wurst zu belegen und zu essen).

Der zerstreute Professor

Als er seine regelmäßigen Reisen nach Europa machte, hatte Wiener schon eine Lebensstellung als Professor am legendären Massachusetts Institute of Technology im neuengländischen Cambridge bei Boston gefunden, wobei die Behauptung nicht übertrieben ist, daß die drei Buchstaben MIT, mit denen die Eliteuniversität in der ganzen Welt bezeichnet wird, durch Wieners Arbeiten noch bekannter wurden. Er trug ihren

Ruhm über den Globus, und er tat dies gerne höchtpersönlich, indem er die Erde rastlos umrundete. Wiener wurden zahlreiche Gastprofessuren in aller Welt angeboten, die ihn unter anderem nach China, Mexiko, Indien und in die UdSSR führten. Es ist dann fast logisch, daß er nicht zu Hause, sondern unterwegs gestorben ist, und zwar am 18. März 1964 in Stockholm.

Wieners Weg durch die Welt hatte am 26. November 1894 in Columbia (Missouri) begonnen, wobei dieses Nest deshalb seine Geburtsstadt wurde, weil sein aus Rußland stammender Vater Leo hier seine erste Stellung als Professor für slawische Sprachen gefunden hatte. Leo Wiener, von dem es heißt, daß er ein Genie war und vierzig Sprachen sprechen konnte, zog bald nach Neu-England, wo sein Sohn aufwuchs. Dies geschah unter der Fuchtel des Vaters, der seine Kinder nicht in die Schule schickte und statt dessen eigenhändig ihren Unterricht besorgte. Daß Norbert bereits mit drei Jahren lesen und schreiben konnte und mit vierzehn das amerikanische Äquivalent des deutschen Abiturs machte, hat Leo Wiener in einem Brief an Bertrand Russell »nicht als Ergebnis einer frühreifen Entwicklung oder einer ungewöhnlichen Begabung« erklärt, sondern »vornehmlich als Ergebnis einer sorgsamen Erziehung zu Hause« (»careful home training«) dargestellt, die »ohne jede überflüssige Ablenkung« vor sich ging. Daß der Vater dem zehnjährigen Sohn dabei eine sechs Monate währende Periode zumutete, in der er weder lesen noch schreiben durfte, in der es nur mündlichen Unterricht gab und Norbert alles im Kopf behalten mußte – diese Besonderheit hatte tatsächlich weniger mit bestimmten pädagogischen Absichten zu tun. Vielmehr sollten auf ärztlichen Rat hin Norberts Augen geschont werden (danach erfolgte eine Operation, um seine Sehkraft für später zu bewahren, zu deren Unterstützung allerdings fortan eine starke Brille nötig war).

So genau Leo Wiener seinen Alltag mit der Familie plante, so wenig nahm sein Sohn Norbert von dem Kenntnis, was sich im täglichen Leben außerhalb der universitären Mauern abspielte. Norbert Wiener war trotz der väterlichen Fürsorge von grandioser Unbeholfenheit in praktischen Dingen, und er scheint der Prototyp des zerstreuten Professors gewesen zu sein. Es gibt zahlreiche Anekdoten über seine Vergeßlichkeit. Die zwei, die angeführt werden sollen, spielen beide in der Zeit, als er schon Professor am MIT und berühmt war:

In einem Fall befindet sich Wiener auf dem Weg zum Lunch, als er einen befreundeten Mathematiker trifft und die beiden ins Gespräch kommen. Man redet ein paar Minuten voller Konzentration und will sich gerade verabschieden, als Wiener sein Gegenüber fragt, ob er sich erinnern könne, aus welcher Richtung er – Wiener – gekommen sei. Der Bekannte zeigt auf die Cafeteria und meint, daß Wiener von dort gekommen sei. »Dann muß ich schon gegessen haben«, antwortet Wiener und kehrt ohne zu zögern in sein Institut zurück.

Im zweiten Fall will Wieners Familie umziehen, und zwar eine Straße weiter. Seine Frau und die beiden Töchter übernehmen nicht nur sämtliche Arbeiten, sie nehmen auch dem Familienvorstand sämtliche alten Schlüssel ab und stecken ihm neue in die Tasche, die zusätzlich mit der Angabe der neuen Anschrift versehen sind. Doch es kommt, wie es kommen muß. Wiener kehrt abends an die gewohnte Stelle zurück und stochert eine Zeitlang mit den (richtigen) Schlüsseln in der falschen Tür herum. Auf die Idee, den Zettel zu lesen, kommt er nicht. Nachdem seine Bemühungen erfolglos geblieben sind, irrt er durch die Straßen und ist wegen der langsam einbrechenden Dunkelheit schon ganz verzweifelt, als ihm zwei Kinder begegnen. Er fragt sie vorsichtig, ob sie wüßten, wo der Professor Wiener und seine Familie wohnt. »Aber ja doch, Papa«, antworten die beiden und nehmen ihn mit nach Hause.

Ein modernes Glasperlenspiel

Während ihm die einfachen Dinge Mühe machten, kam Wiener mit der höheren Mathematik spielend leicht zurecht, und hier waren es vor allem die Wahrscheinlichkeiten, die bei Zufallsprozessen auftreten, welche seine wissenschaftliche Phantasie beschäftigten und seine Produktivität herausforderten. Auf diesem Sektor entwickelte er viele originelle Beiträge, die

Lehrbücher der Mathematik als »Grenzwertsatz von Wiener«, als »Wieners allgemeines Tauber-Theorem« oder als »Wiener-Hopf-Gleichung« vorstellen. Besonders einflußreich gerät Wieners Bemühen um die Frage, wie man einer gegebenen Struktur oder dem Verlauf eines empfangenen Signals entnehmen kann, ob es sich um eine zufällige Konstellation handelt oder ob in ihm eine Nachricht von Bedeutung steckt. Um diesen Unterschied genauer fassen zu können, führte Wiener – gemeinsam mit seinem Studenten Claude Shannon – ein Konzept ein, das heute zwar ganz selbstverständlich ist, das damals aber ein neues Zeitalter einläutete. Gemeint sind der Begriff *Information* und das Schlagwort *Informationszeitalter*, das ihm folgte. Das Ziel von Shannon und Wiener lag darin, Möglichkeiten zu schaffen, mit denen Informationen gemessen werden konnten, die in elektronischen Schaltkreisen als Nachrichten übermittelt wurden, und 1942 legten sie dafür die Maßeinheit »bit« fest, was »binary digit« abkürzt und eine Zeitlang als Bits in aller Munde war.

Wiener ging es also um *Zufallsprozesse, Information und Kommunikation* – so lautet die Überschrift des dritten Kapitels aus seinem Hauptwerk, das 1948 in New York erschien und nicht nur eine neue Wissenschaft begründete, sondern ihr mit seinem Titel auch den allgemein akzeptierten Namen *Kybernetik* gab.[2] Bei der Kybernetik geht es um die *Regelung und Nachrichtenübertragung im Lebewesen und in der Maschine*, wie es im Untertitel heißt. Ein Kybernetiker betrachtet die Welt unter dem Gesichtspunkt von Regelkreisen, die versuchen, ein System im Gleichgewicht zu halten, wobei genauer ein vorher anvisierter Soll-Wert zu erreichen ist. In der Kybernetik wird ver-

---

2 Das Wort Kybernetik ist abgeleitet vom griechischen Wort für »Steuermann«, wie unzählige Male erklärt worden ist und hier nur als Fußnote angemerkt wird. *Cybernetics: or Control and Communication in the Animal and the Machine* war einmal ein Kultbuch, wobei Wiener meinte, die meisten Käufer hätten nur den Titel gelesen; dies ist schade, denn dann verpassen sie, wie er Leibniz zum Schutzpatron der Kybernetik ernennt, weil jener nach einer universellen Symbolik und einem Kalkül für die Vernunft gesucht habe.

sucht, mehr über die beiden grundlegenden Größen Zeit und Information zu sagen, die für Menschen wie für Maschinen relevant sind. Wiener selbst will sehr konkret und praktisch mit Hilfe seiner neuen Wissenschaft eine Theorie von vernetzten und rückgekoppelten Informationen entwerfen, die ein System immer in eine stabile Lage zurückkehren lassen, und er sieht, daß er für dieses Vorgehen sämtliche Formulierungen der Mathematik benötigt, die ihm diese Disziplin zur Verfügung stellt.

Die Grundidee der Kybernetik schien in den vierziger Jahren ebenso in der Luft zu liegen wie der Gedanke eines interdisziplinären Vorgehens von Forschungsgebieten, die zunächst wenig Gemeinsamkeiten aufwiesen. So hatte um 1940 der deutsche Ingenieur Hermann Schmidt gemeint, daß es darauf ankomme, eine »Regelungstechnik« zu entwickeln, die »ebenso ein Grundproblem der Technik wie der Physiologie« sei. Und ebenfalls in den vierziger Jahren schrieb Hermann Hesse an seinem *Glasperlenspiel*, in dessen Einleitung der Autor einen Blick auf die Kunst- und Wissenschaftsgeschichte der kommenden Zeiten wirft:

»Die analytische Betrachtung der Musikwerte hatte dazu geführt, daß man musikalische Abläufe in physikalisch-mathematische Formeln einfing. Wenig später begann die Philologie mit dieser Methode zu arbeiten und sprachliche Gebilde nach der Weise auszumessen, wie die Physik Naturvorgänge maß; es schloß die Untersuchung der bildenden Künste sich an, wo von der Architektur her die Beziehung zur Mathematik schon längst vorhanden war. Und nun entdeckte man zwischen den auf diesem Wege gewonnenen abstrakten Formeln immer neue Beziehungen, Analogien und Entsprechungen.«

Die Kybernetik und der Feind in der Luft

Hesse meinte, daß die anvisierte Entwicklung nach »der gemeinsamen Grundlage einer geistigen Moral und Redlichkeit« verlange und man keine Angst vor der »Vermischung der Disziplinen und Kategorien« haben dürfe. Norbert Wiener hat

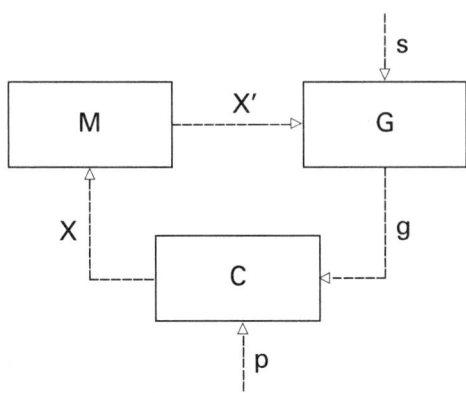

Torpedo		Schreiben
Tiefe des Torpedos unter der Oberfläche	X = Kontrollierte Variable	Das tatsächlich Geschriebene
Meßgerät für den Wasserdruck	M = Monitor von X	Das Geschriebene ansehen
Zeigerstellung des Druckmessers	X' = Des Monitors Wert von X	Die gesehene Schrift
Kontrollelement	G = Steuereinheit	Der geistige Vergleich
Einstellung von G	s = Einstellung der Steuereinheit	Das leitende geistige Bild
Ruderstellung	g = Output der Steuereinheit	Der Befehl an die Hand
Wasserwellen etc.	p = störendes Input	Schlechtes Papier, abgenutzter Stift
Tiefenkontrolle	C = Kontrollpunkt	Handbewegung
	p + s Freie Eingaben	
	$X \to X'$ Festgekoppelt	
	$X' \to X$ Rückkopplungsschleife	

Ein kybernetischer Schaltkreis, wie er von Norbert Wiener antizipiert wurde. Das Ziel besteht darin, durch Rückmeldung von außen einen Zustand innen aufrechterhalten zu können. Hier wird ein solcher Schaltkreis angewendet, um die Tiefe eines Torpedos und die Ausführung einer Handschrift zu kontrollieren. Es ist erstaunlich, daß derart unterschiedliche Ereignisse und Abläufe durch die Gemeinsamkeit der Rückkopplung (»feedback«) eine einheitliche Darstellung finden.

diesbezüglich wesentliche Beiträge geliefert und vor allem in der Kybernetik die Begegnungen der verschiedenen Wissenschaftsdisziplinen gefördert und systematisch vorangetrieben.

Wer einen Blick in die von seinem Verfasser populär angelegte (und längst vergriffene) *Kybernetik* wirft, wird zu seiner Überraschung immer wieder auf umfangreiche mathematische Formeln treffen, die sich seitenlang hinziehen. Wiener erklärt dieses Vorgehen so:

> *»Wir haben es hier mit Gegenständen zu tun, für die der Symbolismus der Mathematik die angemessene Sprache ist; ersetzen ließe er sich nur durch lange Umschreibungen. Ihnen aber könnte der Laie gar nicht folgen; verstanden würden sie allenfalls von demjenigen, der die Formelsprache ohnehin beherrscht und darum den Text in eben diesen Symbolismus zurückübersetzen kann.«*

Ein schwieriges Problem, das der Vater der Kybernetik hier anspricht und das die Frage nach der Vermittelbarkeit von wissenschaftlicher Arbeit aufwirft, die ihm gerade in den Jahren nach dem Zweiten Weltkrieg höchst bedeutsam zu sein schien. Damals – nach dem Abwurf der Atombomben – wirke die Wissenschaft, als ob sie ihre Macht »zur Verminderung des menschlichen Elements im Leben auszunutzen strebt«, wie Wiener bemerkte. Er hat sich um diese Fragen nicht gedrückt, wie noch zu sehen sein wird (vgl. S. 191), ohne allerdings jemals von der Mathematik und ihrer Strenge abzulassen. Dem Zitat merkt man bei aller Rücksichtnahme die feste Überzeugung an, daß Galilei vollkommen recht hatte, als er betonte, daß nur die Sprache der mathematischen Formeln die Natur adäquat erfassen könne.

Wieners Optimismus mutet im Rückblick seltsam an, denn die hier entwickelte Informationstheorie hat rasch ihre Grenzen offenbart. Wie sich bald herausstellte, ist selbst die mathematische Durchdringung von vernetzten Informationen nur in sehr einfachen Fällen möglich. Die Theorie versagt schon, wenn sie sich an das Telefonnetz eines Dorfes heranwagt.

Konkret geboren wurde die Wienersche Form der Kybernetik im Zweiten Weltkrieg, und zwar als Reaktion auf die Angriffe der deutschen Luftwaffe, die ab August 1940 die Schlacht um England einleiteten. Angesichts der vielen Opfer wandte sich Wiener, der am MIT in Boston arbeitete, der Kriegsforschung zu, und er suchte nach einem Weg, um die künftige Position eines Flugzeugs zu bestimmen: Eine Abwehrrakete würde rund 20 Sekunden bis zu ihrem Ziel brauchen – wie konnte man vorhersagen, wo es sich dann befindet? Wiener konstruierte innerhalb von zwei Jahren einen höchst ambitionierten »anti-aircraft (AA) predictor«; er funktionierte zwar nie zufriedenstellend, doch was sich als militärischer Fehlschlag erwies, konnte zivil genutzt werden, und bald war das Forschungsprogramm der Kybernetik geboren.

Es lohnt sich, das ursprüngliche Problem genauer anzusehen. Die Aufgabe bestand darin, die Bahn eines feindlichen Flugzeugs zu berechnen, dessen Pilot mit allen möglichen Manövern versuchen würde, gerade das zu verhindern. Wiener prägte für diesen Gegenspieler den Begriff des »manichäischen Teufels«, dessen Verhalten nicht durch Zufälligkeit und Unregelmäßigkeit, sondern durch List und Tricks charakterisiert ist. (Das Attribut »manichäisch« leitet sich von dem Religionsstifter Mani ab, der um 250 n. Chr. einen radikalen Dualismus von Gut und Böse predigte und erwartete, daß der »Fürst der Finsternis« dem Gott des Lichts eine Niederlage zufügen werde.)

Die Alternative zum gezielt agierenden manichäischen Teufel nannte Wiener – nach dem Kirchenvater Augustinus – einen »augustinischen Teufel«, und diese Unterscheidung hat ihn lange beschäftigt. Als Begründer einer Wissenschaft, der es um Kontrolle und Steuerung, um Vorhersagbarkeit und Regulierbarkeit ging, hatte Wiener sein Leben lang einen Erzfeind vor Augen, und der hieß Unordnung. Gegen Ende seines Lebens formulierte der Vater der Kybernetik die für ihn zentrale Frage, die ihn viele Jahrzehnte hindurch bewegt hat:

»Der Wissenschaftler arbeitet ständig, um die Ordnung und die Organisation des Universums zu entdecken, und spielt so gegen den Erzfeind, nämlich die Desorganisation. Ist dieser Teufel manichäisch oder augustinisch? Ist es eine Gegenmacht, die wider die Ordnung steht, oder ist es die Abwesenheit von Ordnung selbst?«

Verantwortung und Interdisziplinarität

Das Zitat könnte den Eindruck erwecken, als ob die Kybernetik die angesteuerte Ordnung in einen Engel verwandle, aber so einfach hat sich Wiener die Sache nicht gemacht. Er war vielmehr der Auffassung, daß es in dem von ihm entworfenen kybernetischen Universum mindestens ein Problem gab, das darin bestand, »daß wir unseren Kurs an Hand von Seekarten der Fortschrittsidee verfolgen, auf denen die drohenden Untiefen nicht eingezeichnet sind«. Unverständlich an Wiener bleibt aber, daß seine kybernetischen Überzeugungen so weit gingen, daß er die Menschen »als Maschinen aus Fleisch und Blut« bezeichnete und sie den »Maschinen aus Metall«[3] gegenüberstellte, denen man ebensogut gesellschaftliche Entscheidungen anvertrauen konnte, wenn ihnen nur die richtigen Fragen gestellt würden. Als Konsequenz schien es ihm möglich – und viele Forscher haben dieses Programm tatsächlich übernommen –, das Verhalten des Menschen und seine psychischen Leistungen, bis hin zur Intentionalität, als einen Mechanismus der kybernetischen Selbstregulierung zu verstehen.

Übrigens – eben war von einem »Programm« die Rede. Wenn heute, im 21. Jahrhundert, dieses Wort fällt, denkt man an komplizierte Software, die sich in allen Variationen kaufen

---

3 In seinem letzten und kurz nach seinem Tod erschienenen Buch *God, Golem, Inc.* (1964) schreibt Wiener: »Die Maschine ist das moderne Gegenstück zum Golem des Rabbiners von Prag.« Wiener glaubte auch, man könne »nicht kategorisch behaupten, daß die Reproduktionsprozesse der Maschine und der Lebewesen nichts gemeinsam haben«.

und einsetzen läßt. Wiener mußte diesen heute selbstverständlichen Begriff seinen Lesern um 1950 noch erläutern, und er erklärte, daß »die bei der Steuerung durch gelochte oder magnetische Streifen eingeführten Daten, die den Arbeitsgang der Maschinen zum Kombinieren von Information bestimmen«, so genannt werden.

Spätestens an dieser Stelle wird die Frage auftauchen, wieso ausgerechnet ein Mathematiker sich so ausführlich mit Maschinen befaßt und auf diese Weise die Entwicklung mitbestimmt, die zu der umfassenden Automatisierung etwa der Arbeitswelt geführt hat. Als persönlicher Grund läßt sich festhalten, daß Wiener bereits als kleiner Junge gerne mit mechanischem Gerät gespielt hat und seine schönsten Erlebnisse zustande kamen, wenn andere die Stücke nach seinen Ideen zusammenschraubten. Als später die Chance bestand, nicht nur Maschinen zu konstruieren, die körperliche Arbeiten übernahmen, sondern auch solche, die geistige Aufgaben lösen konnten – Wiener prägte für die umfassende Einführung der elektronischen Datenverarbeitung und der Computer den Ausdruck *Zweite Industrielle Revolution* –, sah Wiener darin seine Chance, zum gesellschaftlichen Fortschritt beizutragen, denn er war der Überzeugung:

»Eine Zivilisation schreitet durch die Zahl der wichtigen Operationen voran, die wir ausführen können, ohne darüber nachdenken zu müssen.«

Neben dem persönlichen und dem politischen Grund findet sich aber auch eine wissenschaftliche Erklärung. Sie wird durch den Begriff der Interdisziplinarität gegeben, die sich als natürliche Konsequenz der vielfältigen Interessen Wieners entwikkelt hat, welche sich bereits bei dem Wunderkind bemerkbar gemacht haben. Spätestens 1933, als Wiener den mexikanischen Physiologen Arturo Rosenblueth kennenlernte, stand für ihn fest, daß Wissenschaft nur Zukunft hat, wenn sie interdisziplinär betrieben wird. Diese heute populäre Idee schloß die Philosophie mit ein, weil Wiener der Überzeugung war, daß die Vorwärtsbewegung der Wissenschaft mit ihrer Hilfe auf die richtige Bahn gelenkt werden könnte.

Rosenblueth war eine schillernde Persönlichkeit. Der Mexikaner stammte aus einer ungarischen Familie, hatte in Paris studiert und erste Forschungsarbeiten an der Harvard Medical School unternommen. Mit seiner Hilfe lernte Wiener, wie Lebewesen auf der Ebene der Physiologie funktionierten und wie es innerhalb des Nervensystems zugeht. Zusammen mit vielen anderen – unter anderem Julian Bigelow, Warren McCulloch und Walter Pitts – gründeten die beiden eine interdisziplinäre Gemeinschaft, in der es um Signalübertragung, Nachrichten, Rauschen, Kommunikation, Rückkopplung, Verschlüsselung von Botschaften, Steuerung von Maschinen und um Teleologie (!) ging. Man nannte sich selbstbewußt »Teleological Society« und sprach über Technik, Biologie, Psychologie, Physiologie, Philosophie und Mathematik. Die alte Bezeichnung ist vielfach vergessen, aber was die später als »Kybernetischer Kreis« (»cybernetical cycle«) bekannte Gruppe ausgearbeitet hat, kann sich sehen lassen:

Hier wurde zum ersten Mal erkannt, daß ein zu übertragendes Signal zwei Komponenten hat, nämlich die Nachricht und das Rauschen, das davon zu trennen ist. Man entwarf Filter, die dies tun konnten und in der Lage waren, die künftigen Werte von Zeitreihen vorherzusagen. Man präzisierte das Konzept der Information, das bald universell Eingang nicht nur in die Wissenschaft, sondern auch in den Alltag fand. Man kreierte die Ideen von Eingabe (*Input*) und Ausgabe (*Output*), die heute ebenfalls der Umgangssprache angehören, und schlug vor, ein komplexes System als »black box« zu behandeln, dessen Begreifen durch eine Input-Output-Analyse gelingen würde. Und man versuchte, eine gemeinsame Basis zu definieren, um die Operationen eines Gehirns mit denen einer Rechenmaschine vergleichen zu können.

Natürlich sind damit nur wenige der anvisierten Aufgaben aufgezählt worden, aber selbst diese kurze Liste macht deutlich, wie in diesen gärenden Jahren die Richtung des modernen Denkens und der modernen Technik bestimmt wurde. Natürlich konnten nicht alle Ideen erfolgreich umgesetzt werden. Eine große Leistung des »Kybernetischen Kreises« besteht aber darin, oft die richtigen Fragen gefunden zu haben, wenn sich auch herausstellte, daß sie ungeheuer kompliziert waren.

Als Beispiel kann die Schwierigkeit angeführt werden, geeignete Prothesen zu bauen für Menschen, deren Sinnesorgane beeinträchtigt sind. Wiener erkannte sehr früh, daß Prothesen für die Sinne nur funktionieren können, wenn sie neben der Fähigkeit, die geeigneten physikalischen Signale zu empfangen, auch das Problem der Mustererkennung lösen. Um hier zu helfen, muß ein grundsätzliches Problem gelöst werden, das Wiener so formuliert hat:

»Was ist der Mechanismus, durch den wir ein Quadrat als Quadrat erkennen, und zwar unabhängig von seiner Position, seiner Größe und seiner Orientierung?«

Darüber hinaus verstand Wiener früher als viele andere, daß Prothesen mit Rückkopplung arbeiten müßten, daß es galt, sie lernfähig zu konzipieren, und daß ihre Träger in der Lage sein müßten, selbst Informationen an die Prothesen zu geben.

»Der Intellektuelle und der Naturwissenschaftler«

Der Zwiespalt ist offensichtlich. Auf der einen Seite denkt Wiener über Maschinen nach, die (behinderten) Menschen helfen können. Auf der anderen Seite kann er Maschinen bauen, die (feindliche) Personen töten können. Die Kybernetik macht beides möglich, und Wiener drückte dies im Vorwort seines grundlegenden Buches deutlich aus:

»Wir haben zu der Einführung einer neuen Wissenschaft beigetragen, die, wie wir gesehen haben, technische Entwicklungen mit großen Möglichkeiten für Gut oder Böse umschließt. Wir können sie nur in die Welt weitergeben, die um uns existiert, und das ist die Welt von Belsen und Hiroshima. Wir haben nicht einmal die Möglichkeit, diese neuen technischen

Entwicklungen zu unterdrücken. Sie gehören zu diesem Zeitalter, und alles, was wir tun können, ist, zu verhindern, daß diese Entwicklungen in die Hände der verantwortungslosesten und käuflichsten unserer Techniker gelegt werden. Wir können bestenfalls dafür sorgen, daß eine breite Öffentlichkeit die Richtung und die Lage der gegenwärtigen Arbeit versteht.«

Wiener schrieb dies im Jahre 1947 allerdings nur als »sehr schwache Hoffnung«, wobei er den Grund dafür in einem Kapitel seiner Analyse des Zusammenhangs von Kybernetik und Gesellschaft vorstellte, die von *The Human Use of Human Beings* handelte, wie es im amerikanischen Original heißt, das 1950 erschienen ist. Unter der Überschrift *Der Intellektuelle und der Naturwissenschaftler* nimmt Wiener schon sehr früh eine Entwicklung wahr, die ein Jahrzehnt später als die Teilung der zwei Kulturen bezeichnet werden wird.[4] Das fehlende Gleichgewicht zwischen diesen beiden Bereichen stellt Wiener so dar:

»Wir haben gesehen, daß Kommunikation der Mörtel der Gesellschaft ist und daß diejenigen, die sich die ungestörte Aufrechterhaltung der Kommunikationswege zur Aufgabe gemacht haben, auch am meisten mit dem Fortbestehen oder dem Verfall unserer Kultur zu tun haben. Unglücklicherweise teilen sich diese Priester der Kommunikation scharf in zwei Orden oder Sekten, die verschiedene Prinzipien verfechten und verschiedene Ausbildung haben. Diese zwei Orden der Priester der Kommunikation sind auf der einen Seite die Intellektuellen und Geisteswissenschaftler und auf der anderen Seite die Naturwissenschaftler. [...]
Ich tadle nicht die feindliche Einstellung des Intellektuellen gegenüber Naturwissenschaft und Maschinenzeitalter. Feindliche Haltung ist etwas Positives und Aufbauendes, und vieles an dem Vorwärtsdrängen des Maschinenzeitalters verlangt aktiven und überlegten Widerstand. Vielmehr tadle ich ihn

---

4 C. P. Snow, *The Two Cultures*, Cambridge University Press 1959

wegen seines mangelnden Interesses am Maschinenzeitalter. Er hält es für nicht wichtig genug, die Haupttatsachen der Naturwissenschaften und der Technik gründlich kennenzulernen und ihnen gegenüber aktiv zu werden. Seine Haltung ist feindselig, aber seine Feindseligkeit geht nicht so weit, ihn zu irgend etwas zu veranlassen. Es ist mehr ein Heimweh nach der Vergangenheit, ein unbestimmtes Mißbehagen gegenüber der Gegenwart, als irgendeine bewußt eingenommene Haltung.«

Mir scheint, daß sich an dieser Einstellung nicht viel geändert hat. Es wäre Zeit, den genauen Grund dafür zu erkunden.

Alan Turing

oder
Die denkenden Maschinen des exzentrischen Genies

Alan Turing gehört allein deshalb zu den unsterblichen Wissenschaftlern, weil sein Name längst in das kollektive Bewußtsein des Abendlandes eingedrungen ist und einen Status erreicht hat, der von seinem Körper losgelöst ist. Die Gesellschaft, die sein Genie heute auszeichnet, weil sie das Konzept der Turing-Maschine verinnerlicht hat und mit ihrer Hilfe Fragen der Berechenbarkeit und Lösbarkeit diskutiert, hat Turing zunächst als Person wegen seiner Homosexualität in den frühen Tod getrieben. Turing war kaum mehr als vierzig Jahre alt, als er am 7. Juni 1954 eine tödliche Dosis Kaliumzyanid in einen Apfel injizierte, um ihn dann im Bett liegend zu essen.

Turings Selbstmord kann nur als Katastrophe für die zivilisierte und als Schande für die kultivierte Welt verstanden werden. Schnüffelnde Kleingeister und Spießbürger haben ein Genie genau in dem Augenblick zur Strecke gebracht, als seine Leistungsfähigkeit – befreit vom Druck der kriegsbedingten Arbeiten – ihrem Höhepunkt zustrebte. Die frühen fünfziger Jahre waren die Zeit des Kalten Krieges. In England wurde überall Verrat gewittert, und ein Homosexueller galt grundsätzlich als leicht erpreßbar. Turing selbst hat sein Ansehen verspielt, weil er sich mit einem neunzehnjährigen Jungen eingelassen hatte, der bei der Polizei bekannt war. In den USA wurde Turing als »pervers« eingestuft, mit der Konsequenz, daß ihm nicht einmal mehr eine Einreiseerlaubnis erteilt wurde. In seinem Heimatland wurde er vor Gericht gestellt und verurteilt.

Um sich die Gefängnisstrafe zu ersparen, willigte Turing ein, seine gleichgeschlechtliche Neigung, die britisches Understatement nur als »gross indecency« aufführte, durch eine Hormonbehandlung zu bekämpfen. Er bekam weibliche Geschlechtshormone verabreicht und mußte zusehen, wie ihm Brüste wuchsen. Er ertrug auch dies eine Zeitlang mit Fassung, gab sich sogar amüsiert, zog sich dann aber mehr und mehr in seine Privatsphäre zurück. Er experimentierte noch ein wenig mit biologischen Fragestellungen und biß dann in den vergifteten Apfel, dessen tödliche Dosis er genau berechnet hatte.

Der junge Eigenbrötler

Alan Turings Leben endete ebenso einsam wie es begonnen hatte. Der am 23. Juni 1912 in London geborene Knabe durfte seine Eltern nur sehen, wenn der in Indien als Verwaltungsbeamte tätige Vater zum Heimaturlaub nach England kam. Ansonsten wuchs Alan in Pensionen und Internaten auf, und hier machten sich bald sein eigenbrötlerisches Wesen und seine Faszination durch Zahlen bemerkbar. Er konnte mit ihnen umgehen, bevor er lesen lernte, und es wird berichtet, daß er vor jedem Kandelaber stehenblieb, um dessen Arme zu zählen. Seine erste Lektüre besteht aus populärwissenschaftlichen Werken, die ihn durch die Entdeckung faszinierten, daß die Welt eine Ordnung hat, die sich erfassen läßt, und dies sogar mit einfachen Ideen und Mitteln.

Spätestens den Fünfzehnjährigen langweilten die mathematischen Schulbücher, da er sich alle Lehrsätze rasch aus den Grundprinzipien ableiten konnte, und auf der Suche nach schwierigeren wissenschaftlichen Texten entdeckte Turing Albert Einsteins Schriften und *The Nature of the Physical World* von Arthur Eddington.

Doch so scheu und gehemmt der junge Turing auch ist, einmal geht er in dieser Zeit aus sich heraus, und er tut dies in der Freundschaft zu einem ebenfalls brillanten Kommilitonen, der aus einer vornehmen britischen Gelehrtenfamilie stammt und Christopher heißt. Hier entsteht eine jener Jungenfreundschaften mit homoerotischen Qualitäten, die zum britischen Internatssystem gehören wie der Nebel zu London. Alan und Christopher führen zusammen chemische Versuche durch; sie beobachten gemeinsam den Sternenhimmel, wofür sie sich die geeigneten Instrumente basteln; und sie spielen auf eigenwillige Weise miteinander Schach: Jeder Spieler muß nach seinem Zug einmal um den Garten des Internats laufen; trifft er wieder am Brett ein, bevor der andere seine Figuren bewegt hat, darf er noch einmal ziehen. Als trainierter Läufer kann Alan dabei zwar seine schachspielerische Schwäche ausgleichen, aber die ganze Übung dient nicht nur einem spielerischen, sondern auch einem ernsten (wissenschaftlichen) Zweck. Der junge Turing versucht nämlich dabei, den Einfluß der Körpertätigkeit auf das geistige Leistungsvermögen zu erkennen.

Leider ist die Freundschaft nur von kurzer Dauer, denn im Alter von 19 Jahren stirbt Christopher an Tuberkulose. Turing konzentriert sich danach noch mehr auf die Wissenschaft, und er wird ein immer besserer Langstreckenläufer. Er versucht alles, um seine Anziehung zum gleichen Geschlecht zu kontrollieren, die er längst bemerkt hat. Es wird bis zu der Zeit nach dem Zweiten Weltkrieg dauern, bevor Turing sich offen zu seiner Homosexualität bekennt, und wahrscheinlich hätte er dies damals immer noch nicht getan, wenn er auch nur geahnt hätte, wie sehr verhaßt Leute seiner Neigung im England der fünfziger Jahre waren, als ihn die Presse bezichtigte, ein »crime unmentionable by Christian people« begangen zu haben.

Der mathematische Logiker

1931 bestand Turing die Eingangsprüfung für die Universität Cambridge, und er studierte hier die folgenden vier Jahre, wobei sich ihm die Gelegenheit bot, einige der führenden deutschen Mathematiker zu hören, die aus dem inzwischen nationalsozialistisch regierten Deutschland vertrieben worden waren. Turing bewunderte die mathematische Tradition der

Deutschen, und in seinen ersten Arbeiten wählte er sich Themen, die von ihnen entwickelt worden waren. Er beschäftigte sich mit der Gaußschen Fehlerfunktion und dem dritten Problem, das Hilbert den Mathematikern gestellt hatte, dem sogenannten Entscheidungsproblem. Dabei kam er zu einem sensationellen Ergebnis: Der knapp 25jährige Turing zeigte nämlich, daß es unendlich viele Probleme gibt, die grundsätzlich unlösbar sind! Es gibt – so weist Turing nach – im Rahmen einer gegebenen Anzahl von Axiomen keine Möglichkeit, alle mathematischen Probleme zu lösen. In diesem Zusammenhang (der weiter unten noch im Detail ausgeführt werden wird) entdeckt Turing auch etwas Positives, nämlich die Tatsache, daß es eine universelle Maschine gibt – die heutige Turing-Maschine –, die jede andere Maschine ersetzen und jedes berechenbare Problem lösen kann. Mit diesen mathematisch-logischen Entdeckungen legt Turing die Grundlage für das Konzept des elektronischen Gehirns bzw. der denkenden Maschine, das er nach dem Krieg verwirklicht.

Turing stellt die eben skizzierten Einsichten in seiner Arbeit aus dem Jahre 1937 vor, die unter dem Titel *On computable numbers, with an application to the Entscheidungsproblem*[5] erschienen ist. Zu dieser Zeit war Turing in den USA, wo er die Jahre von 1936 bis 1938 in Princeton (New Jersey) verbrachte, um hier seinen Doktortitel für eine Analyse der *Systems of logic based on ordinals* zu erwerben. Dabei entwickelt Turing zum ersten Mal das inzwischen allen bestens vertraute Konzept, daß Rechenmaschinen mit dem Dualsystem der Zahlen und Ziffern arbeiten müssen, wenn sie mehr als rechnen – zum Beispiel auch Schach spielen – können sollen.

---

5 *Proceedings London Math. Soc.* 42 (1937), S. 230–265 und 43 (1937), S. 544–546

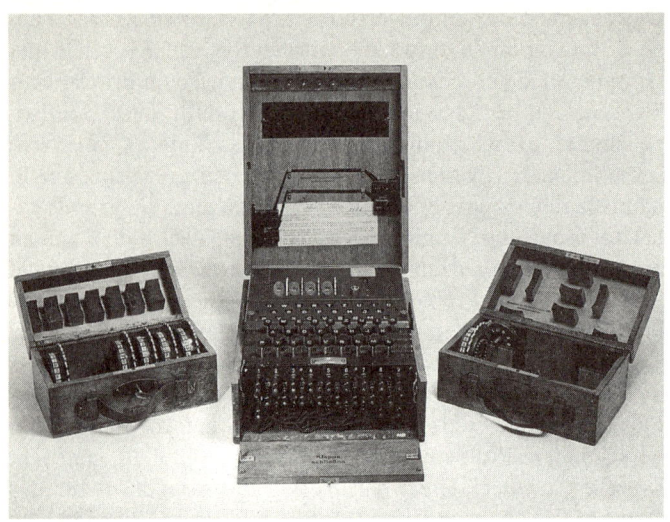

Die Enigma-Chiffriermaschine, die von der deutschen Wehrmacht während des Zweiten Weltkriegs verwendet wurde. Die Tatsache, daß Turing die mit Enigma geschriebenen Nachrichten entschlüsseln konnte, hat wesentlich zum Verlauf des Krieges beigetragen.

Enigma[6]

Doch zunächst kommt der Krieg, und Turing läßt sich vom britischen Geheimdienst anwerben, um in Bletchley Park in Buckinghamshire, im Team der *Government Code and Cypher School*, zu versuchen, das Rätsel zu lösen, das in Form einer deutschen Chiffriermaschine namens Enigma gegeben war. Diese Maschine kodierte Funknachrichten auf so komplizierte und raffinierte Weise, daß die Leitung der deutschen Wehrmacht sicher war, an dieser Front unüberwindbar zu sein.

Das Verschlüsselungssystem der Enigma bestand in einem

---

6 Der britische Historiker Andrew Hodges hat Turing selbst als »Enigma« bezeichnet, als einen rätselhaften Menschen, der seine Umgebung nur verwirren konnte (lateinisch *enigma* = Rätsel).

komplizierten Buchstabentausch, der über mehrere Stationen vollzogen wurde, die sowohl mechanisch als auch elektrisch operierten. Die Grundlage des Verfahrens war noch im Ersten Weltkrieg in mehreren Ländern zugleich entwickelt worden, wobei zuletzt (1918) ein deutscher Ingenieur, Arthur Scherbius, eine Methode nach dem sogenannten Rotorprinzip zum Patent anmeldete. Das Chiffrieren selbst ging so einfach wie das Schreibmaschineschreiben vor sich, wenn die Enigma mit all ihren Rotoren, Walzen und Kabelverbindungen erst einmal eingestellt worden war. Wer einen auf diese Weise verschlüsselten Text in Händen hielt, konnte aus ihm wieder rasch Klartext machen, wenn er ebenfalls eine Enigma besaß und sein Gerät genau so konfigurierte wie die bei der Kodierung benutzte Maschine. Allein aus dem Kode auf den verwickelten Buchstabentausch zurückzuschließen hielt man auf deutscher Seite für ausgeschlossen, da die Einstellung der Enigmas regelmäßig verändert wurde.

Doch Turing konnte mit einer mathematischen Mannschaft nicht nur den Enigma-Kode grundsätzlich knacken, sondern auch bald die jeweils gültigen Maschineneinstellungen erraten und errechnen. Diese Arbeit ist dadurch »erleichtert« worden, daß es dem Geheimdienst der Alliierten gelungen war, eine komplette Enigma-Maschine zu erbeuten und nach England zu bringen. Die Leistung von Turing und seinem Team hat einige Historiker sagen lassen, daß die Behauptung zwar übertrieben wäre, Turing hätte den Krieg gewonnen – daß die Behauptung aber zutreffe, ohne Turing hätte England den Krieg verloren (weshalb die britischen Militärs und Politiker es vorzogen, Turings Leistung nach 1945 zu verschweigen, um selbst besser dazustehen). Turings Dechiffrierkünste sorgten zum Beispiel dafür, daß die Alliierten stets über die Absichten der Deutschen in Nordafrika unterrichtet waren oder daß sie die Positionen der deutschen U-Boote im Atlantik mit hoher Genauigkeit kannten.

Was für viele mehr politisch orientierte Menschen wie eine rechnerische Spielerei aussieht, stellte in Wahrheit ein unglaublich herausforderndes Problem dar, weil die Enigma erstens mit elektrischer Hilfe eine ganze Reihe von alphabetischen Substitutionen durchführte, weil zweitens verschiedene Abteilungen der deutschen Wehrmacht anders angelegte Versionen der Chiffriermaschine benutzten und weil drittens das ganze System im Verlauf des Krieges modifiziert und in seiner Komplexität gesteigert wurde. Turing und sein Team mußten versuchen, mit Hilfe geeigneter Annahmen und unter Ausnutzung der winzigen Fehler, die der Gegenseite unterliefen, die ungeheuer zahlreichen Operationen, die zum Durchrechnen aller kombinatorisch gegebenen Möglichkeiten nötig waren, in hinreichend kurzer Zeit und mit angemessener Genauigkeit durchzuführen. Das ist ihnen gelungen.

Die Turing-Maschine

Turing war also in den vierziger Jahren mit der Programmierung von Großrechenanlagen beschäftigt, und er entwickelte dabei die Idee von Unterprogrammen (»subroutines«) und die automatisierte Möglichkeit, die eingesetzte Software zu überprüfen (»automated software verification«). Mit den dabei gewonnenen Erfahrungen wandte er sich der ihn faszinierenden Frage zu, die er in den fünfziger Jahren zum Titel einer Arbeit machte, der Frage nämlich: *Can a machine think?*[7] Bereits 1950 leitete Turing seine Arbeit über *Computing machinery and intelligence*[8] mit diesem Problem ein:

»*I propose to consider the question, ›Can machines think?‹*«

Er schlägt statt langer philosophischer Debatten einen konkreten Test vor, um diese Frage zu klären. Turing sah deutlich, daß sich ein Gehirn auf jeden Fall durch eine Rechenmaschine – durch einen Computer – simulieren läßt, und er machte sich die Auffassung zu eigen, daß die Apparate immer besser werden

---

[7] Erschienen in *The World of Mathematics*, Bd. 4, 2099–2123 (1956), New York
[8] *Mind* 59 (1950), 433–460

können. Wenn nun eines Tages deren Simulationen so gut werden, daß ein Mensch nicht mehr unterscheiden kann, ob eine Antwort von einem Computer gegeben worden ist oder aus einem menschlichen Gehirn stammt, dann sollte man – so Turing – auch zugeben, daß die Maschine denken kann.

Dieser Turing-Test ist nicht so überzeugend wie die Turing-Maschine, die sich nur verstehen läßt, wenn ein zentrales Konzept für die Berechenbarkeit eingeführt worden ist, und zwar die Idee des Algorithmus. Unter einem Algorithmus verstehen Mathematiker ein Verfahren zur Lösung eines Problems – etwa der Vorhersage des Wetters aus Meßdaten oder der Berechnung von Dezimalstellen der Zahl Pi –, das in endlichen Schritten vollzogen werden kann und eindeutige Ergebnisse liefert. Algorithmen braucht man zum Beispiel, um Gleichungen zu lösen, und ein altes Thema der Mathematik steckte in der Frage, ob alle Probleme durch einen Algorithmus lösbar sind. Eine berühmte Aufgabe besteht darin, den kürzesten Weg für einen Reisenden zu finden, der sieben Städte besuchen und auf seinem Weg keinen Punkt zweimal berühren will.

Die um 1936 entwickelte Turing-Maschine versucht, der Idee des Algorithmus eine praktikable (»explizite«) Form zu geben, und im Verlaufe ihrer Konstruktion sieht Turing, daß er eine entsprechende universelle Maschine bauen kann, die sogar alle algorithmisch lösbaren Probleme in den Griff bekommt. Damit zeigt er seltsamerweise zugleich, daß es Probleme gibt, die nicht algorithmisch lösbar sind.

Eine Turing-Maschine ist eine besonders einfache Rechenmaschine, die aber nicht nur rechnen kann. Sie kann alles, was ein moderner Computer auch kann, wobei man zu beachten hat, daß es in den Tagen vor dem Zweiten Weltkrieg, als Turing tätig war, noch nicht die programmierbaren Rechenautomaten gab, die wir heute kennen. Sein besonderer Weitblick versetzte ihn in die Lage, sich die wesentlichen Teile und die Arbeitsweise einer solchen Maschine vorzustellen. Darüber hinaus sind bei der Turing-Maschine die algorithmischen Prozesse in Einzelschritte zerlegt. Die Zerlegung ist dabei bis an die Grenze des Möglichen getrieben, was konkret bedeutet, daß die Einzelschritte so elementar sind, daß sie nicht nur von einer Maschine ausgeführt werden können, sondern auch der mathematischen Betrachtung zugänglich sind.

»Eine Turing-Maschine besteht aus fünf Teilen: Arbeitsband, Transportmechanismus für das Band, Lese-, Lösch- und Schreibkopf, Arbeitsspeicher und Steuertafel. Was die Maschine in einem bestimmten Arbeitstakt tut, hängt von zwei Größen ab: von der Beschriftung des augenblicklichen Arbeitsfeldes auf dem Band und von dem inneren Zustand der Maschine, der im Arbeitsspeicher festgehalten ist. Jeder möglichen Kombination dieser beiden Größen ist in der Steuertafel eine bestimmte Anweisung zugeordnet: Sie legt fest, ob ein Arbeitsfeld gelesen, gelöscht oder neu beschrieben wird, in welche Richtung das Band anschließend bewegt wird und wann die Maschine stehenbleibt. Die Steuertafel als das Herzstück der Turing-Maschine ist also letztlich auch maßgebend dafür, ob eine Turing-Maschine addiert, subtrahiert, multipliziert oder eine andere Operation ausführt.«[9]

Geschickt programmierte Turing-Maschinen können zählen, rechnen, algebraische Umformungen vornehmen; sie können logische Schlüsse ziehen; sie können Mühle, Dame, Schach und mehr spielen; sie können mathematische Sätze beweisen; sie können übersetzen, und vieles mehr. Sie können alles, was algorithmisch machbar ist – aber das ist eben nicht alles, auch wenn dies oft gemeint wird.

Schon 1936 konnte Turing – zusammen mit Alonzo Church – zeigen, daß es Probleme gibt, an denen jeder Algorithmus scheitert, und ein solches Problem ist das Halteproblem der Turing-Maschine. Es geht dabei um die Frage, ob eine Turing-Maschine, die mit einer vorgegebenen Bandinschrift arbeitet, nach endlich vielen Schritten zum Halt kommt oder nicht, wobei der Hinweis erfolgen muß, daß die Frage nach dem Anhal-

---

9 G. Vollmer, *Denkzeuge*, im *Mannheimer Forum 90/91*, herausgegeben von E. P. Fischer, S. 59

ten zwar im Einzelfall beantwortet werden kann, daß es aber kein allgemeines Verfahren gibt, um dies entscheiden zu können.

Ein anderes Thema

Bei dem großen Einfluß, den Turing auf die moderne Wissenschaft und Gesellschaft ausgeübt hat, fällt auf, daß er insgesamt wenig publiziert hat. 1993 konnten seine Gesammelten Werke (*Collected Works*) in nur drei Bänden erscheinen, von denen der dickste 288 Seiten umfaßt. Er ist der *Reinen Mathematik* gewidmet, während der Band über *Mechanical Intelligence* sechzig Seiten weniger aufweist. Mit den genannten Themen ist das bezeichnet, was bisher dargestellt worden ist, und tatsächlich bietet der dritte Band eine Überraschung für alle diejenigen, die Turing (nur) als Mathematiker und Computerwissenschaftler sehen. Es geht in ihm um die Wissenschaft von der Gestaltbildung, die Morphogenese, um die sich Turing in den letzten Jahren vor seinem Tod bemüht hat. Sein wohl wichtigster Beitrag von 1952 behandelt *Die chemische Basis der Morphogenese*; darin versucht Turing einen sich entwickelnden Embryo zu modellieren, indem er die Diffusion von Substanzen rechnerisch simuliert, die er »Morphogene« nennt und die an ihren jeweiligen Zielorten im Körper chemische Reaktionen auslösen und beschleunigen können. Unter seinen Schlüsselideen findet sich die Vorstellung, daß spontane Musterbildungen durch Instabilitäten möglich werden können, die sich in ursprünglich homogenen Verteilungen zeigen. Turing nimmt die heute modernen Ideen der Symmetriebrechung und Verzweigung vorweg, die in der Chaostheorie Bedeutung bekommen haben.

Die spezifischen Mechanismen, die er sich vorstellt, hat man bislang im Lebendigen zwar nicht finden können, aber die seit Turings Tagen molekular orientierte Biologie hat inzwischen verstanden, daß die Entwicklung der organischen Form mehr als molekulare Erklärungen braucht. Möglicherweise läßt sich einer der dynamischen Vorschläge von Turing zum Verständnis der Ontogenese nutzen, wenn sie besser mit den genetischen Mechanismen in Einklang gebracht worden sind. Seit dem Erscheinen der *Collected Works* wird daran wieder gearbeitet.

»Another gay man«

Noch weniger umfangreich als seine wissenschaftliche Hinterlassenschaft sind die privaten Papiere, die Turing hinterlassen hat. Hier fallen besonders einige Seiten einer Kurzgeschichte auf, die er 1950 im Stil von Angus Wilson geschrieben hat, wie Turings Biograph Andrew Hodges bemerkt, der auch die Sorgfalt schildert, mit der sein Held sich um Weihnachtseinkäufe und andere soziale Verpflichtungen kümmerte. Auch die paar Seiten der Erzählung handeln vom »Christmas shopping«, und sie berichten davon, wie ein junger Mann sie erledigt. Er heißt Alex Pryce und »he always liked to parade his homosexuality«, wie Turing schreibt, um fortzufahren, »and in suitable company Alex could pretend that the word was spelt without the ›u‹. It was quite some time now since he had ›had‹ anyone, in fact not since he had met that soldier in Paris last summer.«

Im folgenden geht Turing genau auf seine Situation im Jahre 1950 ein, als er seine oben zitierte Arbeit über die Maschinenintelligenz geschrieben hatte und sich nun dafür ein Geschenk machen will: »Now that his paper was finished he might justifiably consider that he had earned another gay man, and he knew where he might find one who might be suitable.«

Wie Hodges zum einen berichtet, hatte Turing Erfolg, als er in London die Oxford Street entlangging, und wie er zum zweiten bemerkt, daß hier ein Wort – gay – verwendet wird, das im Großbritannien der 50er Jahre ungewöhnlich war, in dem die Homosexuellen statt mit gewöhnlichen Begriffen mit ungewöhnlichen Worten diskriminiert wurden. Turing hat nie verstanden, wieso er durch etwas sehr Privates öffentlich an Ansehen verlieren, geschweige denn angeklagt werden konnte. Aber außer auf den wenigen Seiten der Erzählung wissen wir nicht, wie er sich gefühlt hat. Ihm wäre es unsinnig erschienen, über unausgesprochene Gedanken zu spekulieren. 1939 hatte

Turing bei Ludwig Wittgenstein Logik gelernt, und dabei ist sicher der Satz gefallen: »Wovon man nicht reden kann, darüber muß man schweigen.« Doch ist damit nicht gesagt, daß man auch heute noch darüber schweigen sollte, wovon die Spießbürger vor einem halben Jahrhundert nicht reden konnten.

Quartett mit Quanten

Max Planck (1858–1947)
Werner Heisenberg (1901–1976)
Erwin Schrödinger (1887–1961)
Wolfgang Pauli (1900–1958)

Zu Beginn des 20. Jahrhunderts ging es äußerst dramatisch in der Physik zu. Es kam zu einer radikalen Übermalung des klassischen Weltbildes, das in Newtons Tagen kühn entworfen und im 19. Jahrhundert scheinbar vollendet worden war. Ausgerechnet bei dem Versuch aber, die letzten Farbtupfer auf das Bild zu setzen, um ihm so den letzten Schliff zu geben, lösten sich die alten Strukturen und Konturen ohne Vorwarnung Schicht für Schicht auf. Die Revolution der Physik, die nun folgte, geschah oftmals gegen den Willen der Akteure und stets zu ihrer Verblüffung.

Zuerst sah sich Max Planck im Jahre 1900 in einem fast quälenden Akt der Verzweiflung dazu gezwungen, die ihm irrational erscheinende *Unstetigkeit* in die Natur einzuführen, die wir heute Quantum der Wirkung nennen. Was von Planck zunächst nur als mathematischer Trick gedacht war, erwies sich aber nach und nach unter den Händen von Albert Einstein (1905) und Niels Bohr (1912/13) als physikalisch wirksame Realität mit hoher Erklärungskraft. Allerdings mußte zum allgemeinen Erschrecken dafür ein sehr hoher Preis gezahlt werden. Der physikalischen Wissenschaft wurde nämlich jeder Boden unter den Füßen weggezogen, und viele Jahre hindurch kam kein neuer Grund in Sicht, auf dem ein neues Gebäude hätte errichtet werden können. Die alte Ordnung war plötzlich einem Chaos gewichen, und es dauerte bis 1925, bevor Werner Heisenberg das erste helle Licht erblickte, das ahnen ließ, wie die Form der neuen Ordnung aussehen könnte. Der junge Heisenberg erschrak jedoch heftig, als er zum ersten Mal die mathematische Fassung der Quantentheorie vor Augen sah, von der wir heute wissen, daß sie die grundlegende Theorie der Materie ist, weil sie präzise nicht nur die Stabilität der Atome, sondern auch deren mögliche Verbindungen als Moleküle und ihre Anordnungen in Kristallen beschreibt.

Anfänglich bekam Heisenberg allerdings nicht nur Anerkennung zu spüren. Erwin Schrödinger fühlte sich vielmehr angewidert und abgestoßen, als die Quantenform seiner Wissenschaft sichtbar wurde. Er empfand nur Ekel, als er merkte, daß sich die verdammten Unstetigkeiten, die er »Quantenspringerei« nannte, nicht mehr aus der Physik verdrängen ließen und im Innersten der Dinge keine strenge Gesetzlichkeit herrschte, sondern nur noch Wahrscheinlichkeiten zu finden waren, die sich zudem als primäre Qualität der atomaren Welt zu erkennen gaben.

Schrödinger hat nie seinen Frieden mit den Quanten schließen können, im Gegensatz zu Wolfgang Pauli, der zwar einen Schock erlebte, als er Plancks Ansatz kennenlernte, der dann aber bald ein merkwürdiges Gefühl und eine eigentümliche Ahnung bekam. Pauli spürte, daß den Physikern viel mehr gelungen war, als die Gesetze der Atome zu formulieren. Die Quantenphysik stellte für ihn etwas viel Größeres dar, nämlich den ersten Schritt in Richtung auf eine völlig neue Wissenschaft, in der das Konzept der Ganzheit eine konkrete Bedeutung bekommt und eine Theorie des zeitlichen Werdens möglich wird. Pauli bemühte sich – allerdings vornehmlich im privaten Rahmen – intensiv um eine Verbindung der Physik zur Psychologie, weil er vermutete, daß die Quantenmechanik niemals ohne Zutun des Unbewußten aufgetaucht wäre und den Weg ins Licht des Bewußtseins gefunden hätte. In der Quantenmechanik schimmert tatsächlich die *Nachtseite* der Wissenschaft durch, und genau aus diesem Grund wirkt die Physik der Atome bis auf den heutigen Tag eher unheimlich.

Man braucht philosophischen Mut, um sich mit ihr zu befassen.[1]

Die Quanten und ihre Folgen

Wer die äußerst aufregende Entwicklung, die zwischen 1900 und 1930 stattgefunden hat und in deren Verlauf eine völlig »verrückte« Physik mit Namen Quantenmechanik entstanden ist, beschreiben will, kommt nicht ohne Ausdrücke wie Ekel und Entsetzen, Schock und Schmerzen, wahnsinnig und widerlich aus. Den Physikern gingen die Gegenstände verloren, weil sich herausstellte, daß die Atome keine Dinge sind. Sie sind Wirklichkeiten, hinter denen keine dinghafte Substanz mehr steckt. Sie sind »factual facts«, wie es in der Kunst heißt, aber keine »actual facts«. Sie sind wirklich (wirksam), ohne (eine) Realität zu haben. Sie sind nichts Bestimmtes, wenn man sie nicht beobachtet. Aber wenn man dies tut, schlagen sie zurück, was den zuletzt genannten Pauli sogar davon hat sprechen lassen, daß die Beobachtung in der Quantenphysik wie eine »Mißhandlung« der Materie aussehe und deshalb mit einer »schwarzen Messe« vergleichbar erscheine.

Es ist keine Frage – die häufig auch als Quantentheorie bezeichnete und gültige Beschreibung unserer Kenntnisse sowohl von Atomen und Elektronen als auch von Licht und Energie hätte viel mehr Aufmerksamkeit verdient, als ihr eingeräumt wird. Und zwar allein schon deshalb, weil sie maßgeblich wie kein anderer wissenschaftlicher Fortschritt den Verlauf des 20. Jahrhunderts bestimmt hat, auch wenn dies niemandem so unmittelbar bewußt ist. Die Öffentlichkeit kennt seltsamerweise das Wort Relativitätstheorie besser, die etwa zur gleichen Zeit entstanden ist und die wir vor allem einer Person verdanken, nämlich Albert Einstein. Doch soviel die Relativität auch bedeutet – es sind vornehmlich die Quanten und ihre theoretische Erfassung, die zahlreiche und konkrete Auswirkungen so-

---

1 Dieser Aspekt wird beschrieben in meinem Buch *Die aufschimmernde Nachtseite der Wissenschaft*, das 1995 erschienen ist.

wohl auf das tägliche Leben als auch auf die wissenschaftliche Praxis zeigen.

Was konkret die Forschung angeht, so haben es die Physiker nur in seltenen Fällen mit der Relativitätstheorie zu tun, die für Raum und Zeit *in kosmischen Dimensionen* zuständig ist. Hingegen gehört die Quantenmechanik als grundlegende Beschreibung der Wechselwirkung von Licht mit Materie oder der elektrischen Leitfähigkeit von Metallen zu ihrem täglichen Brot. Und was *den Alltag* angeht, so wäre es ohne die quantentheoretische Beschreibung der Atome zum Beispiel weder möglich geworden, Transistoren zu entwerfen, noch Laser zu bauen, und als eine von vielen Konsequenzen hätte niemand integrierte Schaltkreise konstruieren können. Dies heißt konkret, daß es ohne Quantenmechanik keine Transistorradios mit all ihren sozialpolitischen Konsequenzen, keine CD-Player mit ihrer Musik aus der Stille und erst recht keine Computer gegeben hätte, die zunächst den Flug zum Mond ermöglicht haben und die inzwischen immer stärker als PCs in unser privates Leben eindringen und es organisieren (bzw. tyrannisieren). Am Rande sei noch bemerkt, daß bis jetzt zwar nur die Hardware der Computer auf Quantenphysik beruht, daß aber die Wissenschaftler schon damit rechnen, bald auch die Schaltelemente mit der Quantenlogik funktionieren zu lassen, die für die Atome selbst gilt; sie entwerfen bereits das Bild von Quanten-Rechnern in einem Quanten-Internet.

Wir stehen somit vor einem viel zu wenig beachteten Paradoxon: Während die Physik der Atome praktisch (mit ihren Anwendungen) offenbar viel näher bei den Menschen ist, als man vermutet, hat sich diese Wissenschaft theoretisch (mit ihrem Denken) viel weiter von ihnen entfernt, als man sich vorstellen kann. Die Quantenmechanik beschreibt zwar die real gegebene Welt, sie tut dies aber nicht mit Elementen aus der anschaulichen Wirklichkeit. Die Symbole der Quantenmechanik beziehen sich vielmehr auf abstrakte Räume mit imaginären Dimensionen, und die meßbare Wirklichkeit muß man daraus eigens berechnen, und zwar in einem eigenen Schritt, der im übrigen keineswegs selbstverständlich ist.

So gesehen kann es kein unbeschwerter Weg gewesen sein, der von der traditionellen Physik, die seit Galileis und Newtons Zeiten aufgebaut worden ist und die inzwischen als klassisch bezeichnet wird, zu der modernen Quantenversion führte. Es war im Gegenteil ein Weg, der so schmerzhaft und steil zugleich war, daß ein einzelner Wissenschaftler allein ihn nicht bewältigen konnte. Die Quantentheorie konnte nur als Leistung einer Gruppe gelingen. Ihre Entstehung läßt sich nur als Sozialgeschichte verstehen, zu der zahlreiche Physiker beitragen mußten, allein schon deshalb, um sich gegenseitig Mut zu machen, an ihre immer außergewöhnlicher werdenden Annahmen zu glauben.

Zwei von ihnen sind schon vorgestellt worden, und zwar Albert Einstein und Niels Bohr. Besonders Bohr steht im Zentrum der Quantenfamilie, das in Kopenhagen zu finden ist. Hier in seiner Heimatstadt hat Bohr genau in der Mitte des quantenmechanischen Aufstiegs mit dem dazugehörenden Umbruch des wissenschaftlichen Weltbildes das heute nach ihm benannte Institut aufgebaut. Er konnte auf diese Weise wenigstens äußerlich Ersatz für das Gebäude der klassischen Physik bieten, das die Physiker im 19. Jahrhundert großartig und überzeugend errichtet hatten und das nun unter dem Einfluß der neuen Generation zusammenbrach – zu ihrer großen Überraschung und gegen ihre eigentliche Absicht.

Natürlich ist mit der Quantentheorie inzwischen längst ein neues Haus der Physik errichtet worden, das sich als äußerst standfest erwiesen und selbst die schwierigsten experimentellen Nachprüfungen souverän bestanden hat. Doch trotz aller Sicherheit der technischen Art fühlen sich viele Beobachter in den modernen Räumen nicht so recht wohl, unter anderem wegen der vielen Geheimnisse, die immer noch in ihnen stecken und die sich dem gesunden Menschenverstand und seinem Verlangen nach Anschaulichkeit und Eindeutigkeit nicht erschließen und eher verweigern (wie noch vorgestellt werden wird). Ein wesentlicher Grund für das Unbehagen an der neuen Wohnung scheint in der Tatsache zu stecken, daß die Antwort der Quantentheorie auf die Frage, was denn die Welt im Innersten zusammenhält, bei aller nachprüfbaren Richtigkeit verwirrend klingt. Die Physiker waren ursprünglich angetreten, die Atome als kleinste objektive materielle Realität zu erfassen und zu vermessen. Gefunden haben sie aber keine konkreten Dinge, für die es Gesetze gibt, sondern unbestimmte Zustände, für die es Wahrscheinlichkeiten gibt. In aller Kürze ausgedrückt: Im Innersten der Welt sind keine Wirklichkeiten, sondern nur Möglichkeiten, und sie nehmen erst dann ihre aktuelle Form an, wenn von außen ein Eingriff – eine Beobachtung – erfolgt. Mit der Quantentheorie ist das Konzept des Möglichen wieder so wichtig geworden, wie es in der Philosophie des Aristoteles schon immer war. Was er ahnungsvoll »potentia« oder »dynamis« nannte, von dem weiß man seit Heisenberg, Pauli und Kollegen genauer, wie die materielle Welt aus ihm aufsteigt. Wer will, kann damit sagen, daß die Wissenschaft – philosophisch gesehen – am Ende wieder an ihren Anfang zurückgekehrt ist. Wie schmerzhaft dieser lange Umweg zu Aristoteles im 20. Jahrhundert gewesen ist, soll am Beispiel der vier genannten Wissenschaftler beschrieben werden, nachdem der dazugehörige zeitliche Rahmen aufgespannt worden ist.

Der Rahmen

Es gilt im folgenden zwei Rahmen aufzuspannen. Da ist zum einen der umfassende Rahmen der Biographien, der von 1858 bis 1976 reicht, also vom Geburtsjahr Plancks bis zum Todesjahr Heisenbergs. Und da ist zum zweiten der engere Rahmen der Quantengeschichte und ihrer Entstehung selbst, also die Zeit von 1900 bis etwa 1930.

Der äußere Rahmen

Im Jahre 1858 – als Max Planck in Kiel geboren wurde – haben Charles Darwin und Alfred Wallace im viktorianischen London zum ersten Mal ihre Vorstellungen von der natürlichen Selektion als Grundlage für die Entstehung der Arten vorgestellt. In dieser Zeit arbeitet Richard Wagner an *Tristan und Isolde*, und Jacob Burckhardt legt letzte Hand an das Werk über *Die Kultur der Renaissance in Italien*. 1861 begann der amerikanische Bürgerkrieg, in dessen Verlauf Präsident Abraham Lincoln seine berühmte *Gettysburg-Rede* hielt (1863). In der zweiten Hälfte der sechziger Jahre publizierte Fjodor Dostojewski den Roman *Schuld und Sühne* (der heute *Verbrechen und Strafe* heißt), dachte Karl Marx über *Das Kapital* nach, schrieb Leo Tolstoi *Krieg und Frieden* und malte Eduard Manet die *Olympia*. In Japan kommt es zum Ende des Shogunats, und 1870 ernennt man hier zum ersten Mal einen Minister für Industrialisierung. Ein Jahr später findet Heinrich Schliemann Troja, 1871 wird das Deutsche Reich gegründet. Hierbei entwickelt sich ein »Gründerboom«, der allerdings schon 1873 infolge einer Weltwirtschaftskrise endet. Friedrich Nietzsche schreibt im gleichen Jahr seine *Unzeitgemäßen Betrachtungen*, in dem auch James Clerk Maxwell den *Treatise on Electricity and Magnetism* publiziert. In dieser Arbeit wurde die Existenz elektromagnetischer Wellen vorhergesagt, die in den achtziger Jahren von Heinrich Hertz nachgewiesen und zur Grundlage von Funk und Fernsehen werden. 1884 gelingt die Herstellung der Nipkow-Scheibe, die zum Vorläufer des heutigen Bildschirms wird. Im gleichen Jahr erscheint *Huckleberry Finn* von Mark Twain. Ein Jahr später schickt Frankreich die Freiheitsstatue nach New York. 1886 wird Erwin Schrödinger in Wien geboren. Das letzte Jahrzehnt des 19. Jahrhunderts erlebt die Entdeckung der Röntgenstrahlen, die Entwicklung der Nebelkammer, die Beobachtung der Radioaktivität, die Erfindung des Kinematographen und die Gründung der Tabulating Machine Company, die ab 1924 IBM heißt. 1900, im Geburtsjahr von Wolfgang Pauli, stellt David Hilbert den Mathematikern 23 Probleme, und 1901, dem Geburtsjahr von Werner Heisenberg, stirbt Königin Victoria von England. In den ersten Jahren des 20. Jahrhunderts bietet Sigmund Freud erst seine *Traumdeutung* an, und fünf Jahre später erscheinen seine *Drei Abhandlungen zur Sexualtheorie*. 1906 entwickelt Mahatma Gandhi das Konzept des gewaltfreien Protests, malt Pablo Picasso *Les Demoiselles d'Avignon* und macht D. T. Suzuki mit seinem Buch

Outline of Mahatma Buddhism den Buddhismus im Westen bekannt. 1909 erklingt das erste atonale Werk von Arnold Schönberg. Seit 1910 schreiben Bertrand Russell und Alfred North Whitehead an den *Principia Mathematica*, und zur gleichen Zeit befindet sich Marcel Proust *Auf der Suche nach der verlorenen Zeit*; das Buch erscheint 1913. Bald folgt der Erste Weltkrieg (1914–1918), an dessen Ende der *Untergang des Abendlandes* auf den Markt kommt. Oswald Spengler, der Autor dieses Bestsellers, wird dabei von Max Planck als »Feind der Wissenschaft« eingestuft. 1920 erfolgt die erste öffentliche Rundfunkübertragung, wobei dieses Instrument der Massenkommunikation sowohl von Mussolini als auch von Hitler intensiv benutzt wird, die sich in den zwanziger Jahren zu rühren beginnen. 1930 erscheint *Der Aufstand der Massen* von José Ortega y Gasset, und Freud beschreibt *Das Unbehagen in der Kultur*. Seit 1932 gibt es Fernsehempfänger mit Kathodenstrahlröhren, und 1934 formuliert Carl Gustav Jung seine Vorstellungen von den *Archetypen des kollektiven Unbewußten*, die Wolfgang Pauli beeindrucken und ihn nach einer Verbindung zwischen Physik und Psychologie suchen lassen. Zwei Jahre später stellt John Maynard Keynes *Die allgemeine Theorie der Beschäftigung, des Zinses und des Geldes* auf, und bald wird es dunkel in Europa. Es kommt zum Zweiten Weltkrieg und mit ihm zum Holocaust. Nach 1946 bekämpfen sich unterschiedliche politische Blöcke in einem kalten Krieg, während der Siegeszug des öffentlichen Fernsehens beginnt und die ersten elektronischen Computer entwickelt werden. George Orwell schreibt *1984* und Simone de Beauvoir *Das andere Geschlecht*. Seit 1952 ist die Theaterwelt von Samuel Becketts *Warten auf Godot* fasziniert, und ein Jahr später wird die Doppelhelix entdeckt. Im selben Jahr (1953) stirbt Stalin, besteigt Königin Elisabeth II. den englischen Thron und erreichen die ersten Menschen den höchsten Gipfel der Erde. Am Ende der fünfziger Jahre konstatiert Charles P. Snow die Trennung der zwei Kulturen, bevor in den sechziger Jahren die Flüge ins Weltall im großen Stil gestartet werden. Zugleich beginnen Bürgerrechtsbewegungen, es kommt verbreitet zu Studentenunruhen, der Feminismus setzt sich durch, eine Pop-Kultur entsteht, und das Bewußtsein für die Umwelt fordert Berücksichtigung. Mit Beginn der siebziger Jahre hört die Fortschrittsgläubigkeit auf. 1972 verkündet der Club of Rome unter Leitung von Dennis Meadows *Die Grenzen des Wachstums*, und Ernst Schumacher empfiehlt ein Jahr später *Die Rückkehr zum menschlichen Maß* unter dem englischen Titel *Small is beautiful*. 1976 feiern die USA den 200. Jahrestag ihrer Unabhängigkeitserklärung (und Frankreich begeht 1989 das 200jährige Jubiläum der Französischen Revolution).

Der innere Rahmen

Diese Einfassung der quantenmechanischen Revolution soll durch einzelne Werke gebildet werden: 1900 Edmund Husserl, *Logische Untersuchungen*, 1901 Henry James, *Die Gesandten*, 1902 William James, *Die religiöse Erfahrung in ihrer Mannigfaltigkeit*, 1903 George Bernard Shaw, *Mensch und Übermensch*, 1904 Hermann Hesse, *Peter Camenzind*, 1905 Max Weber, *Die protestantische Ethik und der Geist des Kapitalismus*, 1906 Selma Lagerlöf, *Nils Holgersson*, 1907 Henri Bergson, *Schöpferische Entwicklung*, 1908 Upton Sinclair, *The Metropolis*, 1909 Gertrude Stein, *Three Lives*, 1910 Jack London, *Burning Daylight*, 1911 Ambrose Bierce, *The Devil's Dictionary*, 1912 C. G. Jung, *Psychologie des Unbewußten*, 1913 D. H. Lawrence, *Söhne und Liebhaber*, 1914 Franz Kafka, *Der Prozeß* (gedruckt 1925), 1915 Ferdinand Saussure, *Grundlagen der allgemeinen Sprachwissenschaft*, 1916 Beginn der Dada-Bewegung, 1917 Rudolph Otto, *Das Heilige*, 1918 Henry Adams, *The Education of Henry Adams*, 1919 John B. Watson, *Psychologie vom Standpunkt eines Behavioristen*, 1920 William Butler Yeats, *The Second Coming*, 1921 Ludwig Wittgenstein, *Tractatus logico-philosophicus*, 1922 James Joyce, *Ulysses*, 1923 Rainer Maria Rilke, *Duineser Elegien*, 1924 Jean Piaget, *Das Erwachen der Intelligenz beim Kinde*, 1925 Thomas Mann, *Der Zauberberg*, 1926 Martin Heidegger, *Sein und Zeit*, 1927 Wilhelm Reich, *Die Funktion des Orgasmus*, 1928 Rudolf

Carnap, *Der logische Aufbau der Welt*, 1929 Virginia Woolf, *Ein Zimmer für sich allein*, 1930 Ernst Cassirer, *Philosophie der symbolischen Formen*.

Max Planck

oder
Der religiöse Revolutionär der Wissenschaft

Max Planck gehört zu den Menschen, vor denen man sich verneigen oder vor denen man zumindest den Hut ziehen sollte. Er war ein aufrechter Mann, dem man nur mit Respekt begegnen kann. Planck war groß als Physiker, und sein Name ist mindestens durch das Plancksche Quantum der Wirkung unsterblich geworden. Er war vorbildlich als Wissenschaftspolitiker, und sein Name wird durch die (seit 1948) nach ihm benannte Gesellschaft in alle Welt verbreitet. Er war überzeugend als Philosoph, wobei sein Name hier das stete Bemühen um ein einheitliches wissenschaftliches Weltbild repräsentiert, dessen Grenzen ihm so selbstverständlich waren wie die Qualität seiner Wissenschaft. In einer Rede als Rektor der Berliner Universität erklärte Planck im Jahre 1913:

»Auch für die Physik gilt der Satz, daß man nicht selig wird ohne Glauben, zum mindesten den Glauben an eine gewisse Realität außer uns.«

Plancks Leben läßt sich auf mannigfaltige Weise einteilen. Es findet zur einen Hälfte im 19. und zur anderen Hälfte im 20. Jahrhundert statt. Der am 23. April 1858 in Kiel geborene und in München aufgewachsene Planck ist zunächst vor allem mit dem Studium der Physik beschäftigt, das er zügig abschließt, obwohl ihm einer seiner Lehrer 1874 den immer wieder zitierten Rat gibt, das Fach zu verlassen, da »grundsätzlich Neues darin kaum mehr zu leisten sein wird«. Im Alter von 21 Jahren promoviert Planck mit einer Arbeit *Über den 2. Hauptsatz der mechanischen Wärmelehre*, dessen besondere Bedeutung in dem Kapitel über Ludwig Boltzmann vorgestellt worden ist, das in *Aristoteles, Einstein und Co.* zu finden ist. Zwar beklagt sich Planck, daß niemand seine Doktorarbeit gelesen habe, aber ein Rebell wird er nicht. Schon 1885 übernimmt er eine Professur für Physik in Kiel, bevor die Universität Berlin ihn 1889 in die Hauptstadt ruft. Hier in Berlin wird er lange bleiben und Karriere machen, erst als Physiker und dann als Organisator der Wissenschaft. Berühmt werden seine *Vorlesungen zur Thermodynamik*, die 1897 erscheinen und viele Auflagen erleben. Berühmt wird auch Plancks *Einführung in die Theoretische Physik*, die zwischen 1916 und 1930 in fünf Bänden herauskommt und das Ende seiner wissenschaftlichen Tätigkeit im engeren Sinne andeutet, für die er vielfach ausgezeichnet worden ist. 1918 erhält Planck den Nobelpreis für Physik, und zehn Jahre später – zu seinem 70. Geburtstag – stiftet die deutsche Wissenschaft die Max-Planck-Medaille, die er selbst als erster entgegennehmen darf.

In den folgenden Jahren publizierte Planck mehr philosophisch orientierte Texte wie die *Wege zur physikalischen Erkenntnis*, und er engagiert sich immer stärker als Wissenschaftspolitiker. Seit 1912 schon fungierte er als ständiger Sekretär der Preußischen Akademie der Wissenschaften, und 1930 wird er – im Alter von 72 Jahren – Präsident der Kaiser-Wilhelm-Gesellschaft, die 1948 – ein Jahr nach Plancks Tod am 10. April 1947 in Göttingen – einen neuen Namen bekommen wird, nämlich seinen.

Tiefe Überzeugung und tiefes Leid

Planck verstand Physik als »Suche nach dem Absoluten«, und er glaubte, diese Wissenschaft bringe Gesetze hervor, die unabhängig vom Menschen absolute Gültigkeit besitzen. Als Student nahm er unter dieser Vorgabe das Prinzip von der Erhaltung der Energie »wie eine Heilsbotschaft« in sich auf. Das Bemühen um solche Zusammenhänge erschien ihm als »die schönste wissenschaftliche Aufgabe«, wobei es für ihn selbstverständlich war, daß man dabei nie an ein Ende kommen würde. Es war doch die Sehnsucht nach dem Suchen der natürlichen Ordnung, »die das schönste Glück des denkenden Menschen bedeutete« und ihm das Bewußtsein verlieh, »das Erforschliche erforscht zu haben und das Unerforschliche ruhig zu verehren«.

Mit diesen Worten zitierte Planck Goethe, dem er sich sowohl gedanklich wie stilistisch verbunden fühlte. Plancks Aufsätze, die sich mit Themen wie *Wissenschaft und Glaube* oder *Kausalität und Willensfreiheit* befaßten, machen bis in die Wortwahl hinein das klassische humanistische Erbe deutlich, das er vertreten und verteidigen wollte. Planck reicht auf diese Weise weit in die europäische Geistesgeschichte zurück, aber er dringt mit seinem wissenschaftlichen und persönlichen Leben auch weit mit ihr nach vorne, wobei es zur Tragik seiner Biographie gehört, daß sein Land weitgehend in Trümmern liegt und die dazugehörige Kultur vernichtet zu sein schien, als er im Alter von fast 90 Jahren in Göttingen stirbt. Die für den Ruin zuständigen Politiker konnte auch der sonst eher zurückhaltend formulierende Planck nur als »Mörderbande«, »Lumpen« und »infame Dunkelmänner« bezeichnen. Sie hatten ihm noch im Januar 1945 unsägliches Leid zugefügt, als sie seinen Sohn Erwin ermordeten, weil er zu den Widerstandskämpfern um Stauffenberg gehört hatte. Es ging Plancks Sohn darum, Pläne für den Aufbau eines Rechtsstaats auszuarbeiten, der nach der nationalsozialistischen Terrorherrschaft auf deutschem Boden errichtet werden sollte.

Mit Erwins Hinrichtung verlor Planck das vierte Kind zu seinen Lebzeiten. Sein erster Sohn war bereits im Ersten Weltkrieg gefallen, und seine geliebten Zwillingstöchter sind beide zwischen 1917 und 1919 im Kindbett gestorben.

Wie hält jemand solch ein Schicksal aus?[2] Wer diese Frage

---

2 Eine Antwort kann auf die Musik verweisen, die Planck benötigte

beantworten will, wird bei Planck vor allem den Hinweis geben müssen, daß er seine eigene Person stets hinter übergeordnete Ideen zurücktreten ließ. Für Planck gehörte das, was man oft hochnäsig bis abwertend als preußisches Pflichtgefühl bezeichnet, zu den bürgerlichen Selbstverständlichkeiten, und er bemühte sich darum bis zur Verleugnung der eigenen Person. Weder scheute er in den Jahren nach dem Ersten Weltkrieg den zweistündigen (!) Fußmarsch zur Arbeit, noch zögerte er, bei Dienstreisen die Nacht auf der Bank eines Wartesaals zu verbringen, wenn durch die Inflation das Geld, das ihm zur Verfügung stand, nicht mehr für ein Hotelzimmer reichte. Daß Planck bei Eisenbahnfahrten niemals die Erste Klasse benutzte, sondern sich in der damals noch angebotenen Dritten Klasse mit den Holzbänken begnügte, sei hier nur am Rande vermerkt.

»In den vierzig Jahren, die ich Planck gekannt habe und in denen er mir allmählich sein Vertrauen und seine Freundschaft geschenkt hat, habe ich immer mit Bewunderung festgestellt, daß er nie etwas getan oder nicht getan hat, weil es ihm selbst nützlich oder schädlich sein könnte.«

So hat Lise Meitner diese Qualität ihres Lehrers einmal beschrieben. Dabei stand die Verbindung zwischen beiden zunächst unter einem eher unglücklichen Stern, nachdem Planck sich früh im 20. Jahrhundert skeptisch gegenüber dem Frauenstudium ausgesprochen hatte. Doch 1912 stellte er Lise Meitner als Assistentin ein, weil er begriff, welche schöpferische Kraft in ihr zum Ausdruck kam. Planck half ihr nun, wo er konnte, wie er überhaupt sich für andere einsetzte, wenn er deren Ta-

wie das tägliche Brot. Sie hat ihm sicher Trost gegeben. Er war ein ausgezeichneter Klavierspieler, der täglich musizierte. Sein Tagesablauf sah nach der wissenschaftlichen Arbeit am Vormittag und vor den politischen Verpflichtungen am Nachmittag immer ausreichend Zeit für Musik vor. Und abends gab es in Plancks Villa im Grunewald oft Hausmusik.

lent erkannt hatte. Dazu gehörte auch Albert Einstein, der bis 1905 als völlig unbekannter Angestellter in Bern auf dem Patentamt arbeitete. Selbst nachdem er seine ersten Arbeiten zur Relativitäts- und Quantentheorie publiziert hatte, blieb Einstein ein obskurer Name im Reich der Physik. Erst Planck hat ihn für die Wissenschaft entdeckt, und zwar gleich doppelt: Zum einen hat sich Planck – als Freund – bereits 1906 darum bemüht, Einstein nach Berlin zu holen, und zum anderen hat er sich – als Wissenschaftler – gleich an die Arbeit gemacht und versucht, mit Hilfe von Einsteins Ideen die klassische Physik Newtons relativistisch zu erweitern (wie es in der Fachsprache heißt).

Trotz der offenkundigen wissenschaftlichen Beweglichkeit schätzte Einstein seinen frühen Förderer Planck leider als stur ein. Der liberale Einstein verstand Plancks konservative Grundhaltung nicht, die ihm weniger demokratisch und mehr aristokratisch zu sein schien. Tatsächlich stand Planck dem allgemeinen Wahlrecht (das es im Kaiserreich in Deutschland noch nicht gegeben hatte) skeptisch gegenüber, denn er sah nicht, wie ein Volk genügend Kenntnisse und Bildung erwerben konnte, um politische Fragen auf der Basis der Vernunft entscheiden zu können.

Die Farben der schwarzen Körper

Es wird Zeit, sich der Physik Plancks zuzuwenden, und Einstein bietet dazu den Einstieg, denn eine seiner Arbeiten aus dem Jahre 1905 machte Gebrauch von einer Entdeckung, die Planck genau im Jahre 1900 gelungen war und die das herrliche Haus der Physik zum Einsturz bringen sollte, an dessen Errichtung Planck bis zu diesem Zeitpunkt höchstpersönlich kräftig mitgeholfen hatte. Planck war ganz zu Anfang des 20. Jahrhunderts zum Revolutionär wider Willen geworden – dabei sah das Problem, mit dem er sich befaßte, eher harmlos aus. Es ging um die Strahlung, die ein schwarzer Körper aussendet, dessen Temperatur erhöht wird. Wie jeder weiß (oder wissen sollte), wird zum Beispiel ein Stück Stahl bei Erhitzung erst rot-, dann gelb- und zuletzt weißglühend, und die Frage an die Wissenschaft lautete, ob und wie das Auftreten dieser Farben erklärt werden kann. Der Ausdruck »schwarzer Körper« meint dabei im Vokabular der Physik einen Gegenstand, der kein Licht reflektiert und dessen Farben somit allein aus seiner eigenen Beschaffenheit verstanden werden müssen.

Warum beschäftigte sich Planck mit den Farben eines schwarzen Körpers und der Frage, wie das, was er ausstrahlte, von seiner Temperatur abhing? Zum einen ging es um das Thema der Umwandlung und Erhaltung von Energie, das die Physik des 19. Jahrhunderts dominiert hatte, wobei in diesem Fall Wärmeenergie (Temperatur) die Form von Strahlungsenergie (Licht) annimmt. Zum zweiten hatten vor allem die Arbeiten von Robert Kirchhoff in Heidelberg gezeigt, daß dieser Vorgang nicht von dem Körper abhängig war, den man betrachtete, sondern daß hier ein universelles physikalisches Gesetz seine Wirkung zeigte. Genau dies hoffte Planck zu finden, wobei der besondere Reiz der Aufgabe darin lag, daß berühmte Kollegen vor ihm etwas angeboten hatten, was man *halbe Gesetze* nennen könnte. Es gab eine Formel für die langen Wellenlängen der roten Farbe, die ein schwarzer Körper bei niedrigen Temperaturen zeigt; es gab eine Formel für die kurzen Wellenlängen der ultravioletten Strahlen, die ein schwarzer Körper bei hohen Temperaturen aussendet; es gab aber keinen Weg, die beiden Ansätze zu einer Einheit zu verbinden.

Die erwähnten Formeln waren unter der Annahme abgeleitet worden, daß das Licht des schwarzen Körpers von seinen Atomen stammte. Doch so selbstverständlich sich dieser Zusammenhang heute aussprechen läßt, so umstritten war die Idee eines atomaren Aufbaus der Materie vor 1900, als unter den Physikern noch heiße Debatten über die Frage stattfanden, ob es Atome wirklich gibt oder nicht. In einem Rückblick auf diese Auseinandersetzungen und in Hinblick auf die sture Haltung vieler Physiker, die sich durch nichts überzeugen lassen wollten, hat Planck einmal folgende bemerkenswerte Formulierung gebraucht, die man als Plancks Prinzip der Wissenschaftsgeschichte bezeichnen könnte:

> *»Eine neue wissenschaftliche Wahrheit pflegt sich nicht in der Weise durchzusetzen, daß ihre Gegner überzeugt werden und sich als belehrt erklären, sondern vielmehr dadurch, daß die Gegner allmählich aussterben, und daß die heranwachsende Generation von vornherein mit der Wahrheit vertraut gemacht ist.«*[3]

Für Planck selbst stand die Realität der (unsichtbaren) Atome außer Frage, und er versuchte ihre Existenz aus beobachtbaren (und damit sichtbaren) Eigenschaften der Dinge abzuleiten. Die für ihn grundlegende Qualität der materiellen Prozesse bestand in dem, was unter Experten als *Irreversibilität* bekannt ist. Damit sind Vorgänge und Abläufe gemeint, die sich nicht vollständig rückgängig machen lassen.

Doch mit dem festen Glauben an die Existenz der Atome war nur der Weg zu der Strahlenformel für schwarze Körper vorgezeichnet, ohne daß eines der Hindernisse überwunden war, die darauf lagen. Wie konnte man sich vorstellen, daß Atome Licht hervorbringen? Klar schien, daß die Aussendung der entsprechenden Strahlen erneut als Umwandlung von Energie zu verstehen war, aber wie wurde aus der Energie der Atome die Energie des Lichts?

Das Quantum der Wirkung

Als Planck im Jahre 1900 vor dieser physikalischen Frage stand, an der viele Physiker vor ihm gescheitert waren, kam ihm die Idee, es mit einem mathematischen Trick zu probieren. Planck sah nämlich, daß die beiden oben erwähnten halben Gesetze zu einem ganzen verbunden werden konnten, wenn er – zunächst als rein rechnerische Hilfestellung – annahm, daß die Energie, die Atome als Licht abgeben, nicht als kontinuier-

---

3 Das Zitat findet sich in einem Text mit dem Titel *Persönliche Erinnerungen aus alter Zeit*, der nach 1946 geschrieben worden ist und sich in verschiedenen Ausgaben der Vorträge von Planck finden läßt.

licher Strom, sondern in Form von diskreten Einheiten entweicht. Konkret ausgedrückt: Planck führte eine Hilfsgröße in die Physik ein, die er – vielleicht deshalb – mit dem kleinen Buchstaben h bezeichnete und die er sobald wie möglich wieder aus den Gleichungen entfernen wollte, was konkret hieß, daß Planck daran dachte, am Ende seiner Bemühungen h langsam, aber sicher gegen Null gehen zu lassen, um so zu dem stetigen Strömen der Energie zurückzukehren, das der klassischen Physik selbstverständlich war. Das kleine h schien ihm so wenig Bedeutung zu haben wie der Buchstabe h in dem Wort »Wahn«. Er brauchte diese Hilfsgröße nur als ein vorübergehendes Mittel, um die beiden Halbgesetze zu der Formel zusammenzuschweißen, deren Vorhersagen perfekt mit den experimentellen Daten übereinstimmten. Übrigens lud Planck die mit diesen Messungen bestens vertrauten Physiker der Berliner Universität eigens zu sich nach Hause ein, um ihre Daten – bei einer Tasse Tee – aus erster Hand zu bekommen und sicher zu sein, hier auch nicht die kleinste Abweichung zu übersehen.

Tatsächlich zeigte sich, daß Planck mit Hilfe seines Parameters h die Farben des schwarzen Körpers so präzise vorhersagen konnte, wie es sich die Physiker des 19. Jahrhunderts erträumt hatten. Doch ein Gefühl des Triumphes wollte sich bei ihm nicht einstellen, denn der Preis für diesen Erfolg war eine Unstetigkeit in der Natur, die durch das kleine h ausgedrückt wurde, das heute als Plancksches Quantum der Wirkung zu den fundamentalen Konstanten der Natur gerechnet wird. Das h tat Planck nämlich nicht den Gefallen, am Ende zu verschwinden. Es drängte sich vielmehr nach und nach in die Mitte der Atomphysik. Es nahm immer offenkundiger physikalische Realität an, es verlangte immer mehr Aufmerksamkeit, und zuletzt zwang es die Physiker, eine völlig neue Physik – die Quantenmechanik – aufzustellen.

Es ist übrigens wichtig sich klarzumachen, daß es nicht die Energie selbst ist, in der sich das Sprunghafte (Quantenhafte) der Natur unmittelbar ausdrückt. Quantisiert (wie man sagt) ist primär das, was die Physiker »Wirkung« nennen, und damit

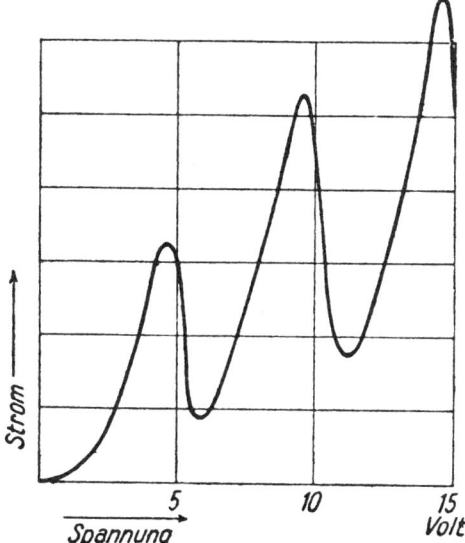

Die Abbildung zeigt den sogenannten Frank-Hertzschen-Stoßversuch, bei dem ein Elektronenstrom durch ein Gas geleitet wird. Er ändert sich unstetig, weil die Gasatome, mit denen die Elektronen zusammenstoßen, deren Energie nicht kontinuierlich übernehmen können. Der Übertrag geschieht vielmehr in Form von Quanten, und das gezeigte Experiment veranschaulicht die Diskontinuitäten der atomaren Vorgänge (Quelle vgl. S. 232).

meinen sie das Produkt aus Energie und Zeit. Wenn man eine so definierte Wirkung mit einer Frequenz multipliziert, hebt sich die Zeit auf, und man erhält eine Energie, und an dieser Stelle bekommt Plancks scheinbar oberflächlicher mathematischer Trick seine tiefe physikalische Bedeutung. Die Energie von Licht läßt sich jetzt nämlich berechnen, wenn man seine Frequenz mit dem Wirkungsquantum h multipliziert. Doch so selbstverständlich dieser Zusammenhang heute benutzt wird, so schockierend war er für die Physiker im frühen 20. Jahrhundert. Denn da sich eine Frequenz schlecht für einen Zeit*punkt* festlegen läßt – man benötigt ein Intervall, um zu zählen –, mußte man annehmen, daß die Energie selbst nicht zu allen Zeitpunkten definiert ist – eine Einsicht, die nur schwer mit dem Satz von der Konstanz der Energie zu vereinbaren war, der zu den Grundpfeilern der Physik zählte und von Planck in jungen Jahren sogar als »Heilsbotschaft« verstanden worden war (wie eingangs zitiert).

Planck kannte diese Schwierigkeiten ganz genau, und er litt darunter, wobei es ihn auch nicht tröstete, daß man ihm dafür den Nobelpreis für Physik verlieh. Als er 18 Jahre nach der Entdeckung des Wirkungsquantums am Ende des Ersten Weltkriegs die Einladung aus Stockholm erhielt,[4] war zwar die physikalische Bedeutung des Quantums deutlicher geworden, doch eine Theorie, die als neue Mechanik die alte von Newton ersetzen konnte, zeichnete sich noch nicht ab. Sie kam erst in der Mitte der zwanziger Jahre zustande, und zwar durch Werner Heisenberg und Erwin Schrödinger (wie in den anschließenden Kapiteln erzählt wird). Bis es soweit war, mußten sich die Physiker mit dem begnügen, was heute die alte Quantentheorie heißt. Sie ist durch die Tatsache charakterisiert, daß man verstanden hatte, dem Wirkungsquantum einen physikalischen Sinn zu verleihen, und daß man alle Versuche aufgegeben hatte, das Wirkungsquantum in die klassische Physik einzubauen (um es so an den Rand zu drängen).

---

4 Die lange Verzögerung erklärt sich durch die Tatsache, daß Alfred Nobel, der Stifter des Nobelpreises, ursprünglich nur vorgesehen hatte, Wissenschaftler auszuzeichnen, die praktische Fortschritte in Physik, Chemie oder der Medizin erzielt hatten. Als Nobel starb (1895), war die Theoretische Physik noch nicht ein Fach, das von sich reden gemacht hatte. Es war vor allem Planck, der – neben Einstein und Bohr – dieser Art der Wissenschaft zur Anerkennung verholfen hat. Daß man in Schweden so lange brauchte, um dies zu verstehen, zeigt ein tiefes Unverständnis der Königlichen Akademie in Stockholm für theoretische Fortschritte in den Naturwissenschaften, unter dem heute vor allem Biologen zu leiden haben. Beiträge zur Theorie der Evolution sind bislang nicht als nobelpreiswürdig zur Kenntnis genommen worden.

Als Meister der alten Quantentheorie ist vor allem Bohr zu nennen. Bohr hatte Plancks Quantum nutzen können, um die wichtigste Sache der Welt zu erklären – die Stabilität der Atome und damit die Stabilität aller Materie.

Die experimentellen Befunde wiesen nach 1910 darauf hin, daß Atome einen positiv geladenen Kern hatten, um den negativ geladene Elektronen kreisten, und die Frage war, wie die Natur verhinderte, daß die Elektronen in den Kern stürzten. Eine Ladung, die sich in einem elektrischen Feld bewegt, strahlt nach den Gesetzen der klassischen Physik Energie ab, und wenn ein Elektron im elektrischen Feld des Atomkerns sich daran hält, konnte es nur dasselbe tun und in den Kern stürzen. Mit anderen Worten: Die Physik konnte nicht erklären, wieso Atome fest bleiben und nicht kollabieren. Das heißt genauer, die Physik konnte es nicht ohne die Hilfe des Quantums, das Planck ihr zur Verfügung stellte. Es legte als Bedingung fest, daß die Energie des Elektrons einen Sprung – den heute sprichwörtlichen Quantensprung – tun mußte, um seine Lage bzw. seinen Zustand zu ändern. Aber für diesen Sprung brauchte es einen Anstoß von außen, und solange der ausblieb, passierte dem Elektron nichts. Dann blieb es auf seiner Bahn um den Kern, das Atom konnte stabil sein – und die Welt mit ihm.

Planck und die Feinde der Wissenschaft

Das eben geschilderte Atommodell geht auf Bohr zurück, und es charakterisiert die alte Quantenversion der Atome, die noch mit anschaulichen Begriffen wie Umlaufbahn operiert. All dies mußte bald aufgegeben werden, was Planck nicht glücklicher machte, was er aber hinnahm, weil die neuen Theorien der wissenschaftlichen Nachprüfung standhielten und er nicht seinem eigenen Prinzip zum Opfer fallen wollte. Aktiv hat er sich an den Entwicklungen der neuen Physik aber nicht mehr beteiligt, denn zum einen ging er auf die siebzig zu, und zum anderen hielten ihn immer mehr politische Verpflichtungen von seiner geliebten theoretischen Physik fern. Man brauchte Planck zum

Beispiel nach dem Ersten Weltkrieg, um die deutsche Forschung wieder in die internationale Gemeinschaft der Wissenschaftler zurückzubringen; man erwartete von ihm, daß er Gelder für die 1920 ins Leben gerufene Notgemeinschaft der deutschen Wissenschaft erst sammelte und dann fair und zukunftsweisend zugleich verteilte. Planck diente seinem Land, wie man es von ihm erwarten konnte; er wirkte konkret im sogenannten Elektrophysik-Ausschuß mit, der unter seinem Einfluß die Theoretische Physik förderte und dabei die große Qualität ermöglichte, die diese Forschungsrichtung in den kommenden Jahren in Deutschland bekommen sollte. Zu den geförderten Physikern gehörte unter anderem Heisenberg, dessen Leben und Leistung im Anschluß hieran zur Debatte steht.

Plancks exponierte Stellung verlangte oftmals deutliche Stellungnahmen von seiner Seite, wobei vor allem seine deutliche Warnung vor dem auffällt, was er das *spirituelle Element* nannte. Er hielt Autoren wie Oswald Spengler und Rudolf Steiner für »Feinde der Wissenschaft«, die er als seine geistigen Gegner betrachtete, weil sie die Schwierigkeiten der Gesellschaft – von ihnen »Krankheiten« genannt – auf die Hinwendung zu technischen Entwicklungen und die Abkehr von spirituellen Praktiken zurückführten. Planck sah in solchen Verkündigungen eben solche Gefahren für die abendländische Kultur wie im aufkommenden Nationalsozialismus. In diesem Fall hoffte er zuerst, die ganze Bewegung unter Hitler sei nur ein Spuk, der rasch verfliegen würde, doch spätestens im Mai 1933 merkte er, daß konkret etwas geschehen müsse. Er bat als Präsident der Kaiser-Wilhelm-Gesellschaft um ein Gespräch mit Hitler, dem Reichskanzler, um ihn auf die Tatsache aufmerksam zu machen, daß die von den Nazis erzwungene Emigration der Menschen jüdischen Glaubens die Wissenschaft in Deutschland ruinieren würde. Doch Hitler zeigte sich verständnislos. Ihn interessierte weder, daß die Wissenschaft ihre führenden Köpfe verlor – er würde auch ohne sie und überhaupt ohne Wissenschaft auskommen –, noch gab er zu, gegen die Juden vorzugehen. Planck mußte sich anhören, wie Hitler sagte, nichts gegen die Juden zu haben, um hinzuzufügen, daß er nur etwas gegen Kommunisten hätte, und alle Juden wären eben Kommunisten. Bei diesem Gespräch – wenn man es so nennen will –, bei dem sich Hitler immer stärker in einen Rausch redete, muß Planck eine Ahnung von dem Ungeist bekommen haben, der in Deutschland nun an der Macht war. Planck blieb aufrecht in dieser Tragödie. Er hoffte bis zuletzt, daß »die wertvollen Schätze ästhetischer und ethischer Art«, die von der Wissenschaft zutage gefördert werden, mehr Einfluß auf die Geschichte der Menschen haben als einzelne Verbrecher. Planck hat selbst dazu am meisten beigetragen, und ich möchte mich vor ihm verneigen.

Werner Heisenberg

oder

Das unbestimmte Genie mit tausend Talenten

Werner Heisenberg war kreativer und ehrgeiziger als alle anderen Physiker seiner Generation. Er war ein Mann von beneidenswerten Talenten, der nicht nur von frühester Jugend spielerisch leicht die Werkzeuge der Mathematik handzuhaben wußte, der nicht nur konzertreif das Piano spielte und die klassische Klavierliteratur umfassend beherrschte, der nicht nur scheinbar mühelos fremde Sprachen erlernen konnte und zum Beispiel in kürzester Zeit in der Lage war, Vorträge auf Dänisch zu halten, der nicht nur ungewöhnlich gute Qualitäten als Skiläufer in schwierigen Abfahrten (fern von den touristisch erschlossenen Pisten) zeigte, der vor allem gute physikalische Ideen nur so aus dem Ärmel zu schütteln schien, der den entscheidenden Durchbruch zur Quantenmechanik im Alter von 24 Jahren schaffte, der deshalb schon als Sechsundzwanzigjähriger Professor für Physik wurde, der danach um weitere Umstürze in seiner Wissenschaft bemüht war und der sich noch vor seinem fünfzigsten Geburtstag mit einer Weltformel an die Weltöffentlichkeit wagte.

Das Unbestimmte

Wenn dieser große Griff letztlich auch ins Leere ging und vergeblich blieb, so ist Heisenbergs Name doch weit über sein Fachgebiet hinaus berühmt geworden, und zwar vor allem durch die sogenannte Unbestimmtheitsrelation, die unter dem (weniger genauen) Namen Unschärferelation in die Alltagssprache eingegangen ist, obwohl sie auf einen eher verwirrenden Aspekt der atomaren Wirklichkeit hinweist. Heisenbergs Relation erfaßt die Tatsache, daß sich nicht alle Eigenschaften eines Objekts von atomaren Ausmaßen mit beliebiger Genauigkeit in einem Experiment messen lassen. Man kann zum Beispiel nicht den Ort und die Geschwindigkeit eines Elektrons *zugleich* ermitteln, wie Heisenberg zum ersten Mal erkannte, als er über die Frage eines Kommilitonen nachdachte, der wissen wollte, warum sich ein Elektron nicht in einem Mikroskop beobachten läßt. Um das Elektron zu lokalisieren – so Heisenbergs Antwort –, müßte eine Strahlung mit sehr kleiner Wellenlänge verwendet werden. Da deren Energie aber nach Planck sehr hoch ist, würde beim Zusammentreffen von Strahlung und Elektron das anvisierte Objekt so gewaltsam aus seiner Bahn geworfen und seine Geschwindigkeit verändert werden, daß deren genaue Bestimmung damit ausgeschlossen ist.

In der skizzierten Weise ist allerdings nur sehr oberflächlich ausgedrückt, was durch die Heisenbergsche Unschärferelation wirklich erkannt wird. Es geht weniger um Ungenauigkeit und mehr um Unbestimmtheit. Es geht in Wahrheit nicht einfach darum, daß sich zwei Eigenschaften eines Elektrons (oder anderer Gegebenheiten der atomaren Sphäre) nicht gleichzeitig messen lassen; schließlich nimmt man in diesem Fall an, daß die anvisierten Eigenschaften einen aktuellen Wert unabhängig davon haben, ob jemand sie messen will. In Wahrheit ist die Sache viel schlimmer, wie Heisenberg erkannte. Tatsächlich besitzt ein Elektron gar keine bestimmte Eigenschaft, bis jemand es auf sie abgesehen hat und sich um deren Messung bemüht. Objekte der atomaren Wirklichkeit sind ohne die auf sie gerichtete Aufmerksamkeit (ohne einen Eingriff) eines Beobachters unbestimmt, und zwar präzise in der Weise, in der es die (mathematisch formulierten) Unbestimmtheitsrelationen angeben. Elektronen halten sich alle Möglichkeiten offen, bevor sie – unter der Vorgabe eines Sub-

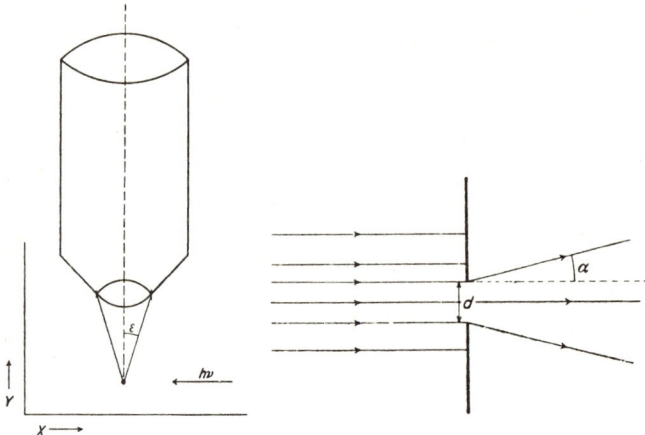

Werner Heisenberg beschreibt in seiner Vorlesung Physikalische Prinzipien der Quantentheorie, die er 1930 gehalten hat, die berühmten Unbestimmtheitsrelationen, die »sich auf den Genauigkeitsgrad« der Kenntnis von physikalischen Größen (Ort, Impuls) beziehen: »Als erstes Beispiel für die Störung der Impulskenntnis durch einen Apparat zur Ortsmessung wählen wir die Ortsmessung durch ein Mikroskop. Das Elektron bewege sich in einem solchen Abstand unter dem Objektiv des Mikroskops, daß der Öffnungswinkel des von dem Elektron ausgehenden gestreuten Strahlenbündels ε beträgt. Die Wellenlänge und Frequenz des auf das Elektron fallenden Lichtes sei λ bzw. ν.« Heisenberg zeigt, daß unter diesen Bedingungen das Produkt aus der Ungenauigkeit der Ortsmessung und der »Unsicherheit des Rückstoßes«, der durch die Streuung eines Lichtquants am Elektron bedingt ist, von der Größenordnung des Planckschen Wirkungsquantums h ist.

Als zweites Beispiel betrachtet Heisenberg die Ortsbestimmung eines Elektrons, dessen Geschwindigkeit völlig bekannt sei: »Wir blenden dann einen Strahl möglicher Elektronenbahnen durch einen Schirm mit dem Spalt der Breite d aus. Geht das Elektron durch den Spalt, so ist offenbar sein Ort in der Richtung parallel zum Schirm mit der Genauigkeit d festgelegt. Repräsentiert man das ankommende Elektron durch eine ebene [Welle], so sieht man jedoch sofort, daß mit dem Ausblenden eines Strahls der Breite d eine Streuung verbunden ist.« Und nun läßt sich erneut mit mathematischer Strenge zeigen, daß die Beträge, um die Impuls und Ort unsicher sind, multipliziert nicht kleiner als h werden können. (Zeichnungen und Zitate aus: Werner Heisenberg, Physikalische Prinzipien der Quantentheorie, Mannheim 1958, S. 16 f.; Abb. S. 225 a. a. O., S. 6.)

jekts in Form des Experimentators – aktuelle Qualitäten annehmen.[5]

Schönheit der Jugend

Als Heisenberg diese von Physikern eher verdrängte und von Philosophen zumeist ignorierte Einsicht gelang, war er noch keine 26 Jahre alt. (Er war am 5. Dezember 1901 in Würzburg geboren worden, hatte seine Jugend aber in München verbracht.) Trotzdem hatte er damit nicht seine erste große Leistung vollbracht, denn die Einsicht, für die er 1933 den Nobelpreis für Physik erhalten sollte, lag damals schon einige Jahre zurück. Ein wesentliches Stück jener bahnbrechenden Erkenntnisarbeit war Heisenberg im Frühjahr 1925 gelungen, wobei ihm ein äußerer Umstand den Weg freigemacht hat. Im Mai des genannten Jahres mußte Heisenberg, der an der Universität Göttingen an seiner Habilitation arbeitete, seinen Dienstherren um Erlaubnis bitten, von seinen Pflichten entbunden zu werden. Er litt unter einer schweren Allergie (Heuschnupfen), und um sich auskurieren zu können, fuhr er auf die (nahezu pollenfreie) Insel Helgoland, wo er in den zwei Wochen seines Aufenthalts kaum schlief. Ein Drittel seiner Zeit – so hat später Heisenbergs Freund und Student Carl Friedrich von Weizsäcker erzählt – lernte Heisenberg Gedichte aus dem *West-östlichen Diwan* von Goethe auswendig, ein zweites Drittel verbrachte er mit Kletterpartien auf den Felsen der Roten Insel, und im letzten Drittel der Zeit bemühte er sich, eine neue Mechanik der Atome zu formulieren,

---

5 Manchmal wird in der wissenschaftlichen Literatur an dieser Stelle von dem *Heisenberg-Schnitt* gesprochen, der den Cartesischen Schnitt kittet bzw. ablöst. René Descartes hatte im 17. Jahrhundert scharf zwischen der Welt des Geistes und der Welt der Dinge unterschieden und damit die Trennung zweier Bereiche vorgenommen, was uns immer noch Probleme schafft. Die Quantenmechanik bindet beide Sphären wieder enger zusammen. Sie mildert die Schärfe des Cartesischen Schnittes, der jetzt völlig anders aussieht und deshalb auch anders heißt.

die von der Existenz des Quantums der Wirkung ausging, das Max Planck entdeckt hatte. Über den entscheidenden Moment hat Heisenberg in seiner Autobiographie *Der Teil und das Ganze* berichtet. Er ging dabei nach einem philosophischen und einem physikalischen Grundsatz vor. Philosophisch hatte sich Heisenberg festgelegt, bei der Beschreibung der Atome nur Eigenschaften zu verwenden, die experimentell zugänglich waren. Das heißt, in seiner Theorie durfte zum Beispiel von den Frequenzen des Lichts, das Atome aussenden, die Rede sein, denn sie konnte man messen; es durfte aber nicht um Bahnen von Elektronen gehen, da sie einer Beobachtung unzugänglich blieben. Physikalisch richtete sich Heisenbergs ganze Aufmerksamkeit auf die Gültigkeit des Energiesatzes, und sein unbeirrtes Festhalten an dieser fast heiligen Säule der klassischen Physik erlaubte ihm eines Abends, »die mir vorschwebende Mathematik«, mit der er die Gesetze der Atome ausdrücken wollte, »widerspruchsfrei und konsistent« zu entwickeln. Auf dem Papier vor ihm nimmt auf einmal und zum ersten Mal das Form an, was heute als Quantenmechanik an den Universitäten gelehrt wird und was sich als unendlich erfolgreich und folgenreich erwiesen hat. Als Heisenberg die mathematische Gestalt der neuen Atomphysik wahrnimmt, passiert folgendes:

> *»Im ersten Moment war ich zutiefst erschrocken. Ich hatte das Gefühl, durch die Oberfläche der atomaren Erscheinungen hindurch auf einen tief darunter liegenden Grund von merkwürdiger innerer Schönheit zu schauen, und es wurde mir fast schwindlig bei dem Gedanken, daß ich nun dieser Fülle von mathematischen Strukturen nachgehen sollte, die die Natur dort unten vor mir ausgebreitet hatte. Ich war so erregt, daß ich an Schlaf nicht denken konnte.«*

Nüchtern gesagt hatte Heisenberg bei diesem Erlebnis entdeckt, daß sich die grundlegenden Gleichungen für die Atome und ihre Bausteine nicht formulieren lassen, wenn man wie in der klassischen Physik vorgeht und zum Beispiel die physikalischen Größen Energie und Impuls als Zahlen behandelt. Heisenberg sieht vielmehr, daß sich die Welt des Mikrokosmos nur erfassen läßt, wenn man die physikalischen Größen in kompliziertere Gebilde übersetzt und ihnen zwei Dimensionen zugesteht, die in Form von Spalten und Säulen angeordnet werden. Solche Darstellungen werden von Experten mit dem viel verwendeten Begriff der *Matrizen* bezeichnet. Das Besondere ist nun, daß zwar den Mathematikern längst bekannt war, was Matrizen (auf ihrem Gebiet) sind und wie man mit ihnen umgeht, daß Heisenberg selbst diese Gebilde aber nicht kannte, bis seine Phantasie sie ihm offenbarte. Was Heisenberg auf Helgoland gelingt, entspricht dem Auffinden einer neuen Form, etwas, was im Bereich der Kunst als kreativer Akt bezeichnet wird. Mit anderen Worten, bei der Entdeckung der Quantenmechanik ist es so kreativ zugegangen wie bei der Schaffung eines Kunstwerks. Heisenberg bringt eine neue Physik auf dieselbe Weise hervor, mit der ein Künstler einen neuen Malstil entwirft, und daher ist es kein Wunder, daß er dabei auf die Schönheit der Natur zu sprechen kommt. Ihr tritt er gegenüber, und er erkennt die Wahrheit.

Der Weg nach Kopenhagen

Nachdem Heisenberg dieser Schritt zu einem neuen wissenschaftlichen Stil gelungen war, kehrte er nach Göttingen zurück, um die gewonnenen mathematischen Strukturen gemeinsam mit seinem Lehrer Max Born und dessen Assistenten Pascual Jordan zu veröffentlichen, die sich beide mit Matrizen auskennen und dem intuitiv Geschauten die strenge Formulierung geben, die heute in den Lehrbüchern zu finden ist. Dabei entsteht die sogenannte Dreimännerarbeit,[6] die zum Vorbild vieler wissenschaftlicher Publikationen geworden ist.

6 Max Born, Werner Heisenberg und Pascual Jordan, in der *Zeitschrift für Physik* 35, 557 (1926); Heisenbergs früher Entwurf *Über quantentheoretische Umdeutung kinematischer und mechanischer Beziehungen* ist erschienen in der *Zeitschrift für Physik* 33, 879 (1925).

Göttingen spielt in der Geschichte der Quantenmechanik eine große Rolle. Heisenberg war 1922 zum ersten Mal in diese Universitätsstadt gekommen, um die Vorlesungen zum damals aktuellen Stand der Quantentheorie zu hören, die Niels Bohr vor den Göttinger Mathematikern halten sollte. Der junge Heisenberg war aus München gekommen, wo er bei Arnold Sommerfeld Physik studierte. In seiner Jugend- und Studienzeit führte Heisenberg – wie viele junge Leute damals – ein naturverbundenes Leben mit Lagerfeuer, Zelten und Kochgeschirr, bei dem sich die Teilnehmer gegenseitig darin übertrumpften, die Unabhängigkeit ihrer Meinung zu demonstrieren. Bei diesen Gesprächen der Jugendlichen kam eine Wildheit des Denkens zum Vorschein, die sich Heisenberg mit den Wirren der Zeit erklärte. Der Erste Weltkrieg hatte der nachwachsenden Generation vollends das genommen, was Heisenberg den Glauben an »die zentrale Ordnung« oder »die wirksame Mitte« nennt. Solch eine Instanz mußte wiedergefunden werden, und Heisenberg schienen die Naturwissenschaften der beste Ort dafür zu sein; vielleicht gab es hier sogar die Möglichkeit, »der Wahrheit gegenüberzutreten«. Das Erlebnis seiner Jugend bestand darin, daß auf sich alleine angewiesen war, wer nach neuen Ufern aufbrechen wollte. Heisenberg hatte dabei den Vorteil, von Anfang an sicher sein zu können, daß seine Geisteskräfte reichten, um stets ganz vorne zu sein und meist sogar als erster anzukommen.

Sein Lehrer Sommerfeld erkannte rasch die Begabung Heisenbergs, weshalb er ihn auch nach Göttingen schickte, als Bohr dort seine berühmte Vorlesungsreihe hielt, die als »Bohr-Festspiele« in die Geschichte der Physik eingegangen sind. Heisenberg gehörte zu den jüngsten Zuhörern in dem zwar riesigen, aber hoffnungslos überfüllten Saal, und er mußte sich zudem eher winzig zwischen all den berühmten Professoren vorkommen. Trotzdem stellte er selbstbewußt eine kritische Frage. Er wagte es sogar, Bohr zu widersprechen, und er brachte den großen Mann in leichte Verlegenheit. Bohr reagierte allerdings eher neugierig, und er lud den jungen Unruhestifter zu einem Spaziergang ein. »Dieser Spaziergang«, so Heisenberg in seiner Autobiographie, »hat auf meine spätere Entwicklung den stärksten Einfluß ausgeübt, oder man kann vielleicht besser sagen, daß meine eigentliche Entwicklung erst mit diesem Spaziergang begonnen hat.«

Was hier als physikalisch-philosophisches Gespräch zwischen dem damals fast vierzigjährigen dänischen Nobelpreisträger und dem gerade zwanzigjährigen deutschen Studenten beginnt, entwickelte sich zu einer wissenschaftlichen Zusammenarbeit mit überragendem Erfolg, die zunächst durch menschliche Nähe und tiefe Gemeinsamkeit geprägt ist, um schließlich in einem unmenschlichen politischen Rahmen mit übermenschlichen Aufgaben entsetzlich zu scheitern. Das Wechselspiel von Bohr und Heisenberg bietet umfassend literarischen Rohstoff, und es scheint, daß man ihm nur in Form der Dichtung oder einer anderen Kunstform adäquat oder wenigstens nachvollziehbar beikommen kann.[7]

In den ersten Jahren ist das Verhältnis reines und ungetrübtes Glück, vielleicht von der Sorte, wie es ein Vater und sein Sohn erfahren können, wenn beide in dieselbe Richtung wollen und Großes nicht nur gelingen kann, sondern auch bald zustande kommt. Es dauert nicht lange, bis Bohr Heisenberg nach Kopenhagen einlädt, und beide zusammen sorgen dafür, daß Bohrs dortiges Institut zu dem Ort wird, an dem die neue Physik in ihren philosophischen Dimensionen erfaßt und verstanden wird. Im Wechselspiel des sich immer in höchster Erregung befindenden jungen Ideenproduzenten Heisenberg mit dem die Tiefe und Weite des Gedanken auslotenden, ebenso geduldigen wie unermüdlichen Bohr wird der wichtigste philosophische Fortschritt des 20. Jahrhunderts zum belebenden Ereignis.[8] Selbst heute noch wird von der prägenden Kraft der Kopenhagener Deutung der Quantentheorie gesprochen, wo-

---

[7] In diesen Tagen gibt es einen ersten Versuch. Der britische Dramatiker Michael Frayn bringt in seinem Theaterstück *Copenhagen* Bohr und Heisenberg auf die Bühne (Methuen Drama, 1998).

[8] Die Philosophie der Quantenmechanik wird unten zur Sprache kommen, wenn es um Wolfgang Pauli geht (vgl. S. 257).

bei es seltsam auffällig ist, daß es keinen gemeinschaftlichen Text von Bohr und Heisenberg gibt, der maßgeblich für die Interpretation der Quantenwirklichkeit wäre und die unmißverständliche Deutung enthalten würde.[9]
Die wesentliche Botschaft aus Kopenhagen steckt in einer die persönliche Situation widerspiegelnden Zweiteilung der Dinge, die zum Beispiel das Licht als Welle *und* als Teilchen sieht; die in der Physik das diskrete Quantum gleichberechtigt neben das kontinuierliche Kraftfeld stellt; die das qualitative Analysieren im Stil von Bohr ebenso zuläßt wie das mathematische (quantitative) Denken im Stil von Heisenberg. Aber die Kopenhagener Deutung geht sehr viel weiter, und ihre zentrale Ordnung, so scheint es, muß jeder für sich selbst ergründen, auch wenn sich alle Hinweise bei Bohr und Heisenberg finden lassen. In den fünfziger Jahren hat Heisenberg in seinem Buch *Physik und Philosophie* zusammengefaßt, was er unter einem Aspekt der Kopenhagener Deutung versteht: Sie

»beginnt mit einem Paradoxon. Sie fängt mit der Tatsache an, daß wir unsere Experimente mit den Begriffen der klassischen Physik beschreiben müssen, und gleichzeitig mit der Erkenntnis, daß diese Begriffe nicht genau auf die Natur passen. Die Spannung zwischen diesen beiden Ausgangspunkten ist für den statistischen Charakter der Quantentheorie verantwortlich.«

---

9 1963 hat der Wissenschaftshistoriker Armin Hermann in der Reihe *Dokumente der Naturwissenschaft* (Battenberg Verlag, Stuttgart) unter dem Titel *Die Kopenhagener Deutung der Quantentheorie* die beiden Publikationen herausgegeben (und mit einem Nachwort versehen), die zentral für dieses Thema sind. Es ist Heisenbergs Arbeit *Über den anschaulichen Inhalt der quantentheoretischen Kinematik und Mechanik*, die in der *Zeitschrift für Physik* 43, 172 (1927) erschienen ist, und Bohrs Arbeit über *Das Quantenpostulat und die neuere Entwicklung der Atomistik*, die in den *Naturwissenschaften* 16, 245 (1938) erschienen ist.

Er fährt dann fort mit dem Hinweis, daß eine Meßanordnung von einem Beobachter konstruiert und vorgegeben wird und dadurch ein subjektives Element in die Beschreibung der atomaren Vorgänge kommt:

> »*Wir müssen uns daran erinnern, daß das, was wir beobachten, nicht die Natur selbst ist, sondern Natur, die unserer Art der Fragestellung ausgesetzt ist.*«

Damit rückt der Beobachter näher an die Natur heran, und der alte Schnitt von Descartes, der die Dinge vom Denken trennte, wird durch den neuen Heisenberg-Schnitt gemildert.

Der Unpolitische in der Politik

Als Heisenberg *Physik und Philosophie* schreibt, ist der Zweite Weltkrieg schon Vergangenheit, der sein Verhältnis zu Bohr nahezu vollständig ruiniert hat. Auf die für beide erfolgreichen und glücklichen Jahre fallen erste Schatten aber schon früher, nämlich um 1927, als sie sich dem eigentlichen Höhepunkt ihrer gemeinsamen Erkenntnissuche nähern. Zu Beginn des Jahres kommt es nach zahlreichen Diskussionen über die eigenartige Quantenwirklichkeit zur völligen Erschöpfung der Teilnehmer. Als Bohr zu einem Urlaub nach Norwegen aufbricht, hat Heisenberg zwar seinen Teil der Kopenhagener Deutung, die Unbestimmtheitsrelation, schon abgeleitet, doch sagt er Bohr zu, das entsprechende Manuskript erst nach dessen Rückkehr zur Veröffentlichung einzureichen. Leider hält sich Heisenberg, der Bohrs unendlich sorgfältiges Abwägen und seine umständlichen Umformulierungen kaum noch für nützlich erachtet, nicht an diese Vereinbarung, und es kommt zu ersten Irritationen zwischen den beiden.

Die angedeutete innere Schwierigkeit erscheint im Rückblick harmlos im Vergleich zu den Bedrückungen und Belastungen, die Heisenberg und Bohr bald bevorstehen und von außen auf sie zukommen. Der Grund für die zunehmenden Schwierigkeiten der Freundschaft steckt in der Politik. Die Quantentheorie entsteht in den Jahren der Weimarer Republik, einer »Demokratie ohne Demokraten«.[10] Aufgrund dieser Schwäche und ungehindert von einer zerbröckelnden Adelsschicht steigen die Nationalsozialisten ab den dreißiger Jahren zur starken politischen Kraft in Deutschland auf, und die Folgen von Gewaltherrschaft und Terror bekommen bald alle zu spüren, die sich nicht gesinnungstreu zeigen und den amtlich verordneten Judenhaß teilen. Als Heisenberg es zum Beispiel nach 1933 wagt, die Theorien des Juden Einstein gegen eine sogenannte *Deutsche Physik* zu verteidigen, wird er in den Nazi-Zeitungen als »weißer Jude« beschimpft, wodurch seine wissenschaftliche Karriere in akute Gefahr geriet. Es bedurfte einer besonderen Intervention seiner Mutter, um hier Abhilfe zu schaffen. Frau Heisenberg kannte die Mutter von Heinrich Himmler und konnte sich so auf indirektem Weg an den Chef der Gestapo wenden und um Verständnis für ihren Sohn bitten.

Es ist bekannt, wie sehr die deutsche Forschung nach 1933 ausgeblutet wurde und wie mühsam wissenschaftliches Leben unter den Nazis war. Entsprechend oft ist die Frage gestellt worden, warum sich Heisenberg während der Herrschaft der Nationalsozialisten nicht entschließen konnte, sein Heimatland zu verlassen. Angebote – unter anderem von Universitäten aus den USA – lagen genug vor.

Hierzu gibt es viele gute Antworten von Heisenberg selbst – etwa die, daß andere die amerikanischen Jobs dringender brauchten als er oder daß er seine Mitarbeiter nicht im Stich lassen wollte, vor allem aber die, daß er sich um seine rasch wachsende Familie kümmern mußte. Sie gab es seit 1937, als Heisenberg Elisabeth Schumacher geheiratet hatte (die viel später, 1980, einer Biographie ihres Mannes den Titel *Das politische Leben eines Unpolitischen* gab und ihn dadurch treffend charakterisierte). Heisenberg konnte sich seine Familie – das

---

10 Es gibt Historiker, die vermuten, daß eine so verrückte Sache wie die Quantenmechanik nur in einer so verrückten Zeit wie den zwanziger Jahren entstehen konnte, die ihrerseits dem verrückten ersten Jahrzehnt des Jahrhunderts folgte.

Paar bekam sieben Kinder – nur in Deutschland vorstellen, und er hatte für sie in seinen geliebten bayerischen Bergen – in Urfeld am Walchensee – den Ort gefunden, den er für den schönsten der Welt hielt.

Zum Thema Drittes Reich gibt es aber nicht nur klärende, sondern leider auch viele ungeschickte Bemerkungen von Heisenberg, die vor allem im europäischen Ausland für Unverständnis gesorgt haben. Heisenberg scheint bei einem Vortrag in den Niederlanden die anfänglichen deutschen Kriegserfolge mit dem Hinweis kommentiert zu haben, es komme ihm nicht wie eine Katastrophe vor, wenn es ein Europa gäbe, das unter deutscher Vorherrschaft stünde. Natürlich hat Heisenberg dabei nicht an die braune Barbarei gedacht – aber die Menschen, die in den von den deutschen Truppen besetzten Ländern lebten, konnten über solche Äußerungen nur verbittert oder verärgert sein.

Das eigentliche Drama unter den Wissenschaftlern – und besonders zwischen Bohr und Heisenberg – entfaltete sich, als im Jahre 1938 die Kernspaltung entdeckt worden war und den Physikern rasch und eindringlich klar wurde, daß man Kernreaktoren und Atombomben bauen könnte. Zwar zeigte sich bald, daß sich mit dem Uran, das in der Natur vorkommt, keine Atombomben konstruieren lassen, aber die Frage, ob und wie sich die reaktions- und explosionsfähige Variante des Urans (das Isotop mit der Ordnungszahl 235) herstellen bzw. anreichern lasse, hat in den ersten Kriegsjahren sicher auch einige deutsche Physiker beschäftigt. Die immer noch viele Historiker zur Verzweiflung treibenden Fragen lauten, welche Rolle Heisenberg dabei gespielt hat und welche Strategie er insgesamt in Hinblick auf eine Atombombe in seinem Kopf verfolgte. Wollte Heisenberg sie nicht bauen oder konnte er sie nicht bauen? Hat er zu verhindern versucht, daß man sie baute? Wie genau und intensiv hat er sich um die Physik der Kettenreaktion gekümmert, die für eine Atombombenexplosion notwendig ist?

Die Zahl der Bücher und Aufsätze zu diesem Thema ist schon groß, und sie wird weiter wachsen, wobei im Mittelpunkt der Aufmerksamkeit das sehr merkwürdige Gespräch steht, das zwischen Bohr und Heisenberg im Herbst 1941 stattfand, als Heisenberg erstens nach langer Abwesenheit und zweitens mitten im Krieg wieder in Kopenhagen auftauchte. Aus welchem Grund ist er überhaupt nach Dänemark gekommen, wo das Land doch längst von deutschen Truppen besetzt war? Wer hat ihm die Reiseerlaubnis erteilt? Und wem mußte er nach der Rückkehr über seine Gespräche berichten?

Über den Ereignissen liegt ein dichter Nebel, der sich mit den derzeitigen Dokumenten nicht vertreiben läßt und entsprechend politisch denkenden Menschen viel Raum gibt, ihrer Phantasie freies Spiel zu lassen. Unklar bleibt vor allem die Rolle, die Carl Friedrich von Weizsäcker als junger Mann aus prominenter Familie im Hintergrund gespielt hat. Es ist bekannt, daß er in aller Naivität meinte, den Führer führen zu können, wenn man ihm erklärte, was eine Atombombe könne. Natürlich läßt sich heute darüber nur entsetzt lachen; aber ebenso naiv scheint Heisenberg in diesen Dingen gewesen zu sein, und niemand weiß, was der Diplomatensohn von Weizsäcker ihm in dieser Lage geraten hat.

Leider hat Heisenberg selbst in seinen Erklärungen nur versucht, sich aus der Sache zu schleichen. Er macht es sich an dieser Stelle sehr leicht, wenn er berichtet, zunächst eher überraschend von der deutschen Botschaft zu einem Vortrag eingeladen worden zu sein, um dann aber die Gelegenheit nicht verstreichen zu lassen, »mit Niels über das Uranproblem zu sprechen«, wie es in der Autobiographie heißt. Rechnete der inzwischen 40jährige Heisenberg immer noch damit, als Sohn Gehör und Verständnis beim Vater der Atomphysik zu finden, dessen Land von deutschen Soldaten besetzt war und dessen Familie in höchster Gefahr schwebte?

Das Gespräch beginnt in Heisenbergs Erinnerungen auf die schlimmste Weise: »Ich versuchte Niels anzudeuten«, wie es wörtlich in der Autobiographie heißt, »daß man grundsätzlich Atombomben machen könne.« Punkt.

Wie außer durch blankes Entsetzen konnte Bohr darauf reagieren? Er wußte doch, wie ehrgeizig und genial zugleich Heisenberg war, und das konnte – in Bohrs Sicht – nur heißen, daß seinen berühmtesten deutschen Schüler weder wissenschaftliche noch andere Schwierigkeiten hindern würden, den Weg bis zum explosiven Ende zu gehen und er sich besonders darum bemühen würde, vor allen anderen Physikern ans Ziel zu kommen.

Bohr scheint jedenfalls leichenblaß und höchst beunruhigt von dem Gespräch nach Hause zurückgekehrt zu sein, das aus Angst vor der Gestapo bei einem Spaziergang entlang der Langen Linie im Kopenhagener Hafen geführt worden war. Als historische Tatsache läßt sich festhalten, daß es nun nicht mehr lange dauern sollte, bis erstens Bohr aus seiner Heimat floh und bis zweitens in den USA das Programm in Gang gebracht wurde, das nur ein Ziel hatte, nämlich effektiv eine Atombombe zu konstruieren, und zwar noch bevor sie den Nazis zur Verfügung stand.

»Ordnung der Wirklichkeit«

Um Heisenberg wird es jetzt einsam. Einem 1942 geschriebenen Text, der zunächst nur an ausgewählte Freunde verschickt und erst ein halbes Jahrhundert später unter dem Titel *Ordnung der Wirklichkeit* publiziert wurde, merkt man die tiefe Trauer an, die Heisenberg befallen hat und den Unpolitischen niederdrückt. Er hatte »sein Leben für die Aufgabe bestimmt, einzelnen Zusammenhängen der Natur nachzugehen«, und ihm war das »Forschen nach einzelnen Naturgesetzen ein unendlich spannendes Spiel« gewesen, das ihn auch deshalb glücklich gemacht hatte, weil er seine Abläufe besser als alle anderen beherrschte.[11] Es waren die Regeln der Vernunft und der Rationalität. Die Philosophie Platons, die Heisenberg so sehr kannte und verehrte, enthielt die Feststellung, daß da-

---

11 Heisenberg hat eine erste Quantentheorie des Ferromagnetismus entworfen, das erste Proton-Neutron-Modell für einen Atomkern vorgeschlagen, eine erste Theorie des Positrons vorgelegt, als erster den sogenannten Isospin eingeführt, und so weiter und so fort.

bei nur das Gute entstehen könne. Das Rationale war jahrhundertelang identisch mit dem Guten gewesen, doch diese Grundüberzeugung abendländischer Ethik war nun endgültig zerbrochen. Die Möglichkeit der Forscher, mit rationalen wissenschaftlichen Methoden eine Atombombe zu bauen, die dann gegen Menschen eingesetzt wurde, änderte diese Situation vollständig. Heisenberg spürte, daß den Menschen »die stärkste Gefahr von der Verwechslung der bösen und guten Mächte« drohte. Das Bedrohliche dieser neuen Situation rührte daher, daß die politische Macht, die das Zusammenleben der Menschen organisiert, oft genug »durch Verbrechen begründet worden ist«, wie er trotz der damit verbundenen Gefahr 1942 deutlich anmerkt. Er spricht die Hoffnung aus, daß sich trotz aller Widrigkeiten der zentrale Bereich der Wissenschaft finden läßt, in dem »nicht betrogen werden *kann*« und in dem nicht die Menschen selbst zu entscheiden haben, sondern Gott. Nur dann – so schreibt Heisenberg – »ist wohl auch die Gefahr nicht allzu groß, die dadurch heraufbeschworen wird, daß wir die Kräfte der Natur in viel höherem Maße beherrschen als frühere Zeiten«.

Über das Atom hinaus

Nach dem Zweiten Weltkrieg verläuft Heisenbergs Leben in ruhigeren Bahnen. Sein früher Traum, den revolutionären Sprung, der beim Übergang von der Welt der sichtbaren Dimensionen in die Welt atomarer Größenordnungen nötig wurde, wiederholen zu können, wenn es um den Übergang von der Außenseite der Atome zu ihrer Innenseite geht – also zu den Kernkräften –, dieser Traum erfüllte sich nicht. Auch als er seiner Aufmerksamkeit eine andere Richtung gibt und das verbindende Element zwischen einer Theorie der Atome und einer Theorie des Kosmos sucht, gelingt kein Wurf, der sich mit den Erfolgen seiner Jugend messen kann. (Das angehende Medienzeitalter verulkt eher ungläubig seine »Weltformel«.)

Heisenberg übernimmt politische Verpflichtungen wie den Vorsitz der Kommission für Atomphysik, die von der Deutschen Forschungsgemeinschaft eingerichtet wird. Er tritt öffentlich in Erscheinung, so 1957, als die »Göttinger 17« sich in einer Erklärung gegen die Aufrüstung der Bundeswehr mit Atomwaffen wenden.[12] Er nimmt sich aber vor allem Zeit, um sich allgemeinverständlich über seine Wissenschaft zu äußern, und dabei entstehen so wunderbare Texte, daß man sich ein knappes Jahrzehnt nach seinem Tod im Jahre 1976 entschließt, sie als *Gesammelte Werke* herauszugeben. Heisenberg ist zum ersten Klassiker der modernen Physik geworden.

In einem seiner schönsten Texte geht es um *Sprache und Wirklichkeit in der modernen Physik*. Darin macht er deutlich, was eingangs erwähnt worden ist, daß nämlich in der Quantentheorie

»der Begriff der Möglichkeit, der in der Philosophie des Aristoteles eine so entscheidende Rolle gespielt hat, wieder an eine zentrale Stelle gerückt worden ist«.

Heisenberg betont, daß man »die mathematischen Gesetze der Quantentheorie geradezu als eine quantitative Fassung dieses Aristotelischen Begriffs der ›Dynamis‹ oder ›Potentia‹ auffassen« könne.

Da ist sie wieder, die zentrale Stelle, die Heisenberg sein Leben lang umkreist hat. Er hat sie sicher gekannt und erlebt, auch wenn er bei der Suche nach ihr manchmal ein wenig zu viel erreichen wollte. Ihm standen dabei jedenfalls mehr Möglichkeiten offen als den meisten von uns. Sie haben ihn wenigstens für Augenblicke glücklich gemacht.

---

12 Die »Göttinger 17« sind eine Anspielung auf die »Göttinger 7« (die vergeblich auf Gauß gewartet haben; vgl. S. 113).

Erwin Schrödinger

oder
Die Fortsetzung der Philosophie
mit anderen Mitteln

Erwin Schrödinger ist wahrscheinlich der Wissenschaftler, dessen Name in der wissenschaftlichen Welt von Studenten und Nobelpreisträgern am häufigsten ausgesprochen und zitiert wird. Dies liegt zum einen an »Schrödingers Katze«, der inzwischen schon zahlreiche Bücher gewidmet worden sind und mit der Schrödinger 1935 auf eine ihm unsinnig erscheinende Konsequenz der Quantentheorie hinweisen wollte. Und dies liegt zum zweiten an der berühmten Schrödinger-Gleichung, die im Zentrum der Quantentheorie steht und die sowohl eleganter als auch einfacher verwendbar als alle anderen Formulierungen der neuen Atomphysik ist. Schrödinger war fast vierzig Jahre alt, als er diese grundlegende Gleichung 1926 zu Papier brachte, und am Anfang dieses Aufstiegs zur Weltberühmtheit stehen Skiferien, die er zu Weihnachten 1925 im schweizerischen Arosa verbrachte. Schrödinger war von Zürich aus in die Berge gefahren, wo er seit 1921 den Lehrstuhl für Theoretische Physik innehatte. Dabei ist anzumerken, daß es nicht seine Frau Annemarie war, mit der er die Reise antrat. Schrödinger nahm lieber eine gute alte Freundin mit. Er hat seinen Biographen insgesamt viele Gelegenheiten gegeben, von einem großen Frauenhelden zu berichten, und er hat nur uneheliche Kinder gezeugt – unter anderem damals in Arosa, als er in die Welt der Quanten eindrang.

Wellen im Atom

So schön die Ferienzeit auch war – selbst die Berge, der Schnee und das Weihnachtsfest zusammen vermochten es im Winter 1925 nicht, Schrödingers Gedanken völlig von der Physik abzuziehen. Zu sehr ärgerte er sich über die entsetzliche Matrizenmechanik, die aus Göttingen gemeldet und in Kopenhagen akzeptiert wurde und für die vor allem der junge Heisenberg verantwortlich zeichnete. Die Quantenspringerei widerte Schrödinger an. Ihm kam das Wort »ekelhaft« in den Mund, und er fühlte sich abgestoßen von dieser neuen Physik. Sein ganzer Ehrgeiz zielte darauf, sie abzuschaffen und zu der gewohnten klassischen Form zurückzukehren. Schrödinger sah auch, wie er diesem ästhetischen Motiv von einem festen physikalischen Grund aus nachgehen konnte. Er wollte versuchen, die Bewegung eines Elektrons in einem Atom als Welle zu erfassen, und er hoffte, die diskreten Zustände, die Elektronen dabei einnehmen können, als dieselben stehenden Wellen erklären zu können, die man etwa von den Saiten einer Violine kennt, die auch von einem Ton zu einem anderen springen, ohne daß irgendwelche Zwischenklänge ans Ohr dringen.

Ausgangspunkt seiner Überlegungen war der Vorschlag des jungen Franzosen Louis de Broglie, der in seiner Doktorarbeit 1924 vorgeschlagen hatte, mit der Materie so umzugehen wie Einstein mit dem Licht. 1905 war von Einstein erkannt worden, daß Licht eine doppelte Natur besitzt. Es kann nicht allein als Welle aufgefaßt werden, man muß ihm vielmehr zusätzlich Teilcheneigenschaften zuschreiben, und zwar genau die, die Planck mit seinen Quanten vorgegeben hatte. Was dem Licht recht war, sollte der Materie billig sein, dachte de Broglie unbekümmert, obwohl die Physiker wußten, daß Elektronen eine Masse haben. Zwar konnte sich niemand im Detail vorstellen, wie sie als Welle in Erscheinung treten können, aber de Broglie trug diese Idee trotzdem vor, um Licht und Materie symmetrisch behandeln zu können – und die nachfolgenden Experimente gaben ihm triumphal recht.

Schrödinger war vor allem von dem ästhetischen Argument

begeistert. Er setzte sämtliche Hebel in Bewegung, um die Doktorarbeit aus Paris zu bekommen,[13] und mit Hilfe des darin ausgebreiteten Vorschlags gelang es ihm tatsächlich, eine Gleichung für den elektronischen Umlauf in einem Atom aufzustellen, die mathematisch die Bewegung einer Welle erfaßt – eben die Wellengleichung, die heute nach Schrödinger benannt ist.

Doch so schön dieses Ergebnis auch war – zu seinem erneuten Entsetzen mußte Schrödinger erkennen, daß das, was sich da in Raum und Zeit veränderte, keineswegs etwas aus der Welt der konkret greifbaren Realität war. Seine Wellengleichung beschrieb überhaupt keine tatsächliche Wellenbewegung in einem Atom. Sie erfaßte vielmehr ein Gebilde mit imaginären Dimensionen.[14] In dieser unanschaulichen und unwirklichen Welt ging zwar alles so stetig und mathematisch bestimmt zu, wie sich Schrödinger dies erträumt hatte, doch das traf nicht mehr zu, wenn man sich von dort in die physikalische Wirklichkeit mit ihren relevanten und meßbaren Größen aufmachte. Zu seinem besonderen Ärger mußte Schrödinger zu guter Letzt sogar noch feststellen, daß seine Wellenmechanik dieselben Vorhersagen über die atomaren Qualitäten machte wie die Gleichungen von Heisenberg und also mathematisch äquivalent zu ihnen war. Nun hatte er zwar aus der Sicht der Physiker einen großen wissenschaftlichen Triumph erzielt, für den ihm 1933 der Nobelpreis für Physik verliehen wurde, aber in seinen eigenen Augen hatte er vor allem eine philosophische Niederlage erlitten, und eine besondere Befriedigung wollte sich lange Zeit nicht einstellen.

13 Es ist immer schwer, an Doktorarbeiten zu kommen. Es ist besonders schwer, an französische Doktorarbeiten heranzukommen, und es könnte sein, daß Schrödinger hierbei mehr Arbeit hatte als bei der Ableitung seiner Gleichung.
14 Der Ausdruck »imaginär« ist streng mathematisch gemeint, und das heißt, daß die Schrödinger-Gleichung nicht mehr stimmt, wenn es nur um die reellen Zahlen geht. Ohne den von Cardano entdeckten Imaginärteil (vgl. oben S. 37) ist die reale Welt nicht beschreibbar – ein Satz, der mehr fragt als antwortet und der mehr verblüfft als beruhigt. So ist sie aber, die Quantenmechanik.

Schrödingers Katze

Bei dem anschließenden fast zehnjährigen Bemühen, mit den Quanten und der imaginären Beschreibung ihrer realen Existenz ins reine zu kommen, hat Schrödinger zuletzt einen Begriff und ein Bild geprägt, die beide maßgeblich geworden sind für das Verständnis der Atomphysik bzw. für den Umgang mit ihr.

Das Bild zuerst: Es stellt Schrödingers Katze dar, die in einem Kasten eingesperrt ist, in dem sich zusätzlich radioaktives Material befindet. Bei einem nicht mit Sicherheit, sondern nur mit Wahrscheinlichkeit vorherzusagenden Zerfall eines Atoms wird die frei werdende Energie genutzt, um einen Mechanismus in Gang zu setzen, der ein giftiges Gas ausströmen läßt. Man kann nun zu einem beliebig wählbaren Zeitpunkt die Frage stellen, ob die Katze noch lebt oder nicht, wobei die Antwort durch ein Guckloch möglich ist, das am Kasten angebracht ist. Schrödinger wollte sich mit dieser Versuchsanordnung über die Kopenhagener Deutung lustig machen, da in deren Rahmen der Zustand der Katze unbestimmt ist, was heißt, daß sie als Mischung (»Superposition«) aus halb lebend und halb tot anzusehen ist. Die Festlegung, was der Fall ist, erfolgt in dieser Interpretation erst durch die Beobachtung, und dies erschien Schrödinger als Gipfel der Albernheit. Es kann doch nicht sein – so Schrödingers Argument in Übereinstimmung mit dem gesunden Menschenverstand –, daß der- oder diejenige über das Leben der Katze entscheidet, der bzw. die durch das Guckloch schauen will und deshalb die Klappe betätigt.

Wie gesagt – es gibt dicke Bücher über das Leben und Sterben von Schrödingers Katze. Sicher lohnt es sich, ausführlich über den geschilderten Vorgang nachzudenken, wenn man wissen will, was die Quantentheorie besagt, die sich darauf beschränken muß, bei Einzelereignissen deren Wahrscheinlichkeit anzugeben – und zwar mit Hilfe der Schrödinger-Gleichung. Doch darf man ihre wichtigste Vorgabe nicht übersehen, und genau dies hat Schrödinger bei seinem Bild der eingesperrten und bedrohten Katze getan. Seine eigene Glei-

Schrödingers Katze wird gewöhnlich so dargestellt: Sie ist in eine Stahlkammer gesperrt, in der eine Höllenmaschine durch den Zerfall eines radioaktiven Atoms ausgelöst wird. Gemäß der Kopenhagener Deutung der Quantentheorie sollte erst der Beobachter die zuvor zwischen Leben und Tod »verschmierte« Katze endgültig tot oder lebendig machen.

chung beschreibt ja gerade nicht etwas aus der physikalischen Wirklichkeit – zum Beispiel keine Katze in einem Kasten. Schrödingers Gleichung stellt nur eine symbolische Fassung der Realität dar, die sich in einer mathematischen Welt mit imaginären Dimensionen befindet. Eine Katze gibt es in diesen Sphären nicht, weder eine lebendige noch eine tote. Verrückt ist nicht Schrödingers Gleichung, verrückt ist die Tatsache, daß jemand diese Gleichung finden konnte und daß sie – nach Anwendung einer präzisen Vorschrift – die Wirklichkeit nachprüfbar als Wahrscheinlichkeit erfaßt.

Schrödingers Katze wird vielleicht nicht sehr lange in ihrem Kasten gelebt haben, sie wird sicher aber lange in der philosophischen Diskussion auftreten, ebenso wie der oben angekündigte Begriff, den Schrödinger in Verbindung mit seinem gruseligen Gedankenexperiment im Jahre 1935 vorschlug, um das Charakteristische der atomaren Wirklichkeit auszudrücken. Schrödinger hatte nach zehnjährigem Nachdenken erkannt, worin letztendlich das Paradoxon bestand, das die Quanten über die Wirklichkeit aufzeigten und in die Welt einführten.

Die Unstetigkeit im winzig Kleinen weist nämlich auf den Zusammenhang des großen Ganzen hin. Die Quantentheorie zeigt, daß die materielle Realität »verschränkt« ist, wie Schrödinger die Einsicht ausdrückte, daß es im Innersten der Welt gar keine Teile, sondern nur ein untrennbares Ganzes gibt. Atomare Objekte – so zeigte sich immer deutlicher und das läßt sich heute immer überzeugender im Experiment nachweisen – können miteinander korreliert sein, obwohl keine physikalisch nachweisbare Wechselwirkung zwischen ihnen besteht.[15] Schrödinger nannte dies die »Verschränkung« der Wirklichkeit, und damit gab er dem ganzheitlichen Zug der Atome, der durch alle Jahrhunderte dem klassisch-physikalischen Denken fremd geblieben war, einen eleganten und einprägsamen Namen. Die Verschränkung spannt ein Netz vor dem Nichts auf, vor dem wir Angst haben. Die Quanten bewahren uns vor dem Verschwinden – wir müssen nur den Mut haben, uns auf sie einzulassen.

Eine klassische Weltansicht

Als Schrödinger den wohlklingenden und wohltuenden Begriff der Verschränkung prägt, ist sein Leben zum wiederholten Male durch äußere Umstände durcheinandergeraten. Der am 12. August 1887 in Wien geborene und dank der Englischkenntnisse seiner Tante zweisprachig aufgewachsene Schrödinger hoffte nach dem Studium der Physik und einigen frühen Arbeiten zur Theorie der Farben darauf, den Lehrstuhl für Theoretische Physik an der Universität in Czernowitz zu bekommen, der ehemaligen Hauptstadt des ehemaligen habsburgischen Kronlandes Bukowina.[16] Hier wollte er – nach eigenem

---

15 Der Hinweis auf solche Korrelationen ist 1935 zuerst von Einstein gegeben worden. Er tat dies in Zusammenarbeit mit zwei Physikern, die Boris Podolsky und Nathan Rosen hießen. Seit dieser Zeit spricht man manchmal auch von den EPR-Korrelationen, obwohl das Trio zeigen wollte, daß es so etwas gerade nicht gibt.
16 Der Schriftsteller Gregor von Rezzori ist in Czernowitz geboren worden, und wer mehr über dieses seltsame Städtchen erfahren

Bekunden – redlich Theoretische Physik lehren und treiben, darüber hinaus aber das tun, was ihm geistig das Liebste zu sein schien, nämlich tief in philosophische Texte eintauchen. Er hatte damals durch die Lektüre von Schopenhauers Werken die indische Philosophie entdeckt und begonnen, sich ihre Einsicht zu eigen zu machen, der zufolge wir nur Aspekte eines einzigen Wesens sind – einer einzelnen Wesenheit, die ebensowenig von dieser Welt sein kann wie die Lösung seiner Gleichung, der er den skurrilen Namen »Psi-Funktion« gegeben hat (so als ob das Unbewußte da seine Hände im Spiel gehabt hätte).

Es ist zweifelhaft, ob der oft primadonnenhaft auftretende, sexbesessene und auf Ruhm und Ehrungen erpichte Schrödinger sein Bekenntnis zum ruhigen Philosophieren am Rande der Zivilisation selbst geglaubt hat. Verhindert worden ist die Umsetzung auf jeden Fall, und zwar durch äußere, politische Umstände: Nach dem Ersten Weltkrieg gehörte Czernowitz nicht mehr zu Österreich, und Schrödinger mußte sein Glück anderswo probieren. Er verließ die Bukowina und ging über Breslau und Jena nach Zürich. Festgehalten sei, daß er noch kurz vor seinem schon beschriebenen quantenphysikalischen Höhenflug mehr mit Philosophie als mit seinem Lehrfach befaßt war. Schrödinger schrieb damals auf, was er unbescheiden *Meine Weltansicht* nannte. In diesem Buch stellte er vier Fragen, die sich seiner Meinung nach weder mit Ja noch mit Nein beantworten lassen: Gibt es ein Ich? Gibt es eine Welt neben dem Ich? Hört das Ich auf, wenn der Körper stirbt? Hört die Welt auf, wenn mein Körper stirbt?

In seiner Diskussion dieser Fragen bekennt sich Schrödinger eindeutig zu der indischen Weisheit, die in der Vedanta niedergelegt ist und der zufolge Ich und Welt *ein* Ding sind. Für ihn passiert alles im Bewußtsein, das er als singulär auffaßt. Unter dieser Vorgabe wird leicht verständlich, daß die Quantentheorie mit ihrer Zweiteilung (und ihren zwei Theorien von Heisen-

will, sollte seine Erinnerungen lesen, die unter dem Titel *Mir auf der Spur* erschienen sind.

berg und Schrödinger) ihm wenig angenehm erschien und eher einen unannehmlichen Eindruck auf ihn machen mußte.

»Was ist Leben?« – wissenschaftlich gesehen

Die Physiker lassen sich zwar nicht von Schrödingers philosophischen Bekenntnissen beeindrucken, sie genießen aber in vollen Zügen seine physikalischen Früchte. 1928 – nach dem überragenden Erfolg seiner Gleichung – holen sie ihn als Nachfolger von Max Planck nach Berlin. Hier bleibt Schrödinger fünf Jahre lang, also bis 1933, dem Jahr, in dem ihm der Nobelpreis für Physik zugesprochen wird und in dem die Nazis an die Macht kommen. Für sie hat Schrödinger nur Verachtung übrig; er emigriert aus Protest gegen Hitlers Machtergreifung und hält sich zunächst eine Zeitlang in Oxford auf. Trotz eindringlicher Warnungen und in völliger Verkennung des deutschen Machtstrebens ließ er sich 1936 dazu überreden, einen Lehrstuhl in Graz anzunehmen, das er nur zwei Jahre später, beim Anschluß Österreichs, fluchtartig verlassen muß. Er irrt ein paar Monate umher – ohne Geld und ohne Heimstatt –, aber er wird gerettet, und zwar dank einer Initiative des irischen Ministerpräsidenten Eamon de Valera, der als Mathematiker ausgebildet ist und in Dublin ein »Institute for Advanced Studies« eingerichtet hat. Er lädt Schrödinger 1938 ein, sich hier niederzulassen und seine theoretisch-physikalischen Überlegungen weiter zu verfolgen. Fast zwanzig Jahre lang bleibt Schrödinger auf der Insel, deren eine Sprache, Englisch, ihm von Kindesbeinen an vertraut ist, und erst 1956 kehrt er in seine Heimat zurück. Er kommt nach Wien,[17] wo er fünf Jahre später – am 4. Januar 1961 – gestorben ist.

---

17 Man erzählt sich, daß Schrödinger zur gleichen Uhrzeit am Hauptbahnhof in Wien eingetroffen ist wie der damals berühmte österreichische Skiläufer Toni Sailer, der gerade drei Goldmedaillen bei den Olympischen Spielen gewonnen hatte. Schrödinger mag wohl einen Moment gedacht haben, der Menschenauflauf würde ihm gelten.

Die wissenschaftlich folgenreichste Arbeit der Dubliner Jahre war eine Vorlesungsreihe, die Schrödinger zwischen 1943 und 1944 gehalten hat und in der er versucht, die Frage *Was ist Leben?* mit den Augen eines Physikers zu beantworten. Das Bemerkenswerte an diesem eher kurzen Buch, das nach wie vor aufgelegt wird und in zahlreiche Sprachen übersetzt worden ist, besteht in zwei Dingen: Zum einen sagt Schrödinger mit ungeheurer Lässigkeit und Überzeugungskraft voraus, daß es einen genetischen Code gibt. (Er wurde bekanntlich in den sechziger Jahren entschlüsselt.) Und zum zweiten konstatiert er selbstbewußt, daß die zentrale Frage der kommenden Biologie die nach der Natur des Gens sein wird. Er selbst unterbreitet den raffinierten Vorschlag, Gene als aperiodische Kristalle zu betrachten. Sie werden damit eine Aufgabe für die Physiker, und Wissenschaftler aus ihren Reihen kommen tatsächlich in den Jahren nach dem Zweiten Weltkrieg zur Biologie und formen diese Wissenschaft um.

Wer Kritik üben will, kann darauf hinweisen, daß Schrödinger in seinem Buch Leben mit Vererbung verwechselt, denn es geht ihm nur um die Funktionsweise der Gene und der von ihnen ausgehenden Fähigkeit, Ordnung zu bewahren und weiterzugeben. Doch was gewöhnlich eher zum Nachteil eines Buches ausschlägt – im Titel mehr zu versprechen, als es hält –, wird bei Schrödinger zum eigentlichen Triumph, denn es ist ausschließlich die Frage nach der Natur und der Struktur der Gene, auf die viele Wissenschaftler – alte und neue Biologen – damals ihr Augenmerk richten, und Schrödingers Buch ist genau die Lektüre, die sie brauchen und auf die sie warten.

Was ist Leben sonst noch?

Während der Arbeit an dem Manuskript gelingt es Schrödinger, eine irische Schauspielerin zu schwängern. Er läßt uns in seinem Tagebuch an seinen Freuden teilhaben. Dort heißt es: »What is Life?, I asked in 1943. In 1944, Sheila May told me. Glory to be God!«

Dem Sexuellen gilt neben der Wissenschaft Schrödingers

Hauptinteresse. Er sah – wie sein Lieblingsphilosoph Schopenhauer – hierin den unsichtbaren Mittelpunkt allen Handelns und Verhaltens, und es scheint, als ob er dabei die mystische Einheit bzw. Vereinigung zu erleben hoffte, die er aus den indischen Texten als Literatur kannte.

Für Sheila schreibt er zahlreiche Liebesgedichte, und vielleicht ist es gestattet, eines davon zu zitieren. Das folgende *Liebeslied* hat Schrödinger selbst 1956 in einer Sammlung mit seinen Gedichten publiziert:

Niemand als du und ich
Wissen wie uns geschehn.
Keiner hat es gesehen
Wenn wir uns küssten inniglich.

Keiner, keiner weiss
dass uns der Himmel liebt
dass er uns alles gibt
was er zu geben weiss.

Und sähe uns wer
er dacht es kaum
dass in weitem Raum
sonst alles leer,

nur wir, nur wir
und unser Glück
Nie nie zurück
als nur mit dir.

Ein eigenwilliger Kauz

Der von seinen Landsleuten auf der 1000-Schilling-Note verewigte Schrödinger läßt sich vielleicht am besten als eigenwilliger Kauz charakterisieren, der wie ein Schulbub gerne mit kurzen Hosen aufgetreten ist, der zugleich aber über einen höchst eleganten Stil verfügt und alles ganz neu und originell formuliert. Er zitiert in seinen Schriften nur ganz selten andere Autoren und schöpft fast ausschließlich aus seiner eigenen Existenz, die, wie er glaubt, am universalen Bewußtsein teilhat. Das Bewußtsein interessiert Schrödinger natürlich auch als individuell verfügbare Eigenschaft, und in seiner späten Schrift *Mind from Matter* schlägt er vor, daß es die Neuheit materieller Vorgänge sei, die sie ans Bewußtsein koppele. Es sind neue Situationen des Erlebens, die in seiner Weltsicht zu neuen materiellen Zuständen des Gehirns werden, und es scheint ihm – unter evolutionären Aspekten betrachtet – sinnvoll, diesen Reaktionen in den Nervenzellen die Qualität Bewußtsein zu geben.

So jedenfalls sieht es Schrödinger, der ein »rein verstandesmäßiges Weltbild ohne alle Mystik« als »Unding« verwirft. Er tut dies kurz vor seinem Tod, als er einen letzten Versuch unternimmt, die Frage »Was ist wirklich?« zu beantworten. Im Grunde trauert er der Welt nach, die den Menschen im alten Griechenland (noch) offenstand, als es »die verhängnisvolle Spaltung« von philosophischem und wissenschaftlichem Denken noch nicht gab, die Schrödinger zu seinen Lebzeiten unerträglich geworden zu sein scheint. Es ist seltsam, daß er nicht sehen wollte oder konnte, daß die Einheit, die er suchte, gerade in der Theorie zurückgewonnen wurde, die zu schaffen er mitgeholfen hatte. Diese Einheit beruht allerdings nicht in einer Vereinigung von Gegensätzen, sondern in dem Vermögen, sie auszuhalten. Doch von dieser Askese wollte Schrödinger anscheinend nichts wissen.

Wolfgang Pauli

oder
Die Nachtseite der Wissenschaft

Wolfgang Pauli ist der einzige unter den großen Physikern des 20. Jahrhunderts, der noch keinen Biographen gefunden hat. Dafür gibt es einen guten Grund, nämlich die ungeheure Weite und Tiefe seines Denkens und inneren Erlebens. Pauli hat nicht nur versucht, neben der bewußt eingesetzten Lichtseite des Verstandes und seiner Rationalität auch die nur unbewußt eingreifende Nachtseite der Wissenschaft mit ihren Träumen zu berücksichtigen; er hat darüber hinaus versucht, die hier fließenden Quellen der Erkenntnis dingfest zu machen. Pauli tat dies, weil er früher als viele andere spürte, daß der Sachverstand der Experten alleine gefährlich werden kann und ein Gegengewicht braucht, wie er einmal anschaulich formuliert hat:

»Nach meiner Ansicht ist es nur ein schmaler Weg der Wahrheit (sei es eine wissenschaftliche oder sonst eine Wahrheit), der zwischen der Scylla des blauen Dunstes von Mystik und der Charybdis eines sterilen Rationalismus hindurch führt. Der Weg wird immer voller Fallen sein, und man kann nach beiden Seiten abstürzen.«

Pauli war stets auf der Suche nach der Balance, die den Absturz vermeidet, was unter Zeitgenossen schwerfallen mußte, die den Weg ihrer wissenschaftlichen Rationalität für absolut sicher hielten. In Paulis Weltbild war kein Platz für solche Einseitigkeiten, und er betrachtete es »fast wie ein Dogma, daß Gegensatzpaare symmetrisch behandelt und bewertet werden müssen«, wie er noch kurz vor seinem Tode schrieb, »und hierzu gehört auch das Paar Geist–Materie«, das im 17. Jahrhundert getrennt worden war und erst jetzt mit den Quanten wieder zusammengefügt werden konnte.

Gemäß dem Grundsatz der Symmetrie und nach dem Prinzip des Gleichgewichts traute Pauli nicht nur dem denkenden, sondern auch dem fühlenden Menschen Erkenntnischancen zu, wobei es vor allem wichtig war, daß das Unbewußte ebenso einen Beitrag zu unserem Weltbild liefern konnte wie das bewußte Erleben. Pauli glaubte, daß westlich erzogene Wissenschaftler erst dann das Glück fänden, das alle Menschen suchen, wenn sie im Fühlen und Träumen so stark wären wie im Denken und Wachen.

Natürlich haben solche Vorstellungen bei seinen Kollegen kaum Resonanz gefunden, und auch jetzt noch schrecken viele Physiker und andere Forscher davor zurück. Es wird höchste Zeit, sich mit Pauli zu befassen, der sich ernsthaft wie kein zweiter – nämlich mit seinem ganzen Leben – darum bemüht hat, die Tiefe des geistigen Wandels zu begreifen, der mit der Quantentheorie eingetreten war und die westliche Welt gezwungen hat, ihr Ideal der Objektivität aufzugeben. Pauli hatte den Mut, sich zu fragen, was diesen Wandel bewirkt, was also hinter der Physik liegt und unsere Vorstellungen bestimmt, obwohl es unserer Willkür entzogen ist. Seine Biographen müssen zu diesem Schritt erst noch den Mut finden.

Das Wunderkind

Pauli kommt am 25. April 1900 in Wien zur Welt – also im ersten Frühling des neuen Jahrhunderts. Im Herbst desselben Jahres hatte Max Planck in Berlin das Quantum der Wirkung in die Physik eingeführt. Paulis Vater, der aus Prag stammte und – als assimilierter Jude – eine medizinische Karriere an der Universität gemacht hatte, war dort mit dem berühmten Physiker und Philosophen Ernst Mach bekannt geworden, der Taufpate des Sohnes wurde. Mach wirkte bei diesem christlichen Ritual offenbar nachhaltiger als der Geistliche, weshalb Pauli später davon gesprochen hat, er sei »antimetaphysisch statt katholisch getauft« worden. Das heißt übrigens konkret, daß er sehr früh einen Blick für das Böse bekommen hat, denn dies identifizierte Mach mit dem Metaphysischen.

Paulis wohlumhegte Kindheit an der Seite seiner (journalistisch tätigen) Mutter Bertha wird jäh unterbrochen, als er eine Schwester bekommt. Sie heißt Hertha und wird später Schriftstellerin. Was den neunjährigen Knaben an der Schwester bedrückt, bleibt unklar. Er wird etwas eigenbrötlerisch und eignet sich bis zum 18. Lebensjahr all das mathematische und physikalische Wissen an, das er braucht, um in diesen jungen Jahren gleich drei Abhandlungen über die Allgemeine Relativitätstheorie zu schreiben. Welch ungewöhnliche und besondere Leistung hier gelungen ist, wird nur klar, wenn man sich vor Augen hält, daß Einsteins große Arbeit zu diesem Thema erst 1915 erschienen und damals selbst von vielen erwachsenen Physikern kaum verstanden worden ist. Abgesehen davon erstaunt an den frühen Publikationen Paulis vor allem, daß der Jugendliche nicht nur schwierige mathematische Ableitungen zustande bringt, sondern es darüber hinaus sogar riskiert, Zweifel an der Bedeutung physikalischer Grundbegriffe zu äußern. Er schlägt sogar vor, Grenzen ihrer Anwendbarkeit anzunehmen.

Der vorwitzige Schüler bemerkt zum Beispiel, daß es schlicht und einfach keinen Sinn macht, von einem elektrischen Feld in einem Atom zu sprechen (obwohl das alle ganz selbstverständlich tun). Natürlich sind die Bausteine der Atome geladen, und natürlich sind im Verständnis der klassischen Physik Ladungen mit Feldern verbunden und von ihnen umgeben. Doch nachweisen läßt sich solch ein Feld nur durch die Kraft, die es auf eine Probeladung ausübt, und genau dies geht nicht. Denn wie – würde der junge Pauli gerne wissen – will man solch ein Ding, das doch *aus* Atomen bestehen muß, *in* einem Atom an- bzw. unterbringen?

Der körperlich nicht besonders groß gewachsene Pauli fällt mit solchen Überlegungen auch beim Studium der Physik auf, das er von 1918 an in München bei Arnold Sommerfeld absolviert, dem Zeit seines Lebens hochverehrten Lehrer. In Sommerfelds Seminar lernt er bald den ein Jahr jüngeren Heisenberg kennen. Es ist keine Frage, daß niemals zwei Studenten ähnlichen Kalibers nebeneinander die Hörsaalbank gedrückt haben, und es ist sehr beachtenswert, wie schnell sie sich aus dem Weg gehen.[18] Ihre Lebensweise ist denkbar unterschiedlich: Während Heisenberg die Natur durchstreift und deshalb von seinem Kommilitonen verächtlich als Naturapostel apostrophiert wird, hält sich Pauli lieber von der frischen Luft fern und in Nachtlokalen auf, um hier seinen physikalischen Gedanken nachzuhängen. Er taucht unter diesen Umständen zwar selten vor zwölf (und manchmal auch unrasiert) in der Universität auf, aber er kommt wissenschaftlich voran und promoviert – im Alter von 21 Jahren – in demselben Jahr, in dem er zur Bewunderung Einsteins einen viele hundert Seiten langen Aufsatz über die Relativitätstheorie verfaßt, der bis auf den heutigen Tag nicht an Bedeutung verloren hat, weil er die philosophischen Implikationen des neuen Raumzeitkontinuums und seiner eigenwilligen Geometrie ebenso erfaßt, wie er die physikalisch-mathematischen Gegebenheiten elegant darstellt.

Das Prinzip der Ausschließung

Nach der Promotion verläßt Pauli sein bislang vertrautes Umfeld, um kurze Gastspiele in Göttingen, Hamburg und Kopenhagen zu geben. Dabei lernt er Niels Bohr kennen, und zwischen beiden entwickelt sich eine lebenslange und stets ungetrübte Freundschaft. Nach den Wanderjahren kehrt Pauli an die Elbe zurück, um fünf Jahre lang in Hamburg zu bleiben, und zwar als Assistent von W. Lenz, bei dem er sich auch habilitiert. In dieser Zeit zwischen 1923 und 1928, in der es Heisenberg und Schrödinger gelingt, ihre beiden gleichberechtigten

---

18 Heisenberg und Pauli haben sich zwar geduzt, sich in ihren Briefen aber nie mit Vornamen angeredet. Lieber Pauli, lieber Heisenberg – so hieß es bis zuletzt.

Versionen der Quantenmechanik vorzulegen, unterbreitet Pauli einen physikalischen Vorschlag, der ihm am Ende des Zweiten Weltkriegs den Nobelpreis für sein Fach einbringen wird. Die Idee wird heute in den Lehrbüchern als »Ausschließungsprinzip« eingeführt und häufig »Pauli-Prinzip« genannt. In einfachster Form ausgedrückt erkennt Pauli, daß zum Beispiel Elektronen in einem Atom nicht jeden Zustand annehmen können. Es gibt vielmehr die Einschränkung, daß ein Elektron von dem Zustand ausgeschlossen ist, den ein anderes Elektron schon besetzt hat. Mit anderen Worten: Elektronen verhalten sich wie Individualisten (übrigens im Gegensatz zu den Teilchen des Lichts, den Photonen, die alle den gleichen Zustand einnehmen und dann zum Beispiel als sichtbarer Lichtstrahl in Erscheinung treten können).

So leicht und selbstverständlich sich dies vielleicht anhört und so sehr das Pauli-Prinzip die gesamte Physik beeinflußt, so schwierig war es 1924, den Physikern diesen Gedanken nahezulegen, und viele sprachen von »Schwindel« und »Unsinn«. Durch welchen Mechanismus sollte solch ein Verbot in die Tat umgesetzt werden?

Die eigentliche Pointe des Prinzips steckte in der Tatsache, daß Pauli es nur formulieren konnte, indem er über das hinausging, was die Physiker von den Elektronen wußten bzw. annahmen. Die Quantenmechanik erlaubt den Mitspielern auf der atomaren Bühne nur diskrete – das heißt durch Quantensprünge getrennte – Zustände, die man durch geeignete Quantenzahlen charakterisiert. Für ein Elektron kannten die Physiker damals drei Quantenzahlen, und das Unverschämte an Paulis Vorschlag von 1924 bestand erstens darin, mir nichts dir nichts eine vierte Quantenzahl einzuführen, und der Vorschlag erhielt seine Besonderheit zweitens dadurch, daß Pauli ausdrücklich und bewußt darauf verzichtete, diese neue Zahl durch eine klassisch-physikalisch verständliche Eigenschaft zu veranschaulichen; er empfahl seinen Kollegen, ebenfalls alle entsprechenden Bemühungen zu unterlassen. Der von ihm vorgeschlagene Freiheitsgrad des Elektrons sollte »eine klassisch nicht beschreibbare Art von Zweideutigkeit« sein.

Dies erscheint vielleicht alles wie Wahnsinn, aber es hatte Methode, und tatsächlich dauerte es nicht lange, bis in Experimenten Konsequenzen genau dieser unbekannten Qualitäten von Elektronen nachgewiesen werden konnten, die mit Paulis vierter Quantenzahl erfaßt werden konnten. Sie handelt von dem, was seit dieser Zeit unter dem Namen *Spin* bekannt ist, und wie wichtig der Elektronenspin ist, weiß jeder Chemiker, der versucht, Bindungen zwischen Atomen und Molekülen zu erklären. Ohne Hilfe des Spins käme er nicht zurecht. Dies kann auch so ausgedrückt werden, daß es ohne die von Pauli theoretisch vorhergesagte Quantenzahl keine chemische Bindung gäbe – und damit keine Moleküle des Lebens.

Professor mit Neurose in Zürich

Der Aufenthalt in Hamburg endet 1928, als Pauli einen Ruf der Eidgenössischen Technischen Hochschule (ETH) in Zürich annimmt und in die Schweiz übersiedelt, wo er – abgesehen von Reisen und Forschungsaufenthalten in den USA – den Rest seines nicht allzu langen Lebens verbringt, das bereits am 15. Dezember 1958 zu Ende geht.[19]

Der Wechsel nach Zürich geht mit dem Beginn einer Neurose einher, wie Pauli seinen damaligen Gemütszustand nennt. Er tritt 1929 aus der katholischen Kirche aus und heiratet (in Berlin) die junge Tänzerin Käthe Deppner. Die »Ehe von kurzer Dauer« wird aber schon 1930 wieder geschieden, wobei anzumerken ist, daß die Historiker, die Paulis Nachlaß verwalten, den Namen seiner ersten Frau bis in die neunziger Jahre hinein unerwähnt gelassen und mit der zitierten Floskel aus den achtziger mehr verschwiegen als gesagt haben. Es ist überhaupt ärgerlich, wie potentielle Biographen schwierige Fragen, die Pauli betreffen, umgehen und ignorieren, wenn sie außerhalb der Physik liegen. Dieses ängstliche Ausweichen hat bislang jeden ernsthaften Versuch verhindert, eine Biographie über Pauli zu schreiben. Natürlich gibt es genügend wissenschaft-

---

19 1946 wird Pauli amerikanischer Staatsbürger.

liche Spannungen in Paulis Leben, doch die erregenden inneren Dimensionen seines Denkens und Fühlens müssen deshalb nicht auf alle Zeiten so verborgen bleiben, wie sie es zu seinen Lebzeiten waren.

In Zürich nutzt Pauli die Tatsache aus, daß damals auch der berühmte Psychologe Carl Gustav Jung in der Stadt wohnt, und er begibt sich zu ihm in Behandlung. Wie dabei konkret vorgegangen wurde, ist bislang nirgendwo genau zu erfahren. Es scheint aber, daß die beiden wechselseitig voneinander profitiert haben, womit zum Beispiel gemeint ist, daß Jung Paulis Träume nutzt, um seine Theorie der nächtlichen Gehirntätigkeit zu entwickeln. Pauli selbst ist darum bemüht, etwas von der Gefühlskälte abzulegen, die ihn vor allem unter Kollegen berüchtigt gemacht hat und ihm, in Verbindung mit seiner zwar meist zutreffenden, aber oft unerbittlichen Kritik den Namen »der fürchterliche Pauli« einträgt.[20] Positiv gewendet macht ihn dieser Charakterzug zum »Gewissen der Physik«, weil er klarer und schneller als andere zwischen Sinn oder Unsinn eines mehr oder weniger »verrückten« Vorschlags unterscheiden kann. Sein Urteil ist dabei oft sehr hart, etwa dann, wenn er den Vorschlag eines Physikers folgendermaßen abfertigt:

> *»Das ist nicht richtig, was Sie sagen, es ist noch nicht einmal falsch.«*

Das kleine neutrale Teilchen

Pauli bietet offenbar sowohl auf der Tag- als auch auf der Nachtseite der Wissenschaft Stoff für Geist und Seele an. Zunächst geht es auf der Tagseite des wissenschaftlichen Diskurses weiter, und hier wagt sich Pauli 1930 erneut mit einem kühnen Vorschlag an die Physiker. Zu einer Zeit, als nur Elektronen und Protonen als Bestandteile der Atome bekannt sind – das Neutron wird erst im Jahre 1932 entdeckt werden –,

---

20 Pauli macht sich übrigens Sorgen, seine wissenschaftliche Kreativität könne leiden, wenn er Gefühle besser zu zeigen lerne.

kommt Pauli zu einem wichtigen Schluß in Hinblick auf Beobachtungen, die im Zusammenhang mit dem radioaktiven Zerfall von Materie gemacht worden sind (der aus historischen Gründen mit dem griechischen Buchstaben Beta bezeichnet wird). Ihm fällt auf bzw. ein, daß die unterschiedlichen Energien, die von den radioaktiven Atomen freigesetzt werden, nur zu erklären sind, wenn man dabei ein bislang unbekanntes Teilchen mit in die Rechnung aufnimmt. Pauli sagt nun voraus, daß das hypothetische Gebilde elektrisch neutral sei, und er bietet außerdem eine Wette darüber an, daß seine Wechselwirkung mit anderen Teilchen der Materie so gering sei, daß ein experimenteller Nachweis niemals gelingen werde.

Ein starkes Stück, was Pauli da bietet, und zwar in doppelter Hinsicht. Zum einen fällt die Sicherheit der theoretischen Vorhersage auf, die er sogar gegen die damalige Einstellung Bohrs durchhielt, der für kurze Zeit bereit war, die durchgängige Gültigkeit des Energiesatzes einer statistischen Kontinuität zu opfern. Und zum anderen läßt sich fast so etwas wie eine Geringschätzung des Beitrags erkennen, den technische Möglichkeiten bzw. experimentelle Daten liefern, wenn es um Einsichten der Physik geht – ein Punkt, der noch näher zur Sprache kommen wird.

Was die Wette angeht, so hat Pauli sie verloren, denn die Existenz des von ihm postulierten und heute nach einem Vorschlag von Enrico Fermi unter dem Namen Neutrino bekannten Teilchens konnte sehr wohl nachgewiesen werden, und zwar noch zu Lebzeiten Paulis. Und was die Kühnheit der Neutrino-Hypothese angeht, so basierte sie auf der Grundüberzeugung, daß es im Reich der physikalischen Gesetze symmetrisch zugeht: Aus der Symmetrie der Naturgesetze folgt mit mathematischer Sicherheit die Gültigkeit von Erhaltungssätzen, und hieran hielt Pauli unerschütterlich fest. Er glaubte felsenfest an die Erhaltung der Energie – auch beim Beta-Zerfall. Als die Messungen hartnäckig zeigten, daß ein Teil der Gesamtenergie verlorenzugehen schien, war für Pauli sicher, daß es etwas geben mußte, das sie aufgenommen hatte, das aber in den Experimenten unbemerkt geblieben war – eben das Neutrino.

Als übrigens ebenfalls noch 1956 in weitergehenden Experimenten zum Neutrino und anderen Elementarteilchen entdeckt wurde, daß es die ganz große Symmetrie dabei doch nicht gibt und man rechts und links nicht ohne weiteres vertauschen kann – mit anderen Worten, das Spiegelbild eines Neutrinos kommt nur dort als Erscheinung, nicht aber in der Natur als physikalischer Realität selbst vor –, da war Pauli wirklich verblüfft. Er tröstete sich aber rasch mit dem hübschen Gedanken, daß Gott eben »nur ein Linkshänder« sei, und zwar ein schwacher, wie er in Hinblick auf die Wechselwirkung formulierte, die dem Beta-Zerfall die Energie liefert.

Briefe mit Träumen und andere Nachtseiten

Im Anschluß an das oben erwähnte Zusammentreffen mit C. G. Jung entwickelt sich zwischen beiden ein wissenschaftliches Gespräch in Briefform, das sowohl der Wissenschaft als auch der Öffentlichkeit lange Zeit hindurch unbekannt geblieben und erst in den neunziger Jahren publiziert worden ist. Pauli versucht vor allem mit den zahllosen Träumen fertig zu werden, die sich Nacht für Nacht in seinem Kopf melden.

Sein Traumleben wird besonders aktiv, nachdem er im Jahre 1934 zum zweiten Mal geheiratet hat, und zwar Franca Bertram, die freundliche Historiker gerne als »treue Lebensgefährtin für den Rest seines Lebens« vorstellen. Die kinderlos bleibende Ehe hat tatsächlich bis zu Paulis Tod gehalten, und es gibt kein schlechtes Wort von ihm über seine Frau Franca. Doch sie hat sich wahrscheinlich zu viel um ihren Mann gekümmert und sich dabei zuletzt unverdient gemacht. Sie wollte ihn anders zeigen, als er war, und nur seine Lichtseite präsentieren. Es ist leider anzunehmen, daß durch sie viele der Briefe vernichtet worden sind, die Pauli im Laufe seines Lebens geschrieben hat und in denen er mit aufregenden Gedanken zu philosophischen und psychologischen Fragen oft bis an die Grenze des Denk- und Erkennbaren gegangen ist, wie selbst C. G. Jung einräumen mußte.

Unabhängig von diesen Spekulationen ist anzunehmen, daß

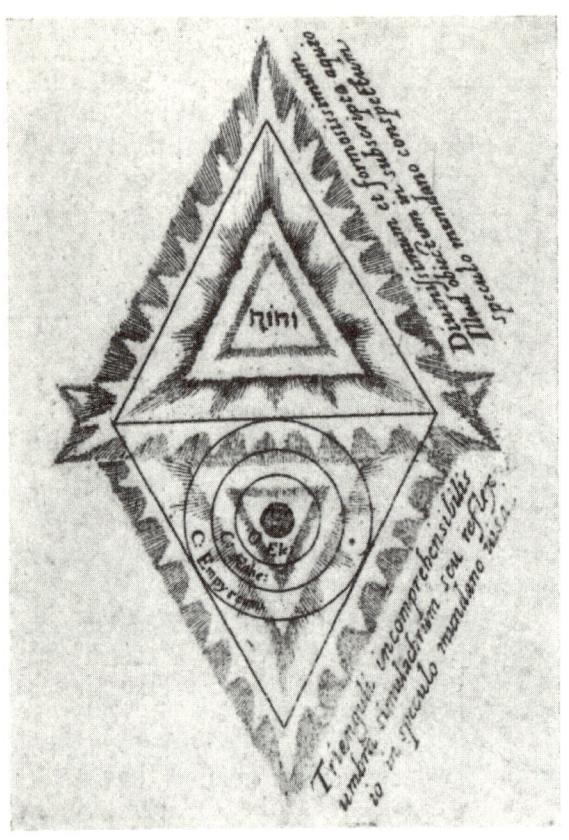

In seiner Vorlesung über den Einfluß archetypischer Vorstellungen auf die Bildung naturwissenschaftlicher Theorien bei Kepler geht Pauli auf die archaisch-magische Naturbeschreibung ein, gegen die Kepler sich durchsetzen mußte. Hauptvertreter dieser Richtung war Robert Fludd, der in einem 1621 in Oxford erschienenen Werk (Utriusque Cosmi Maioris silicet et Minoris Metaphysica, Physica atque technica Historia) die Welt als Spiegelbild eines unsichtbaren, trinitaristischen Gottes darstellt, der sich in ihr offenbart. Pauli schreibt: »So wie Gott durch ein gleichseitiges Dreieck symbolisch dargestellt wird, gibt es ein zweites, gespiegeltes Dreieck unten, das die Welt darstellt.« Dabei entsteht ein Viereck, das von Pauli in die Publikation der Vorlesung aufgenommen wird.

wohl doch die meisten Briefe erhalten geblieben sind. Diesen Schluß legt der bisher veröffentlichte *Wissenschaftliche Briefwechsel* nah, der schon heute weit über 5000 Seiten Umfang hat und noch manche Überraschungen verspricht. Um ein Beispiel für die Vielfalt der Gedanken zu geben, die Pauli in seinen Briefen freigebig anbietet, sei aus der Antwort zitiert, die er auf die Frage seines Mitarbeiters und späteren Nachfolgers, Markus Fierz, gibt, als der seinen Lehrer nach der Triebfeder seines Tuns fragt. Pauli antwortet:

> *»Warum wir in der Physik die Natur erforschen? Die Alchemie sagte, ›um uns selbst zu erlösen‹, was durch die Herstellung des Lapis Philosophorum [des Steins der Weisen] ausgedrückt wurde. Jungianisch formuliert wäre das die Herstellung eines ›Bewußtseins vom Selbst‹, bzw. eines ›bewußten Zustandes des Selbst‹. Nun ist dieses nicht nur licht, sondern auch dunkel und muß als Totalität auch den Willen zur Macht über die Natur mitenthalten, den ich als eine Art böse Hinterseite der Naturwissenschaften auffasse, die sich von diesen nicht abtrennen läßt. Aber die Antwort auf die gestellte Warum-Frage wird immer das den Rationalisten verhaßte Wort Heilsweg bleiben, gegen das man sich vergeblich sträubt.«*

Wie in allen nicht zur Veröffentlichung bestimmten Texten von Pauli müssen einige der verwendeten Begriffe in den Zusammenhang gestellt werden, den er beim Schreiben vor Augen hatte, sonst ist der Umfang des Gemeinten nicht zu erkennen. In dem Zitat fallen zwei Begriffe auf, nämlich der *Heilsweg* und die *Hinterseite*, für die er auch oft Schattenseite sagte und der zuerst Aufmerksamkeit geschenkt werden soll.

Pauli hatte im Laufe seines wissenschaftlichen Lebens verstanden, daß die technischen Entwicklungen des 20. Jahrhunderts – Stichwort: Atombombe – das ethische Fundament der abendländischen Tradition namens mathematische Naturwissenschaft unglaubwürdig gemacht haben. (Als nahezu alle bedeutenden Physiker seiner Generation sich in Los Alamos mit der Entwicklung von Kernwaffen abmühten, ging Pauli ruhig und abgeschieden der physikalischen Grundlagenforschung nach.) Der oben angesprochene Wille zur Macht, der sich deutlich in dem berühmten Diktum »Wissen ist Macht« ausdrückt, hat sich spätestens im Verlauf des Zweiten Weltkriegs mehr und mehr verselbständigt und von dem eigentlichen – sprich: humanen – Ziel der Naturforschung entfernt. Die Rationalität hat dabei massiv Schiffbruch erlitten, wie Pauli am eigenen Leib in Form seiner Psychose erfährt und wie sich heute auf der ganzen Welt zum Beispiel an der Umweltzerstörung zeigt. Die Frage muß also dringend beantwortet werden, wie hier im Rahmen westlicher Wissenschaft Abhilfe zu schaffen ist. An dieser Stelle kann nicht oberflächlich reagiert werden, denn immerhin geht seit den Tagen der Bombe die alte und von Sokrates begründete Gleichung nicht mehr auf, der zufolge das Rationale identisch mit dem Guten sei. Was die Griechen vor mehr als 2000 Jahren noch annehmen durften und was der europäischen Wissenschaft lange Zeit hindurch eine ethische Grundlage gab, können wir nicht mehr glauben, nachdem der wissenschaftliche Sachverstand geplant und gezielt das Böse hervorgebracht hat.

Paulis Vorschläge für einen Ausweg aus diesem Bruch zwischen dem Rationalen und dem Guten greifen alle auf sein Verlangen nach Symmetrie zurück. Ihm scheint, daß das (christliche) Abendland aufhören muß, das zu verachten, was er »chthonische, instinktive Weisheit« nennt und was mit dem Erleben von *Schönheit* in der Natur zu tun hat. Ethik kommt nicht zustande, wenn wir in geistigen Sphären argumentieren und dabei die Ehrfurcht vor dem Leben beschwören. Moralisches Handeln entspringt der Wahrnehmung des anderen und von anderen und der dabei erreichten und praktizierten Wertschätzung seiner und ihrer Besonderheit.

Pauli scheint darüber hinaus für möglich zu halten – und damit kommt der oben erwähnte Heilsweg ins Spiel –, daß Erfüllung sowohl im Denken wie im Fühlen gefunden werden kann. Mit dem komplementären Paar Denken und Fühlen greift Pauli auf die von C. G. Jung eingeführte Typologie der psychischen Qualitäten (Funktionen) zurück, wobei ihm wichtig ist, daß in psychologischer Sicht das schwächere der beiden Vermögen in einem Individuum die Verbindung zu dem Unbewußten herstellt. Für Pauli ist selbstverständlich, daß zum wissenschaftlichen Tun eines Menschen »das gesunde Funktionieren des Unbewußten« ebenso beiträgt wie die Arbeit von Verstand und Vernunft. Er geht sogar so weit, das ständig wiederholte Nachdenken über einen Gegenstand als wissenschaftliche Methode zu bezeichnen, und zwar deshalb, weil dieser Vorgang so lange fortgesetzt wird, bis das Unbewußte ausreichend aufgewühlt wird und den betroffenen Menschen zu plötzlicher Klarheit führen kann.

Das harmonische Zusammenfinden von Bewußtsein und Unbewußtem als Mittel der Erkenntnis galt für Pauli nicht nur als sein persönliches Ziel. Vielmehr sah er hierin eine allgemeine Aufgabe für den abendländischen Menschen. Als zum Beispiel der Philosoph Karl Jaspers in Paulis Todesjahr 1958 sich Gedanken über *Die Atombombe und die Zukunft des Menschen* machte, stellte auch er fest, daß die Rationalität in eine Sackgasse geraten war, und zwar deshalb, weil sie nur nach der Machbarkeit frage und Verfügungswissen ohne Orientierungshilfe erzeuge. Jaspers hoffte, daß die Menschen bald lernen würden, mit ihrer Vernunft den Sachverstand zu lenken und einen Ausweg aus der festgefahrenen Situation zu finden.

Pauli fand die Analyse zwar richtig, traute aber nicht der Vernunft allein. Für ihn kam nur die Besinnung auf komplementäre Gegensatzpaare in Frage, wie er es ausdrückte, und er meinte damit das Bewußtsein und das Unbewußte, das Denken und das Fühlen, die Vernunft und den Instinkt, den Logos und den Eros. Aus der Tatsache, daß die eine Hälfte dieser Liste auch nicht im Ansatz eine Rolle in der Wissenschaft spielt, erkennt Pauli, wie sehr sich das westliche Denken selbst im Weg steht und in seiner Einseitigkeit blockiert.

»Hintergrundsphysik«

In Paulis Briefen wimmelt es von originellen Hinweisen auf die westliche Kultur, deren bloße Erwähnung jeden Rahmen sprengen würde. Auf einen erkenntnistheoretischen Punkt besonderer Art soll hier aber hingewiesen werden, und den stellt Pauli relativ ausführlich in einem Text aus dem Jahre 1948 vor, der erst seit ein paar Jahren in publizierter Form vorliegt.[21] Das Manuskript trägt den Titel *Hintergrundsphysik* und stellt physikalische Grundbegriffe wie Atom, Atomkern, Energie und Welle als archetypische Symbole vor. Was ist damit gemeint?

Es wurde bereits gesagt, daß Pauli eine gewisse Skepsis gegenüber der traditionellen Logik in der Forschung hatte. Er hoffte,

»*daß niemand mehr der Meinung ist, daß Theorien durch zwingende logische Schlüsse aus Protokollbüchern abgeleitet werden, eine Ansicht, die in meinen Studententagen noch sehr in Mode war*«,

wie es in einem Aufsatz über *Phänomen und physikalische Realität* heißt, in dem man weiter lesen kann:

»*Theorien kommen zustande durch ein vom empirischen Material inspiriertes Verstehen, welches am besten im Anschluß an Plato als zur Deckung kommen von inneren Bildern mit äußeren Objekten und ihrem Verhalten zu deuten ist. Die Möglichkeit des Verstehens zeigt aufs neue das Vorhandensein regulierender typischer Anordnungen, denen sowohl das Innen wie das Außen des Menschen unterworfen ist.*«

Mit den »typischen Anordnungen« meint Pauli das, was bei C. G. Jung *Archetypen* heißt. Der Archetypus erlaubt es, die tiefen Beziehungen zwischen der menschlichen Seele und der real gegebenen Materie herzustellen, ohne die wir gar nicht in der Lage wären, Begriffe zu erfinden, die auf die Natur passen. In diesem Bild treten die physikalischen Gesetze als äußere

---

21 Die *Hintergrundsphysik* findet sich als Anhang 3 (S. 176–192) in dem von C. A. Meier herausgegebenen Band mit dem Briefwechsel zwischen Wolfgang Pauli und C. G. Jung, erschienen 1992 bei Springer (Heidelberg).

und die Begriffe als innere »Projektionen« archetypischer Qualitäten auf. Erkenntnis kann gelingen, nachdem die menschliche Wahrnehmung äußere Formen in innere Bilder verwandelt hat (dies könnte die ursprüngliche Bedeutung von In*form*ation sein), die anschließend auf andere innere Bilder treffen, welche wie die Platonischen Ideen als Vorgabe für den Menschen existieren und seinen Erkenntnishorizont definieren.[22] Die Passung zwischen beiden Bilderströmen ist möglich, weil sie eine gemeinsame archetypische Ebene haben, von der sie ausgehen.

Pauli beharrte auf der skizzierten »Wesensidentität von Innen und Außen«, die er im übrigen auch bei Goethe findet, dem sie offenbar selbstverständlich ist, denn »nichts ist drinnen, nichts ist draußen, denn was innen, das ist außen« (*Epirrhema*). Pauli stuft die Übereinstimmung der inneren und äußeren Sphäre »als die bleibende Wahrheit hinter jeder Ontologie« ein, die das »Ziel aller Wissenschaft bleiben« muß. Das Aufregende seiner eigenen wissenschaftlichen Entwicklung bestand für ihn darin, daß mit der Quantenmechanik »ein allererster, noch recht kleiner Schritt unserer abendländischen Naturwissenschaft in Richtung auf eine solche Mitte getan ist« – er bestehe in der Abkehr der Theorie »von der gewöhnlichen Kausalität im engeren Sinne und ihrem Miteinbeziehen des Beobachters in eine symbolische Wirklichkeit«.

Die Quantentheorie ist also auch aus vielen philosophischen Gründen etwas völlig Neues, wie Pauli zu betonen nicht müde wird:

> *»In der Quantenmechanik wird sich der Physiker zum ersten Mal bewußt, daß er nunmehr auch ›natura naturans‹ spielt (daß er ›schaffendes Naturprinzip‹ und nicht nur geschaffene Natur ist [natura naturata]) – kein Wunder, daß es erst einmal schief geht – denn aller Anfang ist schwer.«*

---

22 Daß es für diese inneren (seelischen) Bilder eine evolutionäre Geschichte gibt – eine »Ahnenreihe« –, kann angenommen werden, ist aber noch nicht untersucht worden.

Das »Schiefgehen« bezieht sich vor allem auf die Schwierigkeiten, die zahlreiche Physiker wie zum Beispiel Einstein mit der Quantenphilosophie hatten, wobei Pauli in dessen Fall eher grob von »neurotischen Mißverständnissen« spricht – völlig ungerührt davon, daß Einstein nur gut über Pauli geredet und ihn sogar als seinen »geistigen Sohn« bezeichnet hat. Trotzdem: Die genannten Anfangsschwierigkeiten scheinen sich lange gehalten zu haben und erst in späten Tagen des 20. Jahrhunderts in ein erstes »Gelingen« überzugehen, und zwar als die Antwort, die Physiker heute auf die Frage geben, wie denn das wirklich Unteilbare (Elementare) im Innersten der Dinge zu seinen Eigenschaften kommt. Wie kann zum Beispiel ein Elektron Masse *und* Ladung (und mehr) haben, wenn es ein Gebilde ohne alle Teile ist? Nach dem letzten Stand der Dinge werden solche Eigenschaften, die man aus dem Inneren erwartete, durch das Außen erklärt, das sich durch Wechselwirkungen bemerkbar macht. Die Welt formt etwas, von dem sie zugleich selbst geformt wird. Die physikalische Natur ist *naturata* und *naturans* zugleich. Innen und außen fügen sich dem Wesen nach zusammen. Die Welt ist ein Ganzes, und die Physiker gehören dazu – genau wie Pauli gesagt hat.

Leben und Erkenntnis

Jean Piaget (1896–1980)
Konrad Lorenz (1903–1989)

Seltsamerweise sind es oft besonders kritisch denkende und die Wissenschaft revolutionierende Menschen, die durch ihr Wirken markante und auf Dauer angelegte Dogmen aufstellen und mit ihnen hohe und feste Mauern errichten, die für ihre Nachfolger lange Jahre hindurch undurchsichtig, undurchlässig und unüberwindbar bleiben. Als Beispiel aus der modernen Zeit bietet sich das »Dogma« der Molekularbiologie an, das im wesentlichen auf den im Schlußkapitel des vorliegenden Buches beschriebenen Francis Crick zurückgeht. Seiner Maßgabe zufolge kann die genetische Information nur in *eine* Richtung fließen, und zwar von den Genen weg und zu ihren Produkten hin. Crick wollte mit dieser Festlegung eine Art Insel des Überblicks als Haltepunkt in dem reißenden Strom der Erkenntnisse schaffen, den die Wissenschaft vom Leben in der Zeit nach dem Zweiten Weltkrieg zu produzieren gelernt hatte. Es dauerte dann mehr als zwanzig Jahre, bevor sich die nachwachsende Generation der Molekularbiologen und Genetiker von dieser engen Sicht löste. Es brauchte mehrere nobelpreiswürdige Entdeckungen, um ein weniger starres und dafür um so dynamischeres Bild von dem Geschehen zu entwickeln, das den Vererbungsvorgängen in einer biologischen Zelle zugrunde liegt.

Als Beispiel aus uralter Zeit für ein Dogma, das ein radikaler Denker errichtet und mit dem er vielen Menschen den Blick versperrt hat, bietet sich die Lehre von Platon an, der zufolge das Wesentliche an den Dingen die Unveränderlichkeit der dazugehörigen Ideen sei. Die sich dauernd wandelnde, quirlige Vielfalt des Lebendigen wird für den Menschen nur durch Erinnerung bzw. Introspektion einsichtig, was heißt, daß sie durch einen Vergleich mit den Ideen erkennbar wird, die in uns stecken, und zwar immer schon, seit wir Menschen sind. Bei diesen Ideen muß es sich folglich um konstante und dauerhafte Gegebenheiten handeln. Nur so kommt eine erkannte Ordnung in das Einströmen der wechselnden Eindrücke, und aus diesem Grunde gilt das Hauptaugenmerk des wissenschaftlich denkenden Menschen dem Unveränderlichen, das von Platon zum Wesentlichen erklärt wird.

Aus dieser Sicht resultiert spielend leicht das Dogma von der Konstanz der Arten, das widerspruchslos im Rahmen des christlichen Denkens (und hier vor allem in der Scholastik) unterzubringen war, weil man aufgrund der biblischen Texte die erkennbaren Lebensformen der Natur als ewige Schöpfungen interpretierte. Mit dieser doppelt massiven Festlegung (bzw. Festung) ist es kein Wunder, daß es nicht zwei Jahrzehnte, sondern zwei Jahrtausende währte, bis das platonisch-christliche Vorurteil abgebaut und der Blick auf den Wandel der Formen und die Evolution des Lebens frei werden konnte. Es dauerte tatsächlich bis 1800, bevor die Vorstellung der Konstanz von Arten aufgegeben und die Möglichkeit ihrer adaptiven Änderung ins Auge gefaßt wurde. Charles Darwin hat dieses Konzept (die Evolution) schließlich auf den wissenschaftlichen Punkt gebracht, als er die Anpassung der Arten an ihre jeweilige Umgebung auf das wirkende Paar aus Mutation und Selektion zurückführte.

Diese Leistung hat den deutschen Physiker Ludwig Boltzmann[1] veranlaßt, das 19. Jahrhundert trotz vieler großer Fortschritte innerhalb seiner eigenen Wissenschaft als das »Jahrhundert Darwins« zu bezeichnen. Er tat dies auch deshalb, weil

---

1 Mehr über Boltzmann und Darwin in *Aristoteles, Einstein & Co.*, S. 274 und S. 206.

Darwin – im Verständnis Boltzmanns – nicht nur aufgezeigt hatte, wie sich das Aufkommen konkreter körperlicher Strukturen erklären und verständlich machen läßt – zum Beispiel Flügel für die Luft, Flossen für das Wasser oder Füße für die Erde. Die Idee der Evolution erlaubt es – so Boltzmanns Sicht – vielmehr auch, die Herkunft der geistigen Formen zu begreifen, mit denen wir unsere Erkenntnisse über die Welt ordnen. Im Jahre 1900 drückte Boltzmann diese grundlegende Idee öffentlich wie folgt aus:

> *»Nach meiner Überzeugung sind die inneren Denkgesetze dadurch entstanden, daß sich die Verknüpfung der inneren Ideen, die wir von den Gegenständen entwerfen, immer mehr der Verknüpfung der Gegenstände anpaßte. Alle Verknüpfungsregeln, welche auf Widerstände mit der Erfahrung führen, wurden verworfen und die allzeit auf Richtiges führenden […] festgehalten. Und dieses Festhalten vererbte sich so konsequent fort auf die Nachkommen, daß wir in solchen Regeln schließlich Axiome oder angeborene Denkweisen sahen. Man kann diese Denkgesetze aprioristisch nennen, weil sie durch die vieltausendjährige Erfahrung der Gattung dem Individuum angeboren sind.«*

Das Problem von Boltzmanns biologisch-dynamischer Sicht der Erkenntnisstrukturen bestand darin, daß er sich als Naturwissenschaftler an ein ehrwürdiges Dogma der Philosophie wagte, das der kritischste aller Denker gut einhundert Jahre vorher aufgestellt hatte, nämlich Immanuel Kant. Kant hatte die Strukturen bzw. Formen, mit denen es Menschen gelingt, das über die Welt Erfahrene zu ordnen und zur Erkenntnis werden zu lassen, um 1780 untersucht und ihnen in seiner *Kritik der reinen Vernunft* den Namen »Kategorien« gegeben. Er machte dabei einige Kategorien – wie Raum, Zeit und Kausalität – aus, die uns *vor* jedem Sinneseindruck zur Verfügung stehen. Sie sind uns mit dem Leben gegeben worden, und sie werden von uns an die Welt herangetragen. Nicht wir existieren in Raum und Zeit, sondern Raum und Zeit existieren in uns. Da solche Kategorien des Denkens jeder Erfahrung eines individuellen Menschen vorhergehen, da sie demnach »von vorneherein« gegeben sind, bezeichnete Kant sie genau so, nur daß er es mit lateinischen Worten tat und »a priori« schrieb.

Die Fragen, wie uns diese Qualitäten vor der Geburt verabreicht werden können und wie es sein kann, daß die uns ohne Kenntnis der Welt zur Verfügung stehenden Kategorien so perfekt auf eben diese Welt passen, stellte Kant nicht. Er hielt sie für unbeantwortbar, und damit errichtete auch er leidlich hohe Mauern für künftige Erkenntnistheoretiker. Die ihm nacheifernden Philosophen interpretierten im folgenden munter und fleißig weiter an dem System herum, das Kant errichtet hatte, und es ist keine Frage, daß dabei sehr viel Klarheit für die Antwort auf die Frage erreicht wurde, wie ein erwachsener Mensch mit seinem ausgereiften und biologisch entwickelten Gehirn die Dinge begreift, die ihn umgeben und tangieren. Doch auch diese Erkenntnisfähigkeit muß sich nicht nur in den langen Verläufen unserer Stammesgeschichte entwickelt haben – also mit Hilfe der biologischen Evolution –, sie muß sich auch in jedem einzelnen Menschen immer wieder neu entfalten und hervorgelockt werden – und zwar im Verlauf der Zeit, in der aus Kindern Erwachsene werden.

Die beiden Blickrichtungen sind erst in unserem (dem 20.) Jahrhundert freigelegt und ausgeschöpft worden, und zwar durch zwei biologisch orientierte Wissenschaftler, die Kant so beim Wort genommen haben. Der Königsberger Philosoph hatte zwar darauf hingewiesen, daß jede Erkenntnis sowohl die Anschauung als auch die Begriffe braucht, weil das reine Sehen blind agiert und Worte für sich alleine leer und sinnlos bleiben. Aber er hatte zugleich auch alle möglichen Gründe angeführt, warum es mit der Anschauung der Welt in seinem Fall nicht so eilig war.[2] Kant und seine Kollegen hielten sich lieber an die

---

2 Offenbar meinte Kant, daß er nicht in die Welt hinaus brauchte, weil ja die Welt zu ihm hinein käme, nämlich in seine Heimatstadt Königsberg, die am Meer lag und für die Welt offen war. Sie kam zu ihm,

Begriffe, während Jean Piaget und Konrad Lorenz die Anschauung ernster genommen haben als die professionellen Philosophen. Wie weit die beiden damit gekommen sind und wie dabei sowohl eine evolutionäre als auch eine genetische Erkenntnistheorie entstanden sind, wird im folgenden berichtet. Sowohl Lorenz wie auch Piaget haben dem Leben eine entscheidende Rolle zuerkannt. Für Piaget war das Leben selbst ein kreativer Prozeß, der ständig Neues hervorbringt, und für Lorenz war das Leben selbst ein erkenntnisgewinnender Prozeß, in dessen Verlauf die Welt immer besser abgebildet wird.

Der Rahmen

In Piagets Geburtsjahr (1896) beobachtet Antoine-Henri Becquerel zum ersten Mal die natürliche Form der Radioaktivität; er entdeckt, daß Uran Strahlen aussendet. Im selben Jahr sterben Alfred Nobel und Otto Lilienthal, der deutsche Ingenieur durch einen Absturz bei Flugversuchen. Ebenfalls 1896 werden die erst ein Jahr zuvor (in Deutschland) entdeckten Röntgenstrahlen in den USA dazu benutzt, einen gebrochenen Arm in die richtige Position zu bringen. 1897 wird das Elektron entdeckt, und Paul Ehrlich schlägt die sogenannte »Seitenketten«-Theorie zur Erklärung der Immunität vor. 1898 beschreibt Camillo Golgi den nach ihm benannten »Apparat« in einer Zelle, und die Engländer Alexander Ramsay und Morris Williams entdecken die Elemente Krypton, Xenon und Neon. 1899 erscheinen *Die Welträtsel* von Ernst Haeckel, der in diesem Buch behauptet, daß der Geist vom Körper abhänge und ohne ihn nicht weiterleben könne. Der Physiker Lord Kelvin meint, die Welt könne aus thermodynamischen Gründen nicht älter als 100 Millionen Jahre sein, und sein Kollege Ernest Rutherford unterscheidet bei radioaktiven Atomen Alpha- und Beta-Strahlen. Im Jahre 1900 wird der Seismograph erfunden (von Emil Wiechert), Sigmund Freuds *Traumdeutung* erscheint, und

und so brauchte er nicht zu ihr zu gehen. Es war wie mit den Kategorien: Kant war nicht im Raum, sondern der Raum war in Kant.

Karl Landsteiner weist nach, daß es mindestens drei Blutgruppen gibt: A, B und 0. 1901 wird der erste Staubsauger konstruiert (von Hubert Booth), und Hugo de Vries publiziert *Die Mutationstheorie*. 1902 entdeckt Landsteiner eine vierte Blutgruppe (AB), und Hermann Ebbinghaus stellt *Die Grundzüge der Psychologie* vor. Im Geburtsjahr von Lorenz (1903) werden die Chromosomen als Ort der Vererbung identifiziert, und zwar in Walter Suttons Schrift *The chromosome theory of heredity*. Im gleichen Jahr entdeckt der Mathematiker Henri Poincaré das, was wir heute determiniertes Chaos nennen. Das Thema findet zunächst aber nur wenig Aufmerksamkeit. Sie gehört vielmehr der Radioaktivität, bei deren Untersuchung Rutherford eine dritte Art von Strahlung – die Gamma-Strahlen – entdeckt. Die Radioaktivität ist zunächst vor allem für die Grundlagenforschung von Interesse. 1904 zeigt Bertram Boltwood, daß sich dabei ein Element in ein anderes umwandeln kann, und drei Jahre später gelingt es ihm zum ersten Mal auf dieser Grundlage, das Alter von Gesteinen zu bestimmen: Er konzentriert sich auf das Uran, das über Zwischenstufen zum Blei zerfällt, und er bestimmt, wie lange es gedauert hat, bis der Anteil an Uran bzw. Blei erreicht ist, der im Fels nachweisbar ist. Boltwood kommt auf viele hundert Millionen Jahre, wodurch Lord Kelvins Ansicht in Vergessenheit gerät. In den folgenden Jahren verbessern die Physiker Boltwoods Methode und verlängern auf diese Weise unter anderem das Leben der Erde. Als Piaget stirbt, werden Kristalle gefunden, deren Alter auf über vier Milliarden Jahre geschätzt wird, und als Lorenz stirbt, erhöht sich diese Zahl zum heutigen Stand, der bei 4,6 Milliarden Jahren liegt.

So viel Zeit sollte ausreichen, um den Theoretikern der Evolution zu erlauben, die Entstehung des Lebens zu erklären. Als Grundlage dient die Wissenschaft der Genetik, die in den ersten Jahrzehnten des 20. Jahrhunderts in Schwung kommt und 1917 zum Beispiel die Rekombination (»Crossing-over«) der Chromosomen entdeckt. Im gleichen Jahr erscheint die *Psychologie des Unbewußten* von C. G. Jung. Zwar kommt 1919 Thomas Hunt Morgans Buch über *The physical basis of here-*

dity auf der Markt, aber noch glaubt man, die Zahl der menschlichen Chromosomen sei 48. (Die richtige Zahl, 46, wird erst in den sechziger Jahren ermittelt.) Die Genetiker kümmern sich in den zwanziger Jahren um die geeigneten statistischen Methoden für ihre Arbeit, wobei das dazugehörige Hauptwerk von Ronald A. Fisher 1925 erscheint und *Statistical methods for research workers* heißt. Im gleichen Jahr legt A. J. Lotka in seinen *Elements of physical biology* den ersten Versuch vor, den Wettbewerb zwischen Arten mathematisch zu modellieren. Und ebenfalls 1925 kommt auch Bewegung in die Psychologie. Harvey Carr definiert als ihr Thema die mentale Aktivität, die Gedächtnis, Gefühle, Imaginationen und Urteile ermögliche, und Albert Weiss will aus der Psychologie eine physikalische Wissenschaft machen, um dem menschlichen Verhalten eine theoretische Grundlage zu geben. 1926 schlägt Edward L. Thorndyke vor, wie *The measurement of intelligence* vor sich gehen könnte, und seitdem gibt es die IQ-Tests. 1928 versucht John B. Watson der Erziehung eine psychologisch-wissenschaftliche Basis zu geben (*Psychological care of the infant and child*), und 1931 werden zum ersten Mal die raffinierten Möglichkeiten der Evolution deutlich: Die Amerikanerin Eloise B. Cram erkennt, daß Parasiten das Verhalten ihres Wirts ändern können. (Sie zeigt, wie eine Nematode eine Heuschrecke in ein leichtes Opfer für Hühner verwandeln kann.) 1932 versucht der Genetiker Thomas H. Morgan *The scientific basis of evolution* zu erklären, und ein Jahr später legt J. B. S. Haldane seine Version der *Causes of evolution* vor. Wir kennen die Gründe natürlich heute immer noch nicht, aber das Thema bleibt von nun an auf der Agenda. 1937 erscheint zum Beispiel *Genetics and the Origin of Species* von Theodosius Dobzhansky.

In den Jahren des Zweiten Weltkriegs richtet sich die Wissenschaft auf praktische Aspekte aus. Sie bringt synthetisches Gummi, DDT, Penicillin, das Radar, die Kernspaltung, die elektronische Datenverarbeitung und anderes hervor. Der Krieg beschleunigt aber nicht alles. Er verzögert zum Beispiel die Einführung des Fernsehens, die danach allerdings sehr rasch vor sich geht. In Deutschland steigt die Zahl der verkauften Geräte besonders steil im Jahre 1954 an, als die Fußballweltmeisterschaft in der Schweiz stattfindet und die deutsche Nationalelf nicht nur ins Endspiel kommt, sondern dieses auch noch mit 3:2 gegen die Ungarn gewinnt.

Die Wissenschaften werden in den späten fünfziger Jahren immer größer, weil die Gesellschaft dem technischen Fortschritt eine entscheidende Bedeutung für die Aufrechterhaltung des Wirtschaftswachstums und damit des Lebensstandards zuschreibt. Bis in die späten fünfziger Jahre florierte das Zweirad- und Kleinwagengeschäft, und in den sechziger und siebziger Jahren wurde das Auto zum normalen Zubehör des Lebens. In den eben genannten Jahrzehnten kommt es zu einem tiefen Einbruch in die Alltagskultur der Bundesrepublik: Kühlschrank, Waschmaschine, das Fertiggericht aus der Tiefkühltruhe, Selbstbedienungsläden, Anti-Baby-Pille, Mittelmeerreise, Pizzeria, Diskothek: Aus all diesen Requisiten entwickelte sich ein neuer Lebensstil.[3]

Die Wissenschaftler werden nicht nur immer zahlreicher, sie publizieren auch immer mehr. Man weiß zum Beispiel, daß es in der Gegenwart mehr Forscher gibt als jemals in der Vergangenheit – sowohl in absoluten Zahlen als auch relativ zur Gesamtbevölkerung –, und man kann zeigen, daß ein guter Wissenschaftler im Durchschnitt vor 1970 im Laufe seiner Karriere rund ein Dutzend Beiträge veröffentlichte. Heute werden von einem einzigen Autor Publikationslisten mit vielen hundert Titeln vorgelegt, die in immer stärker spezialisierten Zeitschriften erscheinen (wobei sie vermutlich immer weniger Leser haben). Diese Spezialisierung hat letzthin so zugenommen, daß die übergeordneten Begriffe wie Biologie oder Psychologie fast keine Bedeutung mehr haben. Es wird immer schwieriger, sich zurechtzufinden und eine Synthese des Erkennens zu versuchen, wie es Piaget und Lorenz noch unternommen haben.

---

3 Joachim Radkau, *Technik in Deutschland*, edition suhrkamp NF1536, Frankfurt am Main 1989, S. 316

Jean Piaget

oder
»Nur das Kind ist kreativ«

Jean Piaget stammt aus der Westschweiz, und er war ein außerordentlich begabtes Kind, was die Naturkunde angeht. Bereits als dreizehnjähriger Schüler verfaßte er Aufsätze auf dem Gebiet der Malakologie, die auch veröffentlicht wurden. Malakologie wird als Weichtierkunde übersetzt, und der Knabe Jean spezialisierte sich erst auf Teichschnecken, bevor er 1912 – noch vor seinem 16. Geburtstag – mit einem Klassenkameraden ein Verzeichnis der Froscharten seiner Heimat anlegte.

Jean Piaget wurde am 9. August 1896 in Neuenburg (Neuchâtel im Kanton Bern) geboren, wo sein Vater Arthur Professor für vergleichende Literaturwissenschaft war und das Staatsarchiv leitete. Arthur Piaget wies zwar jede Form von Religion von sich, aber Piagets Mutter Rebeca-Suzanne bestand nicht nur auf einer lutherischen Taufe, sondern auch auf christlicher Unterweisung. Jean Piaget hat damit früh den »Konflikt zwischen Wissenschaft und Religion« kennengelernt, wie er später schrieb, und er bemüht sich sein Leben lang um dessen Ausgleich. Seine Sympathie steht dabei von Anfang an fest, wobei spekuliert werden kann, daß es möglicherweise das »neurotische Temperament« seiner Mutter war, das ihn dazu brachte, mehr Neigungen für die Wissenschaft zu entwickeln. Piaget tat dies – wie erwähnt – von Kindesbeinen an mit großem Eifer, und er hat einmal einige der Fragen aufgezählt, die ihn als Knabe beschäftigt und auf diesen Weg gebracht haben:

»Warum z. B. leben von den etwa 130 Arten von Mollusken [Weichtieren], die in der Schweiz anzutreffen sind [...], einige nur in der Ebene, während andere bis auf 1000 bis 3000 Metern leben? Warum haben in den großen Schweizer Seen bestimmte Arten völlig verschiedene Formen, je nachdem, ob sie ruhige Buchten bewohnen oder ein Ufer, das Wind und Wellen ausgesetzt ist, oder je nachdem, ob sie sich nur in Ufernähe aufhalten, ob sie 20 oder 30 Meter tief gehen oder bis auf den Grund unserer Seen tauchen?«

Der jugendliche Piaget will aus innerem Antrieb wissen, wie und wodurch Verhaltensweisen entstehen, als ihm 1912 eines der Hauptwerke des französischen Philosophen Henri Bergson in die Hände fällt. Es heißt *Schöpferische Entwicklung* und diskutiert im ersten Kapitel mögliche Erklärungen für den Wandel der Arten. Bergson schlägt zu diesem Zweck eine besondere Lebenskraft – den *élan vital* – vor, und so wenig Anklang dieser Gedanke in der Biologie allgemein gefunden hat, so wichtig ist die Deutung, die Piaget ihm persönlich gibt, und so entscheidend ist das Erlebnis, das er mit der Lektüre verbindet:

»Ich erinnere mich an einen Abend, an dem ich eine tiefe Offenbarung erfuhr: die Identifikation Gottes mit dem Leben selbst war ein Gedanke, der mich fast bis zur Ekstase aufwühlte, weil er mir erlaubte, von nun an in der Biologie die Erklärung aller Dinge und des Geistes selbst zu sehen.«

Piaget verwirft zwar Bergsons Lösung der evolutionären Grundfrage, aber er sieht nach der Lektüre in der Biologie das Feld, auf dem sich Religion und Wissenschaft begegnen können, und er hat den entscheidenden Gedanken für sein späteres wissenschaftliches Vorgehen und Suchen gefunden, den Gedanken nämlich, daß das Leben selbst wie ein kreativer Vorgang abläuft, bei dem man immer auf Neues gefaßt sein sollte.

Der Weg in die Psychologie

Nach der Maturitätsprüfung (dem Abitur) studierte Piaget in seiner Vaterstadt Biologie, wobei er daneben immer auch philosophische Vorlesungen besuchte. Bei seinem interdisziplinären Treiben hat er offenbar schon früh die Grundgedanken bzw. -begriffe entwickelt, die sich später in seinen Schriften finden und das Gebiet der Entwicklungspsychologie begründen und aufbauen – zum Beispiel das Wechselspiel von Gleichgewicht und Ungleichgewicht, das er *Äquilibration* nannte und bei dem ein An- und Ausgleichen aktiver Elemente des menschlichen Tuns erfolgt (wie weiter unten an einem Beispiel erläutert wird).

Zunächst geht Piaget aber noch gradlinig vor, und er schließt seine Studentenjahre im Sommer 1918 mit einer Doktorarbeit über die Verbreitung der Weichtiere im Wallis ab. Im Herbst desselben Jahres geht er nach Zürich, um hier die Methoden der experimentellen Psychologie zu erlernen. Er will nicht nur wissen, wie sich die äußeren Strukturen der Tiere entwickeln, sondern auch, wie sich die inneren Strukturen des Denkens herausbilden, und er ist fest davon überzeugt,

> »daß man auf allen Ebenen (derjenigen der Zelle, des Organismus, der Art, der Begriffe, der logischen Prinzipien usw.) dasselbe Problem der Beziehungen zwischen dem Teil und dem Ganzen wiederfindet«.

Hier tauchte für Piaget »die enge Verbindung zwischen der Philosophie und der Biologie auf, von der ich geträumt hatte«. Piaget sah in der Psychologie »die Möglichkeit einer Epistemologie, die mir nun wirklich wissenschaftlich erschien«. Die Suche nach einer geeigneten Form dieser Wissenschaft bringt den dreiundzwanzigjährigen Piaget nach Paris, wo er viele Kurse – über Psychologie, Psychopathologie und Logik – belegt und wo ihm eine Aufgabe gestellt wird, die seinem wissenschaftlichen Leben die entscheidende Richtung gibt, weil er den methodischen Zugang für seine Fragestellung findet.

Die Psychologen hatten damals begonnen, Kinder mit Hilfe von Intelligenztests zu untersuchen, wobei diejenigen des Briten Cyril Burt am weitesten verbreitet waren. Piaget wurde gebeten, die entsprechenden Fragebögen für französische Schulkinder zu standardisieren. Er begann in diesem Zusammenhang auch damit, eigene Fragen und experimentelle Aufgaben zu stellen, die er nicht nur von »normalen«, sondern auch von als »anormal« eingestuften Jungen und Mädchen lösen ließ. Bald wurde seine Aufmerksamkeit mehr von den »falschen« als den »richtigen« Antworten gefesselt, denn Piaget bemerkte, daß die »Fehler« nicht zufällig zustande kamen. Vielmehr traten in verschiedenen Altersstufen typische Fehler auf, und er interpretierte sie als Ausdruck einer allen Kindern gemeinsamen Entwicklung bzw. Strategie. Piaget entdeckte zum Beispiel, daß Kinder bis ins neunte oder zehnte Lebensjahr hinein den Unterschied nicht verstehen, der zwischen Sätzen wie »Alle meine Blumen sind rot« und »Einige meiner Blumen sind rot« besteht. Sie begreifen nicht, daß ein Strauß Blumen nicht völlig rot ist, wenn (nur) einzelne Teile von ihm diese Farbe haben. Und als er eine Menge Münzen so anordnete, daß sie in zwei Reihen paarweise gegenüber zu liegen kamen, bemerkte er, daß Kinder im Alter von vier bis fünf Jahren zwar erkennen, daß in beiden Reihen gleich viele Münzen liegen, daß sie aber auch meinen, die Zahl der Münzen ändere sich, wenn man die Paarbildung aufhebt. Wenn eine der beiden Reihen auseinandergezogen wird, vermuten Kinder noch im sechsten Lebensjahr, die längere Reihe enthalte mehr Münzen. Erst wenn sie älter sind, treffen sie sichere Aussagen über die Anzahl, und sie begründen jetzt auch, was sie sagen und erkennen.[4]

4 In seinem Buch *Der Zahlensinn* (Basel 1999) schlägt Stanislas Dehaene (auf S. 59) eine andere Erklärung als die noch fehlende Vorstellung der Mengeninvarianz für Piagets Versuch mit den Münzreihen vor. Dehaene weist darauf hin, daß der Experimentator den Kindern eine Frage zweimal stellt, und in dem Fall könnte folgende Gedankenkette in den Kindern ablaufen: »Wenn diese Erwachsenen mir ein zweites Mal die gleiche Frage stellen, muß das

Lebensstationen

Piaget war begeistert, und er notierte:

> »*Endlich hatte ich mein Untersuchungsfeld entdeckt, denn schließlich war mein Ziel, eine Art Embryologie der Intelligenz zu entdecken, meiner biologischen Ausbildung angepaßt.*«

Er stellte seine ersten Beobachtungen und Einsichten in einem Aufsatz zusammen und schickte ihn an die Zeitschrift *Archives de Psychologie*. Der Herausgeber, Edouard Claparède, zeigte sich so begeistert von dem originellen Ansatz, daß er dem Autor spontan den Posten eines »Chef de travaux« – eines Oberassistenten – anbot, und zwar am Genfer Institut Jean-Jacques Rousseau, dessen Leiter Claparède war. Piaget akzeptierte sofort, und im Frühjahr 1921 trat er seine Stelle an. In den folgenden Jahren veröffentlichte er seine bahnbrechenden Arbeiten zur Kinder- oder Entwicklungspsychologie, die weltweit für Aufsehen sorgten.

Bevor darauf im einzelnen eingegangen wird, sollen die weiteren Stationen in Piagets Leben notiert werden. 1925 wurde er Professor für die Philosophie der Naturwissenschaften an der Universität Neuenburg. In diesem Jahr bekam seine Frau[5] ihr erstes Kind, dem zwei weitere folgten. Bei allen dreien hat er genau beobachtet und notiert, wie sie kleine Aufgaben in experimenteller Form erst nicht und dann doch lösten, um auf diese Weise ihre geistige Entwicklung zu dokumentieren.

---

daran liegen, daß sie eine andere Antwort erwarten. Aber das einzige, das sich gegenüber früher verändert hat, ist die Länge der beiden Reihen. Deshalb muß die neue Frage etwas mit der Länge der Reihen zu tun haben, obwohl es so aussieht, als ob sie sich auf die Anzahl bezöge. Ich sollte also wohl besser aufgrund der Reihenfolge antworten als aufgrund ihrer Anzahl.« Warum einfach, wenn es kompliziert geht?

5 Piaget hatte 1924 Valentine Chtenay geheiratet, die Mitarbeiterin des Instituts war.

1929 wurde Piaget Professor für Wissenschaftsgeschichte in Genf sowie Direktor am Bureau International de l'Education (das nach 1945 in die UNESCO integriert wurde). 1932 ernannte man ihn neben E. Claparède und M. Bovet zum Co-Direktor des Instituts Jean-Jacques Rousseau. Von Genf aus bot man ihm 1939 einen Lehrstuhl für Soziologie und ein Jahr später den Lehrstuhl für Experimentalpsychologie an, wobei er den zweiten Ruf annahm und die entsprechende Position bis 1971 innehatte. 1956 gründete Piaget das Forschungszentrum für genetische Epistemologie[6] (Erkenntnislehre), an dem Logiker, Mathematiker, Physiker, Wissenschaftstheoretiker und Kinderpsychologen zusammenarbeiteten, um das Erwachen der menschlichen Intelligenz zu erkunden, das wir alle selbst erleben. Piaget hat dieses *Centre international d'épistémologie génétique* bis zu seinem Tode aktiv geleitet, wobei er definiert hat, was die genetische Erkenntnislehre versucht, nämlich

»Erkennen, insbesondere wissenschaftliches Erkennen, durch seine Geschichte, seine Soziogenese und vor allem die psychologischen Ursprünge der Begriffe und Operationen, auf denen es beruht, zu erklären«.[7]

Die Goldmine

Die geschilderte Karriere zeigt die Breite des wissenschaftlichen Feldes, das Piaget für sich abgesteckt hatte, und diese interdisziplinäre Breite war nötig, um die Stufen der kognitiven Entwicklung auffinden und genauer charakterisieren zu können, die Piaget zum ersten Mal bemerkt hatte, als er Antwor-

---

6 »Genetisch« ist nicht im heutigen Sinne gemeint, der ausdrückt, daß etwas von Genen bedingt ist. Genetisch bei Piaget hat mehr mit der Frage des Werdens und der Entstehung zu tun.
7 Jean Piaget, *Einführung in die genetische Erkenntnistheorie*, suhrkamp taschenbuch wissenschaft 6, Suhrkamp Verlag, Frankfurt am Main 1973, S. 7

ten von Schulkindern mit ihren nicht durch individuelle Schwächen zu erklärenden Fehlern betrachtete. Piaget wollte im Detail verstehen, wie die Kategorien des Denkens hervorgebracht werden, und er war sicher, daß dies durch die Wechselwirkung von innen und außen geschieht. Für ihn konnte der Geist kein passiver Apparat sein, der die Sinnesdaten aufnimmt, die nach einem feststehenden Muster einströmen und über die Außenwelt informieren. In Piagets Ansatz wird menschliche Intelligenz als Strategie betrachtet, mit deren Hilfe die wahrgenommene Wirklichkeit aktiv konstruiert – besser: re-konstruiert – wird. Das Gehirn bzw. der Geist ist auf der Suche nach Signalen und transformiert das von ihm Empfangene mit Hilfe seiner genetisch verständlichen Vorgaben.

Piaget vermied das Studium affektgeladener Komponenten des Erkennens und konzentrierte sich ausschließlich auf die kognitiven Fähigkeiten und die Entwicklung, die sie im Laufe der Ontogenese erfahren. Diese Idee fand spätestens im Laufe der siebziger Jahre eine große Gefolgschaft, denn

»dieser Forschungsansatz erschließt der erkenntnistheoretischen Erkundung eine Goldmine, welche die Philosophen seit Jahrtausenden übersehen haben. Die Philosophie hat traditionell nur das Wissen und die Wahrheit diskutiert, die der erwachsene Geist des Menschen besitzt, ohne drauf zu achten, daß deren Ursprünge im kindlichen Geist liegen. In der ersten Hälfte des 18. Jahrhunderts hatte zwar Jean-Jacques Rousseau erkannt – nach ihm wurde das Genfer Institut benannt, dessen Direktor Piaget war –, daß die Natur es will, daß Kinder Kinder sind, bevor sie zu Erwachsenen werden, und daß die Kindheit ihr eigenes Sehen, Denken und Fühlen hat. Doch dauerte es noch bis zum Beginn unseres Jahrhunderts [gemeint ist das 20.], bevor Psychologen – vor allem James Baldwin – damit begannen, systematisch die kognitiven Fähigkeiten des kindlichen Verstandes auszuwerten und die Stufen zu bestimmen, auf denen er erwachsen wird. Doch nachdem Piaget seinen Forschungsweg eingeschlagen hatte, mußte noch ein weiteres Vierteljahrhundert vergehen, bevor seine Ergebnisse eine

deutliche Wirkung im erkenntnistheoretischen Denken zeigten.«[8]

Piaget konzentrierte seine Arbeiten zunächst auf die sprachliche Entwicklung von drei- bis vierjährigen Kindern; es gelang ihm dabei, das zu ordnen, was vorher den Eindruck eines Durcheinanders machte, nämlich die kindliche Mentalität. Bei fünf- bis sechsjährigen Kindern erkannte er, daß Kinder Schwierigkeiten haben, den Standpunkt zu wechseln. Diejenigen, die eine Schwester oder einen Bruder haben, begreifen nicht ohne weiteres, daß sie selber dann auch Bruder oder Schwester sind. Sie bleiben in einem Ego-Zentrismus stecken, der sie zum Mittelpunkt der Welt macht.

Berühmt wurden Piagets ungewöhnlich zahlreiche Beobachtungen an seinen eigenen drei Kindern Jacqueline, Lucienne und Laurent. Mit ihrer Hilfe wurde das empirische Material gewonnen, das in drei Bänden das Licht der wissenschaftlichen Welt erblickte. Zuerst erschien *Das Erwachen der Intelligenz beim Kinde* (1936); hier behandelt Piaget den Übergang von angeborenen Reflexen zu erlerntem Verhalten, den Kinder in den ersten 18 Monaten ihres Lebens zeigen. Danach schildert *Der Aufbau der Wirklichkeit beim Kinde* (1945) die Intelligenzentfaltung des Kleinkindes, das ein Bewußtsein für Gegenstände entwickelt und sich erste Vorstellungen von Raum und Zeit bzw. Ursache und Wirkung macht. Im dritten Band geht es um *Nachahmung, Spiel und Traum* (1954), womit das Zusammenwirken von Vorstellung und Denken gemeint ist, wie es sich in Kindern abspielt.

Später hat Piaget noch mit Alina Szeminska *Die Entwicklung des Zahlbegriffs beim Kinde* und mit Bärbel Inhelder *Die Entwicklung der physikalischen Mengenbegriffe beim Kinde* untersucht, um nur auf einige Titel seiner zahlreichen Veröffentlichungen hinzuweisen. Besonders gereizt hat ihn eine Zeitlang *Die Bildung des Zeitbegriffs beim Kinde*, weil Albert Einstein

---

8 Max Delbrück, *Wahrheit und Wirklichkeit*, Rasch und Röhring, Hamburg 1986, S. 153

ihn auf die Besonderheiten hingewiesen hatte, die ein so einfach wirkendes Konzept wie die Gleichzeitigkeit mit sich bringt.

Die kognitiven Stufen

Piaget zeigt in all seinen Arbeiten, wie die geistige Entwicklung von Kindern durch einen inneren Antrieb erfolgt. Kinder sind bemüht, die sie umgebende Welt aktiv zu ergreifen, und sie sind in der Lage – so erkennt Piaget –, angeborene Wahrnehmungs- und Handlungsabläufe zu assimilieren oder zu akkommodieren. Er illustriert dies an einem einfachen Beispiel: Stellen wir uns vor, wir bekommen durch den uns von Geburt an zur Verfügung stehenden Greifreflex einen neuen Gegenstand – zum Beispiel einen Ball – zu fassen. Dann fügen wir diesen Ball zum einen in die Kategorie der greifbaren Gegenstände ein (Assimilation); wir passen zum zweiten unsere Greiftechnik der Besonderheit seiner Form an (Akkommodation). Ein Kind führt also zunächst konkrete Operationen aus, es *er*greift die Gegenstände und mit ihnen die ihm bekannte Welt. Nach und nach – so zeigt Piaget – läßt die geistige Verarbeitung dieser Handlungen ein formales Operieren zu, mit dem ein Kind die Gegenstände schließlich *be*greift.

Viele Jahrzehnte haben Piaget und seine Mitarbeiterinnen, unter denen vor allem Bärbel Inhelder und Alina Szeminska hervorzuheben sind, Beobachtung an Beobachtung gefügt und dabei die Überzeugung gewonnen, daß wir als Kinder die kognitiven Kategorien der Erwachsenen stufenweise erreichen. Die psychologischen Untersuchungen lassen vier Phasen der Intelligenz erkennen, die Kinder durchlaufen müssen und die mit dem Lebensalter zusammenhängen. Piaget hat sie in seinem Werk *Psychologie der Intelligenz* zusammengefaßt, das zuerst 1947 erschienen ist:

Zunächst – in den ersten zwei Jahren des Lebens – zeigt sich eine sogenannte sensomotorische Intelligenz. Alles Denken realisiert sich im Tun des Kindes. Dabei werden diese ersten Handlungen schon verinnerlicht und zu einer Art von Vorbegriffen gewandelt, die das anschauliche Denken ausmachen. Vermutlich steckt in dieser frühen Phase der Entwicklung der Ursprung einer Eigenart unseres Denkens, das man als Dinghaftigkeit bezeichnen kann. In dieser *sensomotorischen Phase* bildet sich nämlich das Konzept eines Objekts heraus. Krabbelnde Kleinkinder lernen, daß ein Gegenstand von Dauer ist. Sie verstehen etwa, daß ein Kamm, der aus ihrem Blickfeld verschwindet und anschließend unter einem Tuch wieder auftaucht, derselbe Kamm (geblieben) ist. Kleinkinder verstehen, daß es den Kamm selbst dann noch gibt, wenn sie ihn nicht sehen. Dies klingt zwar selbstverständlich, ist es aber nicht, denn Kinder wissen das nicht, wenn sie zur Welt kommen. Der Kamm, der unter einer Decke liegt, existiert für sie nicht mehr. Kein Kind käme in diesem Alter auf die Idee, nach ihm zu suchen. Sie begreifen die Permanenz der Objekte erst am Ende der sensomotorischen Phase. Dann halten sie an ihr fest, und nun haben sie diese Idee fürs Leben.[9]

Der sensomotorischen Phase folgt im Alter von drei bis sieben Jahren die Stufe, auf der Kinder lernen, mit Symbolen umzugehen und anschaulich zu denken. Piaget spricht von der *präoperationalen Stufe*, auf der Kinder nach und nach lernen, mit dem Gedächtnis zu argumentieren und Analogien zu bilden. Das symbolische Denken beginnt oft mit einer Imitation, die dann mehr und mehr nach innen verlagert wird. Auf dieser Stufe kann die Sinneserfahrung immer noch das Denken besiegen, wie Piaget mit einem berühmten Versuch gezeigt hat. Es geht dabei um eine Flüssigkeit, die von einem Gefäß in ein (einzelnes) anderes oder in (mehrere) andere geschüttet wird. Daß die verteilten Mengen dabei erhalten bleiben, ist zwar für Erwachsene selbstverständlich, aber Kinder müssen auf dieser Stufe der Entwicklung die Invarianz der Menge erst noch lernen, wie Piaget nachgewiesen hat. Wenn sie gerade vier oder

---

[9] Die Objektpermanenz muß von den Physikern wieder aufgegeben werden, wenn sie sich den Atomen zuwenden. Im Grunde ist die Welt der Atome nicht sehr von der Welt der Spielzeuge unterschieden, wie Kinder sie in der sensomotorischen Phase erleben.

fünf Jahre alt sind, lassen sie sich leicht von der Höhe des Flüssigkeitsspiegels – dem vorherrschenden Sinneseindruck – täuschen. Gießt man den Inhalt aus einem schlanken Gefäß in ein breites, denken die Kinder in diesem Alter noch, es gäbe nun weniger Flüssigkeit als vorher – sie steht ja viel niedriger. Werden die Kinder ein bis zwei Jahre älter, erkennen sie – immer noch auf der präoperationalen Stufe – die Konstanz der Menge nur dann noch nicht, wenn sich mehr als ein Parameter ändert, der sich den Sinnen aufdrängt.

Auf der nächsten Stufe besiegt das Denken die Wahrnehmung. Die Kinder wissen nun, daß die Menge erhalten bleibt. Sie haben das Konzept der Mengenkonstanz entwickelt, und zwar ganz für sich alleine, ohne daß jemand es ihnen erklärt oder vorgeführt hätte. In diesem Alter befinden sich die Kinder auf der dritten Sprosse der Leiter ins kognitive Leben, und ihr hat Piaget den Namen *konkret-operationale Periode* gegeben. Sie währt über das zehnte Lebensjahr hinaus und ermöglicht es den Kindern, Reihenfolgen zu konstruieren und Ordnungen zu begreifen. Sie verstehen die Gleichwertigkeit von Mengen und eignen sich so das Konzept der Zahl an. Damit wird es auch möglich, die Erhaltung kontinuierlicher Eigenschaften zu erfassen, also etwa Gewicht und Volumen.

Möglicherweise bilden die konkreten mentalen Operationen die Basis für das, was allgemein als gesunder Menschenverstand bekannt und verfügbar ist.[10] Er wird uns als biologisches Erbe geliefert und ist im Rahmen der Evolution entstanden.

Die letzte Stufe der kognitiven Reifung, die Piaget erkannt hat, geht über den »common sense« hinaus. Er nennt sie die *Phase der formalen Operationen*. In ihr erkennen Kinder, die älter als zwölf Jahre sind, daß die sie umgebende Welt nur eine von vielen möglichen ist. Die Jugendlichen lernen, mit Annahmen und Behauptungen zu argumentieren. Auch mit rein hypothetischen Vorgaben können sie nun unter der Anwendung deduktiver Regeln Schlüsse ziehen. Sie lernen, das Wirkliche

---

10 Mehr dazu in meinem Buch *Kritik des gesunden Menschenverstandes*, Rasch und Röhring, Hamburg 1988

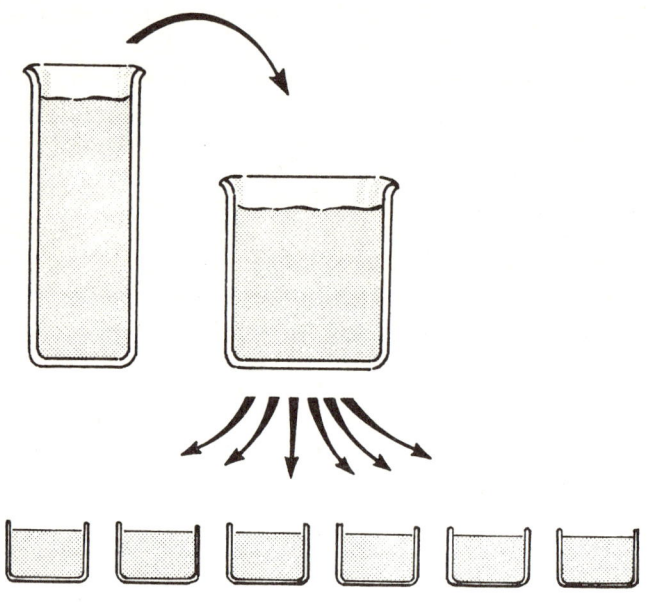

Der berühmte Invarianzversuch mit Flüssigkeit, den es in vielen Ausführungen gibt. Aus dem schlanken Gefäß wird die Flüssigkeit zum Beispiel zuerst in ein breiteres und danach in viele kleine Gefäße umgefüllt. Die Kinder werden gefragt, ob die Flüssigkeit dabei mehr oder weniger wird (oder gleich bleibt). Auf den ersten Stufen der kognitiven Entwicklung – so Piaget – lassen sich die Kinder von den Sinneswahrnehmungen täuschen, vor allem wenn sich nur ein Parameter ändert, wie im ersten Schritt (die sichtbare Höhe der Flüssigkeit). Erst später bilden sie das Konzept der Invarianz einer Menge. Es setzt sich schwerer durch, wenn zwei Parameter variieren (Höhe des Flüssigkeitsspiegels und Zahl der Gefäße).

und das Mögliche zu unterscheiden, und nach und nach gelingt es auch, wissenschaftlich zu denken. Von nun an sind die Schritte nicht mehr durch die Natur vorgegeben. Man muß die Entwicklung selbst vorantreiben, und man kann sich nach und nach von seinen biologischen Vorgaben befreien, wobei es dem Wissenschaftshistoriker Piaget auffällt, daß dieser Prozeß Jahrhunderte gedauert hat, bis er richtig in Schwung kam.

Biologie und Erkenntnis

Piagets Leben ging fast völlig in Arbeit auf; in seinem Arbeitszimmer gab es das, was er eine »vitale Ordnung« nannte: Überall türmten sich Bücher, überall formten Manuskripte die bekannten Hügel, und auf dem Schreibtisch blieb nie mehr als eine taschentuchgroße Fläche frei, um arbeiten zu können. Das Telefon war unsichtbar und mußte bei jedem Klingeln neu gesucht werden. Den Kontrast zu diesem räumlichen Durcheinander bildete seine zeitliche Disziplin. Piaget war die Pünktlichkeit in Person, und zumeist war er sogar vor dem verabredeten Termin zur Stelle. Er hielt ein regelmäßiges Arbeitspensum von vier bis fünf Manuskriptseiten pro Tag durch, das er auch nicht unterbrach, wenn er auf Konferenzen war. So sind neben den vielen entwicklungspsychologischen Schriften auch eine freche Analyse von *Weisheit und Illusion der Philosophie* (1965) und eine Einführung in den *Strukturalismus* (1968) entstanden, um nur einige ganz wenige Beispiele zu nennen. Zwischen diesen beiden Schriften legte Piaget 1967 sein Spätwerk über *Biologie und Erkenntnis* vor, mit dem er ein weiteres Forschungsprogramm entwickelte, in dessen Rahmen die Prinzipien und Gesetzmäßigkeiten erkundet werden sollten, denen die kognitiven Entwicklungsprozesse gehorchen. Und ganz zuletzt ging es ihm um einen Vergleich zwischen der Wissenschaftsgeschichte und der geistigen Entwicklung von Kindern. Piaget war der Meinung, daß ein Kind in kurzer Zeit die Jahrtausende der Menschheitsgeschichte nachvollziehe:

»*Das Kind imitiert in seinen ersten zwölf Lebensjahren die Ergebnisse dreitausendjähriger Forschung, [...] aber ich ziehe die umgekehrte Formulierung eindeutig vor: es ist die Wissenschaftsgeschichte, die den Werdegang des Einzelnen rekapituliert.*«

Piaget war stark mit der Parallele zwischen der kognitiven Reifung individueller Menschen und den wissenschaftlichen Fortschritten der ganzen Menschheit beschäftigt. Er arbeitete an einem gemeinsamen Buch mit dem argentinischen Wissenschaftshistoriker Rolando Garcia, als er im Sommer 1980 bettlägerig wurde. Am 16. September desselben Jahres ist er in Genf gestorben. Bei der Trauerfeier wurde Mozart gespielt, für dessen Musik Piaget eine Vorliebe hatte. Mozarts Schöpfungen, so sagte er einmal, vereinigen die strenge Bauweise Bachscher Werke, die zum Denken anregen, mit den Kompositionen von Wagner, die Gefühle stimulieren. Beide Qualitäten zeichnen Piagets Werk aus – das einfühlsame Wahrnehmen des sich entfaltenden Lebens und eine mustergültig angelegte Theorie kognitiver Stufen. In Piagets Menschenbild erkennt man ein kreatives Wesen, das agiert und sich in der äußeren Welt umtut, bevor es sie verinnerlicht. Piaget wollte

»*Kind bleiben bis zum Ende. Die Kindheit ist das eigentliche Stadium der Kreativität. [...] Alles, was man dem Kind beibringt, kann es nicht mehr selbst erfinden oder entdecken.*«

Konrad Lorenz

oder
Der »ruppige Ast, aus dem
Freundschaft und Liebe sprießen«

Konrad Lorenz hat es seinen Verehrern nicht leicht gemacht, und so erklärt sich wahrscheinlich, daß es um ihn, der zeit seines Lebens sowohl die wissenschaftliche als auch die öffentliche Diskussion um das Verständnis des Menschen angeheizt hat, nach seinem Tode 1989 seltsam still geworden ist. Der aus Österreich stammende und 1973 als erster Verhaltensforscher mit dem Nobelpreis[11] geehrte »Vater der Graugänse« war spätestens seit 1963 weltbekannt geworden, als *Das sogenannte Böse* erschien und ein Bestseller wurde. In diesem Buch beschreibt der Autor die Aggression als einen von innen heraus wirkenden Trieb des Menschen, der wie Hunger und Sex in periodischen Abständen sein Recht verlange und deshalb nicht durch Erziehungsbemühungen aus der Welt zu schaffen sei. Kurios ist dabei zum einen die Tatsache, daß Lorenz das Buch seiner Frau gewidmet hat, und zwar deshalb, weil »er es geschrieben habe nicht etwa aus Interesse an der Aggression im allgemeinen, sondern weil [er der Überzeugung sei, daß] diese die Wurzel ehelicher Liebe sei!«.[12] Und kurios ist zum anderen

---

11 Konrad Lorenz wurde zusammen mit Karl von Frisch und Nikolaas Tinbergen mit dem Nobelpreis für Medizin oder Physiologie ausgezeichnet.
12 Norbert Bischof, *Gescheiter als alle die Laffen – Ein Psychogramm von Konrad Lorenz*, Rasch und Röhring Verlag, Hamburg 1991,

die Tatsache, daß viele Psychologen das Buch bei seinem Erscheinen zwar mit brennenden Augen und angehaltenem Atem gelesen haben, daß sie es heute aber nicht mehr als Seminarlektüre verwenden können, weil es von gedanklichen Unstimmigkeiten nur so wimmelt und zu viele Anekdoten als Hilfsmittel wissenschaftlicher Beweisführung einführt.[13]

Die Rolle der Bilder

Nach dem *Sogenannten Bösen* hat man viel und heftig um Lorenz gestritten, weil er tierisches Verhalten beobachtete und menschliches Verhalten daraus erklärte. Als er 1977 unter dem Titel *Die Rückseite des Spiegels* einen grandiosen *Versuch einer Naturgeschichte menschlichen Erkennens* vorlegte, brachte er die Philosophen endgültig gegen sich auf. Doch diesmal hatte er nicht leichtfertig unzulässige Grenzüberschreitungen vorgenommen, sondern diesmal hatte er den reinen Denkern eklatante Schwächen nachgewiesen. Denn sein Buch lieferte mehr Fortschritte für die Philosophie der Erkenntnis als alle Arbeiten, die von den Fachleuten der Zunft in den letzten hundert Jahren produziert worden waren. Lorenz machte sie nämlich darauf aufmerksam, daß sie eine ganz wesentliche Dimension unterschlagen bzw. vergessen hatten, und zwar die Dimension der Zeit, die das Leben zur Evolution nutzt. Mit dieser Öffnung bot sich die Möglichkeit einer evolutionären Erkenntnistheorie, die Lorenz ganz selbstverständlich war, denn

---

S. 102. An dieser Stelle soll noch angemerkt werden, daß man jegliches Interesse des Verhaltensforschers für die Umgangsweise vermißt, die das Gegenstück zur Aggression bildet und zumeist als Versöhnung bezeichnet wird. Leider hat Lorenz hier einen Trend gesetzt, und die Versöhnung muß weiter im Schatten der Aggression ihre Qualitäten für die Lebewesen entfalten.

13 Berühmt ist der Hinweis auf eine Tante, die in regelmäßigen Abständen ihr Dienstmädchen feuerte; Lorenz führt diesen Umgang als Beweis für seine Theorie der sich stauenden Aggressionsenergie an.

»für den Naturforscher ist der Mensch ein Lebewesen, das seine Eigenschaften und Leistungen, einschließlich seiner hohen Fähigkeiten des Erkennens, der Evolution verdankt, jenem äonenlangen Werdegang, in dessen Verlauf sich alle Organismen mit den Gegebenheiten der Wirklichkeit auseinandergesetzt und – wie wir zu sagen pflegen – an sie angepaßt *haben. Dieses stammesgeschichtliche Geschehen ist ein Vorgang der* Erkenntnis, *denn jede ›Anpassung an‹ eine bestimmte Gegebenheit der äußeren Realität bedeutet, daß ein Maß von ›Information über‹ sie in das organische System aufgenommen wurde.«*

Lorenz nennt das, was den Menschen zur Wahrnehmung der Welt zur Verfügung steht, ihren »Weltbildapparat«, und er nimmt die Idee des Bildes so ernst, wie sie es verdient, denn

»in der Entwicklung des Körperbaus, in der Morphogenese, entstehen Bilder *der Außenwelt: Die Flossen- und Bewegungsform der Fische bildet die hydrodynamischen Eigenschaften des Wassers ab, die diese unabhängig davon besitzt, ob Flossen in ihm rudern oder nicht. Das Auge ist, wie Goethe richtig erschaute, ein Abbild der Sonne und der physikalischen Eigenschaften, die dem Licht zukommen, unabhängig davon, ob Augen da sind, es zu sehen. Auch das* Verhalten *von Tier und Mensch ist, soweit es an die Umwelt angepaßt ist, ein Bild von ihr. [...] Aus dieser Einsicht folgt, daß wir die menschlichen Fähigkeiten zum Erkennen der Wirklichkeit anders beurteilen, als es die Erkenntnistheoretiker bisher getan haben.«*[14]

An dieser Stelle kann hinzugefügt werden, daß es vermutlich nicht nur die Idee einer natürlichen Selektion der Denk- und Anschauungsformen ist, die für Philosophen befremdlich erscheinen mußte. Dieser Eindruck hat vielleicht noch mehr mit den Bildern zu tun, von denen Lorenz spricht und die er an den

14 *Die Rückseite des Spiegels,* S. 17 und 18

Anfang und in das Zentrum des Erkennens rückt. Solche Bilder kommen aber bei Kant nicht vor, der in den rational konstruierten Begriffen die Lösung aller Fragen sah und alles Erkennen auf Kategorien zurückführte, die er selbst ausschließlich rational entworfen hatte.

So darf man bis heute in Lorenz den imaginativen und phantasievollen Naturphilosophen bewundern, der einmal (von 1940 bis 1942) den Lehrstuhl Kants in Königsberg eingenommen hatte. Man kann darüber hinaus den einfallsreichen Beobachter der Tiere verehren, deren Verhalten er seit Kindertagen erkundete, und man darf sich an seiner lebendigen und witzigen Sprache erfreuen, die immer frisch und originell wirkt. Und doch kann diese Hinwendung nicht einhellig und bedenkenlos erfolgen, und sie bleibt immer auch durch Ablehnung überschattet. Zum Leidwesen vieler Verehrer des genialen Mannes gab und gibt es nämlich dunkle Momente und Gedanken in seinem Leben. Lorenz hat sich zum Beispiel in den vierziger Jahren bei den damaligen Machthabern in Deutschland beliebter als nötig gemacht, als er sich in seinen Texten zustimmend über die »Ausmerzung ethischer Minderheiten« äußerte. Und in seinen später erschienenen *Todsünden der Menschheit* beklagt Lorenz noch in den frühen siebziger Jahren die seiner Ansicht nach erblich fixierte und damit unumgängliche moralische Degeneration der Menschen. Er wirft ihnen Verweichlichung vor und konstatiert den Wärmetod des Gefühls, so als ob er von einem Naturgesetz des Zerfalls redete, dem die Menschen unausweichlich ausgesetzt seien.

Der Vater

Vielleicht ist Konrad Lorenz wie kein anderer Naturforscher neben ihm durch die Umstände seiner Aufbringung geprägt worden. Sein Vater Adolf Lorenz war als orthopädischer Chirurg sowohl wissenschaftlich als auch finanziell extrem erfolgreich. In Stockholm wurde er als Kandidat für den Nobelpreis gehandelt, und in Altenberg bei Wien konnte er sich eine riesengroße Villa bauen, die Konrad liebte und nach dem Tod des

Vaters bis zu seinem Lebensende bewohnte. Als Konrad am 7. November 1903 in Wien zur Welt kam, gab es schon einen achtzehnjährigen Bruder, und die Mutter war vierzig Jahre alt, was den Vater nicht nur von »einem fragwürdigen Geschenk« reden ließ, sondern ihn zu einer sehr seltsamen Notiz veranlaßte: »Man sorge für das neugeborene Kind in gleicher Weise wie für jedes andere normale Kind. Kein Brutofen, keine sonstigen, außerordentlichen Maßregeln! Das Neugeborene muß imstande sein, das extrauterine Leben zu ertragen, oder es stirbt besser. Ohne ein gewisses Maß an Lebenskraft sollen vorzeitig geborene Kinder das Leben lieber nicht versuchen wollen.«

Der Psychologe Norbert Bischof (ein Schüler von Konrad Lorenz), der auf diese Stelle in der Autobiographie von Adolf Lorenz hingewiesen hat, kommentiert sie wie folgt:

»Wenn Konrad Lorenz später zu Recht die Gemütlosigkeit vorgeworfen wird, mit der er die eugenischen Maßnahmen nationalsozialistischer ›Volksärzte‹ gebilligt hat, so sollte man jedenfalls in Rechnung stellen, was es heißt, einen Vater zu haben, der sich genötigt sah, seine Bereitschaft zur Ausmerzung unwerten Lebens just am Beispiel des eigenen Sohnes zu bekunden. Nicht ohne Grund hat sich Konrad Lorenz [...] selbst einmal mit dem biblischen Isaak verglichen, den sein Vater Abraham ohne zu zögern um dessentwillen, was er für recht erachtete, auf dem Brandaltar zu opfern bereit gewesen war. Auch später wußte Adolf mit Konrad nicht viel anzufangen. Dessen schon bald in Erscheinung tretende Neigung, sich mit brotlosen Künsten wie der Handaufzucht wilder Tiere zu vergnügen, stempelte ihn in den Augen des Vaters ›zu einem ziemlich nutzlosen Glied der menschlichen Gesellschaft‹.«[15]

---

15 N. Bischof, a. a. O., S. 56 f.

Die Graugans Martina

Zwar hatte Konrad Lorenz schon im Alter von vier bis fünf Jahren angefangen, Feuersalamander und Enten aufzuziehen, aber der Vater erlaubte das Studium der Zoologie trotzdem nicht. Er zwang dem Sohn sein eigenes Fach, die Medizin, auf und schickte ihn zu diesem Zweck sogar siebentausend Kilometer weit weg, nämlich nach New York, wo Konrad Lorenz 1922 eintraf. Die Trennung von Wien sollte ihn auch von der ein paar Jahre älteren Gretl entfernen, mit der Konrad seit den Sandkastentagen spielte und die er heiraten wollte.

Doch in den USA hatte Konrad Lorenz nur die Rückkehr nach Österreich im Sinn, und im Januar 1923 war er wieder da, wobei er den Preis für die Schiffspassage von seinem Taschengeld abgespart hatte. Der Vater erlaubte bei so viel Hartnäckigkeit das Studium in Wien, und hier verbrachte Konrad die kommenden fünf Jahre, in deren Verlauf er schließlich auch Gretl, Margarethe Gebhardt, heiratete, die ebenfalls Medizin studierte.

1928 wird Konrad Lorenz zum Dr. med. promoviert, er nimmt das Studium der Zoologie auf, und sein Sohn Thomas wird geboren. Als 1930 die Tochter Agnes zur Welt kommt, steckt Lorenz schon tief in seiner Beschäftigung mit dem tierischen Verhalten, wobei es ihm vor allem der Vogelflug und die Spontaneität von Instinkthandlungen angetan haben. Zu seinem bedeutendsten Lehrer wird Oskar Heinroth, der zu Beginn des 20. Jahrhunderts den Ausdruck »Ethologie« für die Verhaltensforschung vorgeschlagen hatte. Dieser Terminus wird sich erst unter dem Einfluß von Lorenz durchsetzen und Anerkennung finden.

Die ersten wissenschaftlichen Arbeiten von Lorenz enthalten *Betrachtungen über das Erkennen der arteigenen Triebhandlungen der Vögel*, sie beschreiben *Beobachtetes über das Fliegen der Vögel und über die Beziehungen der Flügel- und Steuerform zur Art des Fluges*, oder sie liefern *Betrachtungen an freifliegenden zahmgehaltenen Nachtreihern*, um einige Beispiele aus den frühen dreißiger Jahren anzuführen, in denen

Dr. med. Lorenz seinen zweiten Doktortitel – in der Zoologie – erwirbt und sich bald auch habilitiert, nämlich 1937. In dieser Zeit behandelt er *Biologische Fragen in der Tierpsychologie*, und er denkt *Über die Bildung des Instinktbegriffs* nach.

Er hat inzwischen seine besondere Liebe zu den Graugänsen entdeckt, und eines Tages beobachtete Lorenz, wie ein Graugansküken (ein Gössel) aus dem Ei schlüpft. Dabei passierte etwas Merkwürdiges: Der kleine Vogel »grüßte« seinen Beobachter – das heißt, er senkte sein Köpfchen und wisperte ein wenig – und ließ nicht mehr von ihm ab. Alle Versuche, das Gössel ins Bauchgefieder der Mutter zu stecken, schlugen fehl. Die kleine Graugans folgte Lorenz, wo immer er hinging. Er mußte sie wohl oder übel adoptieren, und er gab ihr den Namen »Martina«. Sie kann wohl als die berühmteste Gans der neueren und neuesten Geschichte angesehen werden, denn mit ihrer Hilfe wurde zum ersten Mal ein Verhalten wissenschaftlich erfaßt – die Bindung an den ersten nach der Geburt erblickten Gegenstand –, das heute »Prägung« heißt und ein grundlegendes Phänomen tierischen Verhaltens darstellt.

In Kants Königsberg

Die erste Professur wurde Lorenz ausgerechnet in Preußen angeboten, und zwar im Jahre 1940, als der Zweite Weltkrieg schon begonnen hatte. Ein Jahr nach Kriegsausbruch zog Lorenz mit vielen Graugänsen und Buntbarschen nach Königsberg, wo er Professor für vergleichende Psychologie wurde. Es war zwar der ehrwürdige Lehrstuhl Kants, den Lorenz jetzt innehatte – das präzise bezeichnete Fach wurde in diesen Tagen zur Philosophie gerechnet –, aber gelesen hatte er in dessen Schriften noch nicht viel. Seine Frau Margarethe schenkte ihm eine erste Ausgabe von Kants Werken, und deren Studium brachte den Tierforscher dazu, mehr über die Voraussetzungen der menschlichen Erkenntnis nachzusinnen. Lorenz erkundete die Bedingungen der Möglichkeit von Erkenntnis, wie Kant sagen würde, und das Ergebnis, das 1941 gedruckt vorlag, muß als überwältigend bezeichnet werden. Mitten im Krieg erschien in den *Blättern für Philosophie* die wohl tiefsinnigste Arbeit von Lorenz mit dem Titel *Kants Lehre vom Apriorischen im Lichte gegenwärtiger Biologie*. Sein Hauptargument darin lautet wie folgt:

> *»Für den Naturforscher ist es Pflicht, den Versuch der natürlichen Erklärung zu machen, ehe er sich mit der Heranziehung außernatürlicher Faktoren zufrieden gibt, und diese Pflicht besteht in vollem Maße für den Psychologen, der sich mit der von Kant entdeckten Tatsache auseinandersetzen muß, daß es so etwas wie apriorische Denkformen gibt. Wenn man nun die angeborenen Reaktionsweisen von untermenschlichen Organismen kennt, so liegt die Hypothese ungemein nahe, daß das ›Apriorische‹ auf stammesgeschichtlich gewordenen, erblichen Differenzierungen des Zentralnervensystems beruht, die eben gattungsmäßig erworben sind und die erblichen Dispositionen, in gewissen Formen zu denken, bestimmen.«*

Mit anderen Worten: Lorenz verwandelt Kants Apriori zu einem Aposteriori der Evolution. Er erkennt, daß die jedem Menschen a priori gegebenen und vor jeder Wahrnehmung und individuellen Erfahrung existierenden Formen der Anschauung und Kategorien im Verlauf der evolutionären Geschichte unserer Gattung entstanden und insofern als a posteriori zu betrachten sind.

Diesen Gedanken führt Lorenz – wie erwähnt – in aller Breite und Tiefe in seinem Buch *Die Rückseite des Spiegels* aus, das zwar erst 1975 erschienen ist, mit dessen Niederschrift er aber in den vier Jahren begonnen hat, die er von 1944 an in russischer Kriegsgefangenschaft verbringen mußte. Er benutzte dazu Papier von Zementsäcken, die ihm der mit Brot bestochene Schneider des Lagers glatt bügelte. Unter äußerlich extrem schwierigen Umständen[16] entsteht der Entwurf für eine

---

16 Die schriftstellerische Tätigkeit fiel im Lager natürlich auf. Lorenz wurde mit Sack und Pack nach Moskau befohlen, wo sein Manuskript von sowjetischen Fachkollegen kontrolliert und »freigege-

evolutionäre Erkenntnistheorie, die wohl zu den größten Leistungen von Lorenz gehört und mehr als rechtfertigt, daß er dort Platz genommen hatte, wo Kant philosophierte.

»Die Rückseite des Spiegels«

In diesem Buch versucht Lorenz nicht nur, den Menschen in die Natur einzubinden. Er bemüht sich auch, ihn hervorzuheben, und zu diesem Zweck hat er den Begriff der »Fulguration« vorgeschlagen, der vom lateinischen *fulgur*, Blitz, abgeleitet ist. Er wollte damit ausdrücken, daß verschiedene, zunächst voneinander unabhängige Elemente, sobald sie zusammengeschlossen werden, ein neuartiges System ergeben, dessen Eigenschaften nicht mehr auf die Eigenschaften der einzelnen Elemente reduzierbar sind. Das menschliche Bewußtsein kann als Systemeigenschaft des Gehirns betrachtet werden. Es entstand demzufolge nicht als unabhängiges Etwas, sondern als Leistung des organischen Ganzen, nachdem geeignete neuronale Elemente zusammengeschaltet worden waren. In der *Rückseite des Spiegels* heißt es:

> »*Wollte man Leben definieren, so würde man sicher die Leistung des Gewinnens und Speicherns von Information in die Definition einbeziehen, ebenso wie die strukturellen Mechanismen, die beides vollbringen. In dieser Definition aber wären die spezifischen Eigenschaften und Leistungen des Menschen nicht enthalten. Es fehlt in dieser Definition des Lebens ein essentieller Teil, nämlich alles das, was menschliches Leben,* geistiges *Leben ausmacht. Es ist daher keine Übertreibung zu sagen,* daß das geistige Leben des Menschen eine neue Art von Leben sei.«

Lorenz liebte es, das Bibelwort »Es gibt nichts Neues unter der Sonne« in sein Gegenteil zu verkehren und zu behaupten,

---

ben« wurde. Der Autor brachte es wieder ins Lager zurück und später mit nach Österreich.

nichts sei schon dagewesen und alles sei neu. Vor allem glaubte er, daß die geistigen Eigenschaften des Menschen etwas Neues in der Geschichte der Welt seien und daß die Evolution unentwegt Neues hervorbringe.

Dunkle Punkte

Neben diesem Triumph des naturwissenschaftlich erkennenden Geistes steht bei Lorenz auch anderes, denn in den Jahren, in denen er Kants Apriori durch die Hinzunahme der zeitlichen Dimension erklärt und einsichtig macht, äußert er sich auch über die »Ausmerzung ethisch Minderwertiger«, auf die eine Rassenpflege bedacht sein müsse; er spricht von der »Verhausschweinung« des Menschen, der seine »kühnen« und »edlen« Körperproportionen verliere und vom »gesunden Volksempfinden« als häßlich erkannt werde; er benennt soziale Ausfallsmutanten, die sich wie ein Krebsgeschwür im Volkskörper ausbreiteten; und so wird es immer schlimmer. Selbst in seine berühmte und oben zitierte Arbeit schleicht sich das finstere Wort des »Untermenschlichen« ein.

Tatsächlich teilt Lorenz die Menschen in die zwei Gruppen der »Vollwertigen« und der »Minderwertigen« ein, wobei man sich nicht aussuchen kann, zu welcher Gruppe man gehört, weil dies genetisch prädestiniert sei, was bei Lorenz gleichbedeutend mit »schicksalhaft« und unveränderlich ist. Sein Leben lang hält sich in seinem Denken dieses Schema, das so anfängerhaft falsch ist, daß sein Beharren nicht auf logischer, sondern nur auf psychologischer Ebene zu verstehen ist. Ebenso lassen sich die angeführten Zitate mit ihren Urteilstrübungen kaum auf rationaler Basis fassen. Die Suche nach den tieferen Ursachen hat Norbert Bischof in dem schon erwähnten Psychogramm unternommen, das sich »der Menschlichkeit eines der bahnbrechenden Denker unseres Jahrhunderts zu nähern« versucht, um – so behutsam wie möglich – die *personenbezogenen* Passagen seines Weltbildes offenzulegen.[17]

---

17 N. Bischof, a.a.O., S. 11

Haustiermerkmale beim zivilisierten Menschen, so wie Konrad Lorenz sie in einem Brief an Oskar Heinroth skizziert hat.

An dieser Stelle soll aber nicht weiter nach dunklen Punkten in der Biographie von Konrad Lorenz gesucht und das letzte Wort einem seiner Freunde, dem Freiburger Biologen Bernhard Hassenstein, überlassen werden. Hassenstein, ein anderer Lorenz-Schüler, lehnt es selbstverständlich ab, die Äußerungen von Lorenz zu beschönigen oder gar zu entschuldigen:

»Ich hätte den dringendsten Wunsch, daß die betreffenden Sätze nicht gedacht, nicht gesagt, nicht gedruckt worden wären, und bin in einer nicht zu beschwichtigenden Weise über sie enttäuscht und traurig. Zum anderen lasse ich die Möglichkeit offen, daß ein Mensch durch sein sonstiges Lebenswerk eine Schuld – zwar nicht tilgt, das ist nicht möglich – sie aber aufwiegt: Daß also die Schuld in einer Waagschale liegt, das sonstige Lebenswerk in der anderen, und daß die Waagschale der positiven Leistungen schwerer wird.«[18]

Seewiesen

1948 kehrte Konrad Lorenz aus der Kriegsgefangenschaft nach Altenberg zurück. Der jetzt 45jährige gründete in seiner Heimatgemeinde unter der Schirmherrschaft der Österreichischen Akademie der Wissenschaften eine »Station für vergleichende Verhaltensforschung«. Im Herbst des Jahres 1950 meldete sich bei ihm Erich von Holst, um ein Gespräch wieder aufzunehmen, das man 1937 in Berlin geführt hatte. Lorenz hatte damals einen Vortrag über angeborene Mechanismen im Zentralnervensystem gehalten, der von Holst beeindruckt hatte. Er galt in Deutschland als Begründer der Verhaltensphysiologie und hatte von der Max-Planck-Gesellschaft den Auftrag erhalten, ein Institut für sein Fachgebiet zu gründen. Er wollte dies mit Lorenz zusammen tun. Aus dieser »Forscherehe« ist das zunächst provisorisch in Buldern/Westfalen und später in Seewiesen bei Starnberg angesiedelte »Max-Planck-Institut für Verhaltensphysiologie« hervorgegangen, das 1958 eingeweiht wurde und das Lorenz von 1961 bis 1973 geleitet hat.

Sein Forschungsinteresse galt dabei vornehmlich der Frage, welche Verhaltensweisen angeboren sind und welche erlernt werden, und er bemühte sich, das Zusammenspiel von stammesgeschichtlich ererbtem Verhalten und Umwelt zu erkunden. Dabei schlug Lorenz das Konzept des »angeborenen aus-

---

18 Zitiert in Franz M. Wuketits, *Konrad Lorenz*, Piper Verlag, München 1990, S. 112

lösenden Mechanismus« (AAM) vor, mit dem er die genetisch festgelegte Bereitschaft von Tieren erklärte, auf eine Kombination von Umweltreizen mit einer festliegenden Handlungsfolge zu reagieren. Die berühmtesten Beispiele sind sehr populär geworden, nämlich das schon erwähnte Prägungsverhalten von Graugänsen und anderen Vögeln. Sie folgen Menschen, Gänsen oder Attrappen, wenn sie diese Objekte zur geeigneten Zeit zu Gesicht bekommen und wenn diese die geeigneten Schlüsselreize (kurze rhythmisch wiederkehrende Töne zum Beispiel) aussenden. Die Töne sind die auslösenden Reize, die ein angeborenes Verhalten in Gang bringen.

»Das sogenannte Böse«

Lorenz versuchte noch während der Zeit in Seewiesen, seine Tierbeobachtungen in philosophische Einsichten zu verwandeln. In den späten fünfziger Jahren schlug er vor, die *Gestaltwahrnehmung als Quelle wissenschaftlicher Erkenntnis* ernst zu nehmen – ein Ansatz, bei dem ihm nicht viele gefolgt sind, der aber noch zu entdecken ist.

Anfang der sechziger Jahre erkrankte Erich von Holst. Er starb 1962, und Konrad Lorenz übernahm die alleinige Leitung des Instituts in Seewiesen, das inzwischen zahlreiche Mitarbeiter hatte und weltbekannt geworden war. Inzwischen war Lorenz auch der erste Ehrendoktortitel verliehen worden.

Sein Hauptaugenmerk galt der Naturgeschichte, was konkret heißt, daß sich Lorenz um die stammesgeschichtliche Herkunft aktueller Eigenschaften Gedanken machte. Er dachte über den Zusammenhang von *Naturschönheit und Daseinskampf* nach, untersuchte die Rolle der Farben bei Korallenfischen, und dabei beobachtete er immer wieder aggressives Verhalten. Ihm wollte er auf den Grund gehen, und so verfaßte er die längst legendäre Naturgeschichte der Aggression mit dem berühmten Titel *Das sogenannte Böse*. Lorenz erkennt bei Tieren einen angeborenen Aggressionstrieb, dem eine Tötungshemmung an die Seite gestellt ist, die dafür sorgt, daß sich Artgenossen – etwa bei Rivalenkämpfen – nicht gegenseitig umbringen. Sein

Buch handelt von der »innerartlichen Aggression«, der er die »artübergreifende Aggression« gegenüberstellt, die etwa ein Raubtier entwickelt, wenn es seine Beute jagt.

Wie immer ging es Lorenz in letzter Hinsicht um den Menschen, und er vermutete, daß seine Artgenossen »den bösen Wirkungen intraspezifischer Selektion aus naheliegenden Gründen besonders ausgesetzt« seien, da sie wie kein anderes Lebewesen »aller feindlichen Mächte der außerartlichen Umwelt Herr geworden« seien. Lorenz erklärte es für

»mehr als wahrscheinlich, daß das verderbliche Maß an Aggressionstrieb, das uns Menschen heute noch als böses Erbe in den Knochen sitzt, durch einen Vorgang der intraspezifischen Selektion verursacht wurde, der durch mehrere Jahrzehntausende, nämlich durch die ganze Frühsteinzeit, auf unsere Ahnen eingewirkt hat. Als die Menschen eben gerade soweit waren, daß sie kraft ihrer Bewaffnung, Bekleidung und ihrer sozialen Organisation die von außen drohenden Gefahren des Verhungerns, Erfrierens und Gefressenwerdens von Großraubtieren einigermaßen gebannt hatten, so daß diese nicht mehr die wesentlichen selektierenden Faktoren darstellten, muß eine böse intraspezifische Selektion eingesetzt haben. Der nunmehr Auslese treibende Faktor war der Krieg, den die feindlichen benachbarten Menschenhorden gegeneinander führten. Er muß eine extreme Herauszüchtung aller sogenannten ›kriegerischen Tugenden‹ bewirkt haben, die leider noch heute vielen Menschen als wirklich anstrebenswerte Ideale erscheinen [...].«[19]

Lorenz sieht auch das Positive der Aggression, denn »die beiden großen Konstrukteure« der Evolution, »die alle Stammbäume wachsen lassen« – nämlich Mutation und Selektion –, haben »gerade den ruppigen Ast der intraspezifischen Aggression ausersehen, um aus ihm die Blüte der persönlichen Freundschaft und Liebe sprießen zu lassen«.

Trotzdem spricht Lorenz seine berühmte Warnung aus:

---

19 *Das sogenannte Böse* (1963), S. 59

»Sähe man als voraussetzungsloser Beobachter den Menschen, wie er heute dasteht, in der Hand die Wasserstoffbombe, die ihm sein Geist beschert hat, im Herzen den von Anthropoiden-Ahnen ererbten Aggressionstrieb, den seine Vernunft nicht zu meistern vermag, man würde ihm kein langes Leben voraussagen! Betrachtet man nun gar diese Situation als mitbetroffener Mensch, so erscheint sie als irrer Angsttraum, und es fällt einem schwer zu glauben, daß die Aggression nicht ein an sich pathologisches Symptom des gegenwärtigen Kulturverfalls sei.« (S. 67)

Todsünden

Da ist es wieder, das schlimme Wort vom Verfall, dem die Menschen ausgesetzt sind, wie Lorenz meint. Und er beklagt *Die acht Todsünden der zivilisierten Menschheit*, die ein triumphaler Bestseller geworden sind (was den Schluß nahelegt, daß die Leser von Lorenz ein perverses Vergnügen an der Darstellung ihrer eigenen Sünden haben). Übrigens zählt Lorenz ursprünglich nur sieben Todsünden auf, und er fügt ganz zuletzt die Wasserstoffbombe hinzu, die er oben schon erwähnt hatte, als er sie dem Steinzeitmenschen in die Hand gab. Die sieben Todsünden sind die Überbevölkerung der Erde, die Verwüstung der Lebensräume, die seelenzerstörende Hast der Konkurrenz,[20] der Wärmetod der Gefühle, die erblich bedingte moralische Degeneration, das Abreißen von Traditionen und die Ablösung von individueller Meinungsbildung, die er Indoktrinierbarkeit nennt.

Mit dem »Wärmetod der Gefühle« meint Lorenz »das unverantwortliche und infantilistische Streben nach sofortiger Befriedigung primitiver Wünsche«, was den »Mangel jeglicher Verantwortlichkeit und jeglicher Rücksichtnahme auf die Ge-

---

20 Sie hatte schon Oskar Heinroth verteufelt, der gesagt hat: »Neben den Schwingen des Argusfasans ist das Arbeitstempo des westlichen Zivilisationsmenschen das dümmste Produkt intraspezifischer Selektion.«

fühle anderer« zur Folge habe, etwas, was Lorenz »das Böse schlechthin« nennt.

Solche Texte können wahrscheinlich nur verstanden werden, wenn man annimmt, daß Konrad Lorenz hier weniger die allgemeine Situation aller Menschen im Auge hat und mehr die besondere Situation eines einzelnen Menschen erfaßt, nämlich seine eigene. Was er hier sagt, spiegelt seine eigene Entwicklung und nicht die unserer Art wider. Wahrscheinlich ist es deshalb richtig, wenn Norbert Bischof seinen geliebten und gehaßten Lehrer Lorenz mit einem Trickster vergleicht. Ein Trickster ist eine mythische Figur, die Kulturanthropologen vertraut ist. Sie symbolisiert den Erwachsenen, der den Rubikon der Adoleszenz nicht überqueren kann. Konrad Lorenz hat diese Einschätzung einmal indirekt bestätigt, als ihm gegenüber jemand die Bemerkung Nietzsches zitierte, daß in jedem Manne ein Kind versteckt sei, das spielen wolle. Lorenz fragte: »Wieso versteckt?«

Am 27. Februar 1989 ist er in seiner Heimatstadt Wien gestorben.

Basispaar und Basenpaare

Francis Crick (Jahrgang 1916)
James D. Watson (Jahrgang 1928)

Francis H. C. Crick und James D. Watson bilden das wohl berühmteste noch lebende Paar der Wissenschaftsgeschichte, und ihre Namen werden in Erinnerung bleiben und weiter genannt werden, solange es Menschen gibt, die wissenschaftlich tätig sind und in diesem methodischen und gedanklichen Rahmen die unerschöpflich bleibenden Geheimnisse des Lebens erkunden wollen. Ihre große singuläre Leistung – die Präsentation einer wunderschönen Doppelschraube (Doppelhelix) als Modell für den Stoff, aus dem die Gene bestehen – beschäftigt aber nicht nur die Geschichtsbücher der Genetik, deren Verlauf von einigen Historikern gerne und ausdrücklich als »Weg zur Doppelhelix« dargestellt wird (*The Path to the Double Helix*). Was Crick und Watson vollbracht haben, findet darüber hinaus zunehmend Eingang in die Literatur – zuletzt in *Die Prozedur* von Harry Mulisch –, es regt Maler zu Kunstwerken an, und selbst irgendein Produzent in Hollywood soll eine Zeitlang daran gedacht haben, die Doppelhelix-Story zu verfilmen. Dazu ist es dann zwar nicht gekommen, aber immerhin hat die BBC London einen Film produziert und ihn im Fernsehen gesendet.[1]

---

1 Der Film lief unter dem Titel *Life story*; seine Premiere war im April 1987.

Ein irres Unternehmen

Es ist keine Frage – Watson und Crick sind die beiden bekanntesten Namen der modernen Wissenschaft, und ihre Entdeckung ist »greater than life«, wie die Amerikaner manchmal sagen. Die beiden selbst fühlen sich wahrscheinlich bis heute von ihrem Ergebnis überwältigt. Als Watson 1993 bei einer Feier zum 40. Jahrestag der Entdeckung gefragt wurde, warum er immer noch so hart arbeite, gab er zur Antwort, er habe sein Leben lang das Gefühl gehabt, sich die Entdeckung seiner Jugend verdienen zu müssen, und er hoffe, bald soweit zu sein. Crick hat immer die Meinung geäußert, daß nicht sosehr er und Watson die Struktur gemacht hätten, sondern daß vielmehr umgekehrt die Doppelhelix sie gemacht habe (»... not we made the structure, but the structure made us«).

Ihren legendären Durchbruch haben Crick und Watson kurz nach der Jahrhundertmitte erzielt, als die Entwicklung der Biologie bzw. Genetik auf breiter Grundlage durch das Wirken erfolgreicher Paare vorangetrieben wurde. Beispiele sind Max Delbrück und Salvador Luria, die in den vierziger Jahren die Bakteriengenetik begründen, oder Jacques Monod und François Jacob, die in den sechziger Jahren entdecken, wie die Regulierung von Genen erfolgt. Crick und Watson stellen so etwas wie die triumphale Mitte dieser Paare dar, deren Mitglieder aus vier europäischen Ländern (England, Italien, Deutschland und Frankreich) und aus den USA stammen.[2] Unter ihren Händen und in ihren Köpfen verschmelzen Genetik, Chemie, Physik, Bakteriologie, Virologie und andere Fächer zu einer neuen interdisziplinären Wissenschaft, der Molekularbiologie, deren strukturelle Basis durch die Zusammenarbeit von Crick und Watson in den frühen fünfziger Jahren gelegt werden konnte.

Spätestens an dieser Stelle ist anzumerken (oder wird aufge-

---

2 Es fällt auf, daß dieselben vier Länder beteiligt sind, aus denen das europäische Quartett stammt, das für die wissenschaftliche Revolution im 17. Jahrhundert zuständig ist; vgl. dazu *Aristoteles, Einstein & Co.*

fallen sein), daß die Namen des genetischen Traumpaares gewöhnlich in umgekehrter Reihenfolge angeführt werden, nämlich in Form der Kombination Watson-Crick, die sich auch viel angenehmer aussprechen läßt als Crick-Watson. Der Grund für die Leichtigkeit des Sprechens besteht darin, daß die gewohnte dreisilbige Folge Watson-Crick eine unbetonte Silbe zwischen zwei betonte packt, was von vielen Worten dieser Länge – wie zum Beispiel Wassermann oder Wagenrad – geläufig ist und entsprechend leicht ausgesprochen werden kann. (Beim »Nobelpreis« klappt dies nicht, weil die Betonung des Namens von Alfred Nobel auf der zweiten Silbe liegt.) Während Watson-Crick wie der einprägsame Doppelname *einer* Person klingt, kommt unser Sprechapparat mit Crick-Watson nur höchst zögernd zurecht, und es ist anzunehmen, daß wir uns an diese Ordnung selbst dann nie gewöhnt hätten, wenn sie eine historische Grundlage gehabt hätte. Denn so festigend und überzeugend der Redefluß auch wirken kann, die Tatsache, daß den meisten von uns Watson vor Crick einfällt, wenn es um Gene und Genetik geht, hängt vor allem damit zusammen, daß die Arbeit, die das angelsächsische Duo berühmt gemacht hat, die Namen der Autoren in dieser Reihenfolge nennt. Die Veröffentlichung, um die es geht, erscheint am 25. April 1953 in dem britischen Wissenschaftsmagazin *Nature*, und zwar auf den Seiten 737 und 738. In ihrem kurz gehaltenen, lakonisch formulierten und sehr wohl auf *understatement* bedachten Bericht schlagen der junge und damals noch weitgehend unbekannte amerikanische Biologe J. D. Watson und sein deutlich älterer Kollege, der britische Physiker F. H. C. Crick, als Modell für das Erbmaterial die Struktur vor, die heute als *Doppelhelix* bekannt ist. Die Doppelhelix ist nicht nur zu einer Ikone des 20. Jahrhunderts, sondern auch zum Ausgangspunkt des rasanten biotechnologischen Fortschreitens geworden, das wir heute erleben und das in Zukunft noch an Geschwindigkeit zunehmen wird.

Die Veröffentlichung – genauer: die Watson-Crick-Doppelhelix, die sie einführt bzw. vorstellt – hat kurzfristig eine enorm elektrisierende und langfristig eine unglaublich tiefgreifende

Wirkung. Unmittelbar beeindruckend wirkt die Eleganz des Moleküls,[3] dessen Darstellung nahezu jeden Betrachter anrührt und ihn dazu verleitet, das Wort »schön« in vielen Bedeutungen und Variationen zu verwenden.[4]

In historischen Dimensionen gesprochen beginnt mit der Arbeit von Watson und Crick die große Zeit der Genetik, die zu einer vollständigen Transformation der Wissenschaft vom Leben führt, indem sie dem damals schon zirkulierenden Wort von der Molekularbiologie zum ersten Mal einen zugleich tiefen und weitreichenden Sinn verleiht. Die Doppelhelix stellt nämlich dem wissenschaftlichen Denken ein Molekül zur Verfügung, dessen Form (Struktur) unmittelbar erkennen läßt, wie grundlegende biologische Funktionen zustande gebracht werden können – nämlich als Verdoppelung des Erbmaterials als Vorstufe der Vermehrung von Zellen und Organismen. Das Verständnis des biologischen Lebens geht seit der Entdeckung dieser Struktur von diesem Molekül aus, das chemisch gesehen eine Säure darstellt und sich im Kern einer jeden Zelle befindet. Weil der Zellkern lateinisch *nucleus* heißt, sprechen die Experten auch von der Nukleinsäure, die sie hier finden und der sie einen relativ komplizierten Vornamen geben – Deoxyribose –, um noch einen anderen Bestandteil zu benennen, der zur Erbsubstanz gehört und seine Struktur mitbestimmt.

Die genannten Namen ergeben auf Deutsch zusammen das Wortungetüm Deoxyribonukleinsäure, was durch das Buchsta-

---

[3] Die Ästhetik der Doppelhelix wird ausführlich in meinem Buch *Das Schöne und das Biest* vorgestellt (Piper, München 1997).
[4] Crick hat berichtet, daß Watson kurz nach der Entdeckung der Doppelhelix von einem Club in Cambridge gebeten worden ist, das Modell vorzustellen. Zu den skurrilen Traditionen dieses Clubs gehörte es, dem Redner vor seinem Auftritt großzügig Drinks anzubieten. So kam es, daß Watson sein Thema – wie viele Vorgänger – durch einen Nebel von Alkohol hindurch finden mußte. Dies gelang ihm sogar, doch als er das Bild der Doppelhelix auf der Leinwand sah, wurde er von seinem eigenen Entwurf überwältigt. Er starrte das Modell nur noch an und sagte: »Es ist so schön, verstehen Sie, so schön.«

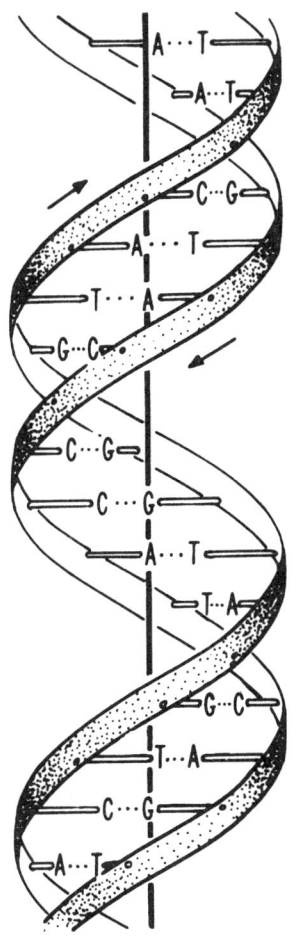

Schematische Darstellung der legendären Doppelhelix: »Die beiden Zucker-Phosphat-Skelette schlingen sich auf der Außenseite um die flachen wasserstoffgebundenen Basenpaare, die den Kern bilden. So betrachtet gleicht die Struktur einer Wendeltreppe, deren Stufen durch die Basenpaare gebildet werden.« (Zeichnung und Zitat aus: James D. Watson, Die Doppelhelix, Reinbek 1969)

bentrio DNS abgekürzt wird, wobei das S durch ein A ersetzt werden kann, wenn man die *lingua franca* der Wissenschaft, nämlich Englisch, sprechen will, in der Säure »acid« heißt. Wer »DNA« oder »DNS« sagt,[5] setzt die Betonung der drei Buchstaben übrigens genauso wie bei den Silben des Doppelnamens Watson-Crick, was die Identifizierung von Ergebnis und Erfinder erleichtert und noch einmal die Frage nach der Reihenfolge der Autoren aufwirft, die in wissenschaftlichen Publikationen gewöhnlich von großer Bedeutung ist. Wer oder was hat sie festgelegt?

Wer hofft, hier eine Antwort zu finden, die eine ähnliche Qualität wie die DNA selbst hat oder wenigstens eine Anekdote liefert, wird tief enttäuscht. In seiner Autobiographie, die auf Englisch unter dem Titel *What Mad Pursuit* erschienen ist, teilt Francis Crick eher zur allgemeinen Ernüchterung mit, daß die beiden durch Würfeln entschieden hätten, welcher Name an erster Stelle erscheint.[6] Watson und Crick hatten noch eine zweite Arbeit gemeinsam verfaßt, die fünf Wochen später in *Nature* publiziert wurde und in der es um die genetischen Implikationen der Struktur ging. Und der Würfel entschied, daß erst Watson und dann Crick vorne steht.

Unabhängig vom Ausgang dieses Glücksspiels wollen wir hier mit Crick beginnen, der sein Leben lang Wissenschaftler geblieben ist und sich nie zur Übernahme einer öffentlichen Funktion überreden ließ, während Watson viele Karrieren diesbezüglich durchlaufen und zunehmend versucht hat, auch starken politischen Einfluß auszuüben.

---

5 Als Watson und Crick ihr Modell für die DNA vorschlugen, machten sie übrigens noch Punkte zwischen die Buchstaben (D.N.A.), was heute altmodisch wirkt.
6 *What mad pursuit* ist eine Zeile aus einem Gedicht von John Keats. Sie beschreibt die Suche nach dem Neuen hinter den Erscheinungen, wobei die Möglichkeit des Scheiterns einbezogen wird. Die deutsche Übersetzung der 1988 erschienenen Biographie hat den Titel *Ein irres Unternehmen* (München 1990).

Die molekulare Dimension der Zukunft

Hier noch eine Vorbemerkung. Der mit der Doppelhelix einsetzende Erfolg der Molekularbiologie hat unter anderem deshalb so weitreichende Folgen für die Wissenschaft, weil er viele Forscher dazu übergehen läßt, nach ähnlichen Schlüsselstrukturen in ihren Gebieten zu fahnden, und bald ist von Molekularer Pharmakologie, Molekularer Endokrinologie, Molekularer Biotechnologie oder von Molekularer Medizin die Rede. Diese Entwicklung hat sich beschleunigt, seitdem es die Gentechnik gibt, die zwanzig Jahre nach der Doppelhelix vorgestellt wird und es erlaubt, die Struktur, die Watson und Crick in allgemeiner Form herausgearbeitet haben, im konkreten Detail zu erkennen und von Menschenhand zu verändern. Mit der sich der molekularen Ebene zuwendenden Transformation des wissenschaftlichen Denkens kommt aber nicht nur eine neue Sicht des Lebens, sondern auch eine neue Dimension der Biotechnologie zustande, die einen wachsenden Einfluß auf die industriell bestimmte Wirklichkeit des 21. Jahrhunderts haben wird.

Der Rahmen

Historisch stellt das 20. Jahrhundert von der Mitte des Ersten Weltkriegs an den Rahmen dar, der schon an anderer Stelle konstruiert worden ist und hier nicht erneut gezimmert werden soll. Es lohnt sich eher, die Schritte und Stufen anzugeben, mit der die Wissenschaft vom Leben den Weg zur Molekularbiologie gefunden hat. 1917, als Francis Crick gerade ein Jahr alt ist, schlägt der Amerikaner T. H. Morgan eine erste Theorie der Gene vor. Er hat sich in zahlreichen Versuchen mit Fliegen davon überzeugt, daß Gene eine partikuläre Basis haben, wie Gregor Mendel es im 19. Jahrhundert vermutet hat. Morgan erkennt, daß die Gene einen definierten Platz in der Zelle haben, und zwar auf den Chromosomen im Zellkern. Hier liegen sie aneinandergereiht wie die Perlen auf einer Kette. Gut zehn Jahre später – als James Watson zur Welt kommt – gerät die stoffliche Gestalt der Gene dadurch besser ins Visier, daß Herman Muller aus dem Kreis um Morgan entdeckt, daß Gene von Röntgenstrahlen getroffen und verändert werden können. Als Untersuchungsobjekt werden erneut vor allem Fliegen verwendet, die wissenschaftlich korrekt *Drosophila melanogaster* heißen. Sie erlauben es den Vererbungsforschern, schon früh Genkarten anzulegen, sie bieten ihnen aber keine Möglichkeit, die Natur der Gene näher zu ergründen. Dies gelingt erst, nachdem man anfängt, mit Bakterien und Viren zu arbeiten. In den vierziger Jahren zeigen die Versuche von Oswald Avery und seinen Mitarbeitern in New York, daß *ein* Stoff, aus dem die Gene sind, DNA heißt, und 1952 beweisen Alfred Hershey und Martha Chase, daß bei Viren das *gesamte* Erbmaterial in Form von DNA vorliegt. Ein Jahr später schlagen der 25jährige Watson und der 37jährige Crick die Doppelhelix als Struktur dieser Substanz vor.

Das Jahr 1953 lohnt übrigens doch einen besonderen Blick außerhalb der Wissenschaft, denn schließlich erreichen zwei Menschen den höchsten Gipfel der Erde – Edmund Hillary und Sherpa Tensing besteigen den Mount Everest im Himalaya –, Elisabeth II. wird Königin von England (wobei die Krönung als das erste Großereignis überhaupt life im Fernsehen übertragen wird), und außerdem stirbt der sowjetische Diktator Stalin.

Mit der Doppelhelix als Vorgabe entschlüsseln die Biologen bald den genetischen Code, und in den sechziger Jahren, nachdem Watson und Crick (zusammen mit Maurice Wilkins) den Nobelpreis für Medizin oder Physiologie erhalten haben (1962), fangen die Genetiker an, Regulationsvorgänge bei der Vererbung zu verstehen. Anfang der siebziger Jahre wird die Gentechnik entdeckt, das heißt, man lernt, wie man DNA-Moleküle erst aus einer Zelle isolieren, dann in einem Reagenzglas zerlegen, anschließend hier neu zusammensetzen (»rekombinieren«) und zuletzt sogar wieder so in eine Zelle zurückbringen kann, daß das neue Gen dort wie ein altes funktioniert. Dieses Verfahren bringt 1980 die Möglichkeit mit sich, genetische Karten von Menschen anzufertigen, was die Konzeption des *Humanen Genom Projekts* nach sich zieht, wobei das Wort Genom in diesem Kontext das gesamte genetische Material einer Zelle meint. Eine menschliche Zelle beherbergt entsprechend das humane Genom, und das Ziel des in den achtziger Jahren eingeleiteten Vorhabens besteht darin, dessen genaue Zusammensetzung zu erkunden und die menschlichen Gene vollständig zu entziffern (vgl. auch S. 336). Im Jahr 2003 will man soweit sein – gerade rechtzeitig zu Watsons 75. Geburtstag.

Francis Crick

oder
Der hohe Glaube an die
Rationalität

Francis Crick hält nicht viel von Geheimnissen, und er erweckt gerne den Eindruck, als ob es gar keine gäbe. Für Crick gibt es bestenfalls Rätsel, und er unterscheidet sie danach, ob sie von der Wissenschaft schon gelöst worden sind oder nicht. Die zuletzt genannte Alternative bedeutet für Crick, daß sie von ihr noch gelöst werden. Etwas anderes kommt für ihn nicht in Frage. Das Rätsel des Lebens gehört zum Beispiel in die erste Kategorie – es ist gelöst worden, unter anderem durch die von ihm gemeinsam mit James Watson vorgelegte Struktur des Erbmaterials DNA –, während das Rätsel des Bewußtseins in die zweite Kategorie gehört und noch auf eine genaue Durchleuchtung seitens der Wissenschaft wartet. An ihr arbeitet Crick zur Zeit – unabhängig davon, daß sein achtzigster Geburtstag schon hinter ihm liegt –, wobei er vermutet, daß die Lösung auf eine ähnliche Weise zustande kommen kann wie bei der Doppelhelix. Man muß nur den geeigneten materiellen und strukturellen Ausgangspunkt finden, dann wird sich die Chemie des Denkens auf ähnliche Weise ergeben wie die Chemie der Vererbung, die von der DNA-Struktur aus entwickelt werden konnte.

Das ungläubige Kind

Die beiden genannten Themen – die Frage nach dem Leben und die Frage nach dem Bewußtsein – finden sich bereits ganz am Anfang der Erdenlaufbahn von Francis Harry Compton Crick, der am 8. Juni 1916 und damit mitten in den Wirren des Ersten Weltkriegs zur Welt gekommen ist, und zwar in Mittelengland, in einer Familie der Mittelschicht. Seine ihm offenbar angeborene Neugier und seine daraus resultierenden ständigen Fragen nach dem Warum haben seine Eltern früh veranlaßt, ihm eine Kinderenzyklopädie zu kaufen, dessen naturkundlichen Teil der Knabe verschlang. So beschloß Crick schon in sehr zartem Alter, »Wissenschaftler zu werden«, wie er in seiner Autobiographie mitteilt. Doch so verlockend die Aussicht auch war, ein großer Forscher zu werden, zunächst quälte den kleinen Francis vor allem die Furcht, daß »alles bereits entdeckt sein« könnte, wenn er erwachsen wäre.

Unabhängig von diesen Ängsten erlangt der heranwachsende Francis früh eine unerschütterliche Gewißheit, an der er sein Leben lang festhält. Es ist die Gewißheit, »daß detailliertes wissenschaftliches Wissen bestimmte religiöse Glaubenssätze unhaltbar macht«. Der Teenager Crick hört noch vor dem Einsetzen der Pubertät auf, religiös zu empfinden. Da große Teile der Bibel »ganz offensichtlich falsch« sind, wie er meint, sieht Crick keinen Grund, irgend etwas aus dem Buch der Bücher zu akzeptieren, und er bleibt diesem Entschluß fortan treu. Ihm ist unklar, warum Leute noch in die Kirche gehen, wo man doch die Wissenschaft hat, die Geheimnisse in Rätsel verwandeln und anschließend erkunden und offenlegen kann. Crick will ausschließlich rational vorgehen und ohne doppelten Boden verstehen, was ihm erzählt wird, obwohl – so meint man – jeder normal empfindende Mensch doch wissen sollte, daß genau dies weder mit den biblischen Geschichten noch mit anderen Formen der Literatur und Kunst geht und die wahre Bedeutung hinter oder zwischen den Zeilen steckt.

Crick kann nicht verwinden, daß er sich einmal blamiert hat, weil er auf Angaben und Erklärungen der Bibel vertraute und sie als wissenschaftliche Information ansah. Die Schöpfungsgeschichte legt ihren Lesern bekanntlich den Gedanken nah, daß Männer über eine Rippe weniger als Frauen verfügen. Crick hat so lange an diese Asymmetrie der Geschlechter geglaubt, bis er auf der Universität zu seinem Entsetzen lernte, daß ihn Gottes Wort anatomisch in die Irre geführt hatte. Seitdem nimmt er nur noch zur Kenntnis, was direkt zur Sache spricht und sich logisch nachvollziehen läßt, und auf dieser Ebene – der einzigen, die er akzeptiert und die für ihn relevant ist und existiert – agiert er souverän, ideenreich und fleißig, und hier ist er den meisten von uns haushoch überlegen, wobei es besonders ein Talent ist, die lösbaren Aspekte von offenen Fragen zu erkennen, das ihn auszeichnet.

Der plaudernde junge Mann

Cricks Karriere beginnt mit dem Erwerb eines Diploms in Physik, wird dann aber – wie es vielen Menschen in den vierziger Jahren passiert ist – durch den Zweiten Weltkrieg unterbrochen, den er auf Zivildienststellen im Dienste der britischen Marine in London und an der Südküste Englands verbringt. Er hilft bei der Entwicklung von Seeminen, die ohne unmittelbaren Kontakt funktionieren und zum Beispiel allein durch den Wellengang eines Schiffes ausgelöst werden. Diese Tätigkeit bringt zwar große Erfolge im Kriege mit sich (mit vielen dazugehörigen Toten auf seiten der Gegner), sie macht aber die Antwort auf die Frage nicht leichter, wie es danach in Friedenszeiten weitergehen soll. Wie viele Wissenschaftler seiner Generation hat Crick 1945 keine spezifischen Pläne für die Zukunft, und er wartet statt dessen, bis das Leben auf ihn zukommt. Der bald Dreißigjährige, der verheiratet ist und ein Kind zu versorgen hat,[7] weiß nur, daß er wissenschaftlich arbeiten will. Er hält es deshalb für sinnvoll, sich selbst die Frage vorzulegen, wel-

---

[7] Crick hat sich 1947 scheiden lassen und zwei Jahre später seine zweite (und jetzige) Frau Odile geheiratet; aus dieser Ehe sind zwei Töchter hervorgegangen.

ches Gebiet bzw. welches Thema ihn so sehr interessiert, daß er sein Leben damit verbringen will. Ein schwieriges Unterfangen, für das er eines Tages einen überraschend einfachen Lösungsweg findet. Crick entdeckt den Plauder-Test (»gossip test«), wie er es nennt. Er erlebt eine »Offenbarung«, als er bemerkt:

> *»Was einen wirklich interessiert, ist das, worüber man plaudert. Ohne zu zögern wandte ich den Test auf die Gespräche an, die ich in letzter Zeit geführt hatte. Und binnen kurzem konnte ich meine Interessen auf zwei Hauptbereiche einengen: die Grenzlinie zwischen Belebtem und Unbelebtem sowie die Frage nach der Funktionsweise des Gehirns. Weitere Selbstbeobachtungen führten zu dem Schluß, daß diese beiden Themen etwas gemeinsam hatten: Sie rührten an Probleme, von denen man in weiten Kreisen glaubte, die Macht der Wissenschaft reiche zu ihrer Klärung nicht aus.«*

In Cambridge im Cavendish

Damit hat Crick mit charakteristischem Selbstbewußtsein genau die beiden Themen eingekreist, die ihn bis heute gefangenhalten. Dabei war nicht nur klar, daß die Antwort auf die Frage »Was ist Leben?« eher erwartet werden konnte als die Antwort auf die Frage »Was ist Bewußtsein?«, es schien sogar, als ob auf dem ersten Gebiet große Entdeckungen unmittelbar bevorstünden. Diesen Eindruck erweckte wenigstens das 1944 erschienene und bis heute berühmte Buch von Erwin Schrödinger mit dem Titel *What is Life?,* das von Crick ausgiebig studiert worden ist.[8] Er wollte nun auf dem Gebiet tätig werden, das heute Molekularbiologie heißt, und die Frage, die vor den großen Rätseln gelöst werden mußte, hieß, wie er Zugang zu dem neuen Fach und einen Job finden sollte. Crick redete zwar mit vielen Leuten, aber zunächst fand er nur eine Arbeits-

---

8 Mehr zu den Folgen von Schrödingers Buch findet sich hier in dem Kapitel über die Väter der Quantenmechanik.

möglichkeit, die ihn wenig interessierte: Zwei Jahre verbrachte er mit eher langweiligen Versuchen, bei denen er die physikalischen Eigenschaften des Saftes aus dem Zellinneren zu messen hatte (die Viskosität des Zytoplasmas), bevor er mehr oder weniger zufällig davon erfuhr, daß die mächtige britische Forschungsorganisation mit Namen Medical Research Council (MRC) am zwar schäbigen, aber ehrwürdigen Cavendish-Laboratorium in Cambridge eine neue Abteilung einrichten wollte. Hier sollte mit Hilfe von Röntgenstrahlen versucht werden, die Struktur der riesigen Zellmoleküle zu analysieren, die für den Stoffwechsel des Lebens verantwortlich sind. Crick fragte sofort (und ohne Vorkenntnisse), ob bei diesem Projekt Platz für ihn sei, und zu seiner Überraschung lud man ihn tatsächlich ein, nach Cambridge zu kommen, um von 1950 an unter der Leitung von Max Perutz und John Kendrew zu arbeiten. Damit war das erste Mitglied des biologischen Basispaares am Ort seines späteren Triumphs eingetroffen.

Die Rolle der Proteine

Wie gesagt: Das zentrale Thema in Cambridge war die Struktur der Proteine, von denen man erstens wußte, daß sie als riesengroße Moleküle in den Zellen vorliegen – damit ist gemeint, daß sie rund einhunderttausendmal größer als die Bausteine des Wassers (H_2O) sind –, und von denen man zweitens wußte, daß sie die elementaren Funktionen des Lebens ermöglichen: Transport von Sauerstoff, Zellwachstum, Lichteinfang und vieles mehr. Wer als Biologe das Leben verstehen wollte, mußte wissen, was es für Proteine gibt und wie sie ihre Aufgaben erfüllen, und der methodisch sicherste Zugang zu diesem Thema schien darin zu bestehen, ihre Struktur zu erforschen, und zwar mit Hilfe von Röntgenstrahlen. Perutz und Kendrew, die beide später mit dem Nobelpreis für Chemie ausgezeichnet worden sind – im gleichen Jahr wie Watson und Crick –, hatten bereits erste Erfahrungen mit der Röntgenanalyse von Proteinen gemacht, und es war ihnen offenbar zur allgemeinen Zufriedenheit gelungen, die grundlegenden technischen Probleme zu lösen, die dabei auftauchen. Doch obwohl sie den Weg zur Lösung (zur Struktur) ohne Hindernisse vor sich sahen, kamen sie aus unterschiedlichen Gründen nur stückweise weiter, und sichtbare Erfolge stellten sich zunächst kaum ein.

Als Crick sich Perutz und Kendrew anschloß und Näheres über die raffinierten und vielseitigen Proteinmoleküle erfuhr, kam zum ersten Mal eine Art Begeisterung bei ihm auf, denn ihm war »sofort klar, daß eines der Schlüsselprobleme [der Molekularbiologie] darin bestand, zu erklären, wie sie synthetisiert werden«, wie er in seiner Autobiographie schreibt. Zugleich konnte er sehen, welche weitere Voraussetzung notwendig war, um dieses Rätsel zu lösen. In den vierziger Jahren hatten nämlich zwei Amerikaner – George Beadle und Edward Tatum – herausgefunden, daß die komplizierten Proteine nur dann in einer Zelle bereitstehen und ihre katalytische Wirkung ausüben, wenn diese Zelle über geeignete Gene für sie verfügt. Ein Gen macht ein Protein, so zeigten ihre Experimente und so lautete ihre Hypothese. Sie sagte vielen Zeitgenossen zwar wenig, sie wurde aber von Crick sofort akzeptiert und weiterverfolgt, mit der Konsequenz, daß er nun seine Konzentration umlenkte und auf die Gene und ihre Struktur richtete. Da offenbar sie es waren, die für die Synthese der Proteine sorgten, galt es logischerweise zunächst herauszufinden, wie die Moleküle gebaut waren, aus denen die Gene bestanden. Den Namen des Stoffes kannte man schon, nämlich DNA, und zum Glück gab es in Cambridge auch zwei Wissenschaftler, die mit dieser Substanz arbeiteten, und zwar Rosalind Franklin und Maurice Wilkins. Sie verfügten bereits über erste Röntgenaufnahmen von DNA-Molekülen, und auf diese Weise hatte Cricks Suche endgültig ihre Richtung gefunden.

Die Helix

So einfach war das bzw. ganz so einfach war das nun auch wieder nicht, denn noch standen mindestens zwei Hindernisse auf dem Weg zur ersehnten Struktur. Zum einen achtete die Institutsleitung streng auf Ordnung – offiziell hatte Crick nichts mit der DNA zu schaffen. Er sollte sich vielmehr um Proteine und folglich nicht um die Ergebnisse von Frau Franklin kümmern. Zum zweiten sah Crick, daß er viel mehr über die Röntgenstrukturanalyse lernen mußte, um die DNA-Aufnahmen, die er schon kurz zu Gesicht bekommen hatte, besser zu verstehen. Um möglichst wenig Aufsehen zu erregen, blieb ihm nichts anderes übrig, als dies auf eigene Faust zu betreiben. Zwar gehört die mathematische Theorie der Röntgenbeugung von kristallinen Formen für ausgebildete Physiker zum Standardwerkzeug, doch Crick wollte ohne formale Berechnungen und möglichst allein mit seiner Vorstellungskraft verstehen, was die Methode zeigte und wie sie vorging. Bei diesen Bemühungen seiner Phantasie stellte er fest, daß sich die Experten, die in Cambridge versammelt waren, möglicherweise technisch verrannt hatten und die Chance groß war, daß sie trotz aller Feinarbeit am Ende mit leeren Händen (ohne Struktur) dastehen würden, weil andere Wissenschaftler mit anderen Methoden rascher ans Ziel kommen würden.

Als er seinen ersten Vortrag über Röntgenstrahlen und Kristallographie zu halten hatte, wagte es Crick – trotz seines immer noch fehlenden Doktortitels, was besonders wegen seines für Anfänger fortgeschrittenen Alters lästig war und immer unangenehmer auffiel –, seine kritischen Ansichten zu äußern, und er behauptete vor versammelter Mannschaft keck, daß die praktizierten Verfahren »höchstwahrscheinlich zu keinen brauchbaren Ergebnissen führen«. Dieses Verhalten ging selbst vielen freundlich gesinnten Kollegen zu weit, und so war es kein Wunder, daß Cricks Beliebtheit im Laboratorium nicht zunahm und seine Vorgesetzten langsam anfingen, ihn als eine Art Ärgernis zu betrachten, »der mit seinen Experimenten nicht vorankam und allzukritisch daherredete«, und das auch noch ziemlich laut.

So war die Stimmung im Jahre 1952 eher gereizt, als die zweite Hälfte des später so berühmten Paares in Gestalt eines jungen Amerikaners nach Cambridge kam, der James Watson hieß und den alle Jim nannten. Er wollte dasselbe wie Crick – nämlich herausfinden, welche Struktur die DNA hat –, und er wußte dasselbe wie Crick – nämlich daß Franklin und Wilkins experimentell mit der Erbsubstanz umgehen konnten. Daher schien ihm das Cavendish-Laboratorium der richtige Platz für sein Vorhaben zu sein. Doch zunächst mußte er feststellen, wie schlecht die Stimmung an seinem Zielort war.

Der Grund für die gedrückte Atmosphäre in Cambridge lag nicht allein in dem Ärger, den Crick machte, sondern vor allem an der Tatsache, daß das Institut ein Wettrennen verloren hatte. Denn den ersten großen Erfolg bei der Strukturbestimmung von Proteinen, den die wissenschaftliche Welt feiern konnte, hatte man nicht in England, sondern im fernen Kalifornien erzielt. Dort hatte Linus Pauling[9] bemerkt, daß Proteine kettenartig aufgebaut sind und ihre Glieder über eine Brücke aus Kohlenstoff-Sauerstoff-Stickstoff-Wasserstoff (CO-NH) verbunden werden; außerdem hatte Pauling erkannt, daß die Ketten gewunden sind und in einigen Bereichen eine elegante, schraubenförmige Gestalt annehmen. Er nannte sie Alpha-Helix, wobei die Namensgebung andeutet, daß Pauling noch weitere Formen dieser Art in der Natur zu finden hoffte.

Während sich die Leiter und andere Wissenschaftler des Cavendish-Laboratoriums ärgerten, daß ihnen die Entdeckung dieser ersten Helix als Grundstruktur von Proteinen entgangen war, versuchten Watson und Crick herauszufinden, was man in Cambridge falsch gemacht hatte und was man ändern mußte, um beim nächsten Mal Pauling zu schlagen – zum Beispiel bei der Struktur der DNA. Sie begannen mit einer endlosen Folge von Diskussionen, die andere Mitarbeiter des Laboratoriums derart nervte, daß man beschloß, den beiden ein gemeinsames Büro zu geben, »damit ihr diskutieren könnt, ohne die anderen zu stören«, wie halb offiziell mitgeteilt wurde. Eine glückliche Entscheidung der Institutsführung, wie bald die ganze Welt feststellen sollte.

Zunächst erkannten Crick und Watson in ihren Gesprächen, daß es wichtig sei, »sich nicht allzusehr auf irgendwelche experimentellen Einzelergebnisse zu verlassen«, denn »sie könnten sich als irreführend herausstellen«. Man mußte damit rechnen,

---

9 Mehr zu Linus Pauling in meinem Buch *Aristoteles, Einstein & Co.*

daß Meßdaten schlichtweg falsch waren und deswegen in die Irre führen konnten – so schwer verständlich dies für Außenstehende auch sein mag. Diese Möglichkeit machte es zum Beispiel sinnlos, von einem Modell zu erwarten, daß es alle (gemessenen) Eigenschaften seines natürlichen Vorbildes auf einmal erklärt. Nicht Präzision und Detailbesessenheit seien in erster Linie wichtig, sagten sich die beiden, sondern Mut und Phantasie. So wichtig in vielen Fällen Genauigkeit ist, sie stellt keinen Wert an sich dar. Und eine begrenzte Schlampigkeit im Denken kann manchmal weiter führen als die größte Sorgfalt. Nicht die perfekte Beherrschung des komplizierten Handwerkszeugs entscheidet über Erfolg und Mißerfolg, sondern die richtige Fragestellung, und sie lautete im Frühjahr 1953: »Wie sieht die Substanz aus, aus der Gene bestehen? Welche Struktur hat die DNA?«

Die Basenpaare

Es ist wichtig, sich klarzumachen, was Watson und Crick hier wirklich machten bzw. was sie waren. Die beiden repräsentierten einen neuen Forschertyp, der sich nicht länger hinter den methodischen Einzelheiten seiner Disziplin verkroch, sondern der vor allem das Ziel im Auge hatte und dabei erstens sofort merkte, daß er dabei auf die Hilfe anderer Forscher angewiesen war (Stichwort: Teamwork), und der sich zweitens klarmachte, daß er die alten durch neue Tugenden ersetzen mußte. Während man früher alles selbst machte, sein Gebiet fehlerfrei beherrschte und stets höchste Sorgfalt walten ließ, bemühten sich Watson und Crick vor allem darum, die Ergebnisse der anderen kennenzulernen; sie riskierten es darüber hinaus, dauernd Fehler zu machen und sich zu blamieren; sie nahmen weiter in Kauf, mit ihren Vorschlägen kläglich zu scheitern, aber sie versuchten trotz allem die Vorteile ihres sowohl verschwommenen als auch zielstrebigen Denkens zu nutzen, um das Glück zu erwischen, von dem sie wußten, daß es sich dem vorbereiteten Geist anbietet und von ihm erfaßt werden kann.

Im Frühjahr 1953 war es dann soweit, wie Crick notiert:

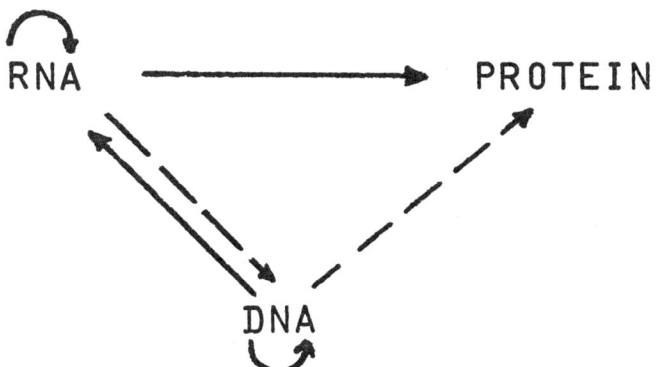

Die Verbindung zwischen DNA, RNA und Protein, die Francis Crick 1970 vorgeschlagen hat. Die durchgezogenen Linien stellen nachgewiesene Wege der Information dar; die durchbrochenen Linien hat Crick postuliert. Sein molekulares Dogma lautete, daß aus DNA RNA und aus RNA Protein werden kann. Von dort führt kein Weg zurück.

»Die Schlüsselentdeckung war Jims Bestimmung der genauen Natur der beiden Basenpaare (A mit T, G mit C). Dies gelang ihm nicht aufgrund logischer Überlegungen, sondern durch einen glücklichen Zufall.«

Es kam und kommt also auf die Basenpaare an, die bislang noch nicht erwähnt worden sind, obwohl sie heute im Mittelpunkt der Genetik stehen, da ihre Reihenfolge die genetische Information liefert, die von den DNA-Molekülen gespeichert und mit ihrer Hilfe vererbt wird. Diese Anteile der Erbsubstanz stellten eines der Hauptprobleme für Watson und Crick dar. Sie wußten zwar, daß die untersuchten Nukleinsäuren vier Bausteine enthalten, die sogenannten Basen Adenin (A), Guanin (G), Cytosin (C) und Thymin (T). Sie wußten aber nicht, wie diese Basen genau aussahen, und sie hatten zweitens keine Ahnung, wo sie diese Basen in der DNA-Struktur unterbringen sollten bzw. wie sie dort angeordnet sind.

In den Lehrbüchern der fünfziger Jahre waren die Basen

falsch dargestellt, wie man heute wissen kann, und erst als – durch Zufall? – der amerikanische Kristallograph Jerry Donohue nach Cambridge kam und in Watsons und Cricks Büro vorbeischaute, konnte er ihnen erklären, wie diese Bausteine der Gene nach dem neuesten Stand der Wissenschaft tatsächlich aussehen könnten – und auf einmal paßte alles zusammen, und die Jahrhundertentdeckung konnte gemacht werden. Anschließend ließ es sich Crick nicht nehmen, mit seiner bekannt lauten Stimme im Gasthaus »Eagle«, das dem Laboratorium gegenüberlag, lautstark zu verkünden, das Geheimnis des Lebens sei soeben gelüftet worden.[10]

Das Dogma und andere Aufgeregtheiten

In den folgenden Jahren läuft Crick zu Hochform auf (und schließt zwischendurch auch seine Promotion ab). Er entwickelt sich zum großen spekulierenden Theoretiker der Molekularbiologie, der sich Schritt für Schritt an sein übergeordnetes Ziel heranarbeitet, die Synthese von Proteinen zu verstehen. Er erkennt zunächst, daß der Weg von der DNA aus nicht direkt möglich ist und ein Zwischenträger der Information benötigt wird, der auch bald darauf identifiziert werden kann. Das Molekül erweist sich als ähnlich zusammengesetzt wie das Erbmaterial selbst und wird heute als RNA (Ribonukleinsäure) bezeichnet. Crick formuliert nun höchst selbstbewußt das berühmte molekulare Dogma, demzufolge die genetische Information von der DNA über die RNA zu den Proteinen fließt, ohne von dort zurückzukommen oder sich überhaupt in eine andere Richtung bewegen zu können. (Es brauchte viele nobelpreiswürdige Arbeiten in den siebziger Jahren, um die begrenzte Nützlichkeit des Dogmas zu verdeutlichen, das trotzdem nach wie vor heutigen Molekularbiologen vor Augen schwebt und mehr als ein historisches Schattendasein fristet.)

Die Jahre nach 1953 – die Zeit nach der Entdeckung der gol-

---

10 Der Augenblick der Entdeckung gehört im Grunde Watson, wie weiter unten genauer dargestellt werden wird (S. 340).

denen Doppelhelix – erleben einen Triumph der Molekularbiologie nach dem anderen. Meistens ist Crick mit Ideen oder Vorschlägen beteiligt, wenn Fortschritte der Art erzielt werden, die Eingang in die Lehrbücher finden. Er wird eine Art Guru der neuen Genetik, der weder eine Position noch eine Funktion braucht und nur durch sich selbst spricht. Cricks Wort ist die Wahrheit. Er definiert nicht nur, was Molekularbiologie ist, er *ist* die Molekularbiologie, und bald verwechselt Crick seine Wissenschaft mit der Wirklichkeit bzw. wirft er einige Ebenen durcheinander. Er äußert sich über Menschen wie über Moleküle; er formuliert abenteuerliche Hypothesen über den Ursprung des Lebens; auf dem berühmt-berüchtigten CIBA-Symposium von 1963, das sich Gedanken über die Zukunft des Menschen macht (*Man and his Future*), meint Crick, er begründe eine »humanistische Ethik«, wenn er das allgemeine Recht der Menschen bestreitet, Kinder zu bekommen. Der frischgebackene Nobelpreisträger, der wissen muß, daß die Welt auf ihn hört, will dieses Recht nur einigen ausgewählten Exemplaren unserer Spezies zugestehen, »deren Fortpflanzung erwünscht ist«, wie er meint.

Die späten Jahre

Cricks zahlreiche Spuren nach der Doppelhelix sind von der Nachwelt entweder rasch verwischt oder gar vergessen worden, und weder seine molekular-dogmatisch konzipierten noch seine humanistisch-ethisch genannten Ideen haben den Test der Zeit bestanden. Lassen wir sie in Frieden und fragen, was Crick rein wissenschaftlich gemacht hat, nachdem die klassische Form der Molekularbiologie mit der Entschlüsselung des genetischen Codes in den sechziger Jahren ihren Abschluß erreicht hatte. Eine Zeitlang kümmerte er sich um Fragen der Embryologie, das heißt, er versuchte, genetische Regeln zu finden, nach denen die Entwicklung des Lebens verläuft, wenn aus einer Zelle – dem befruchteten Ei – ein ganzer Organismus wird. Wer seine Texte aus diesen Tagen liest, wird staunend bemerken, daß Crick auf dem richtigen Weg war.

Doch weit geht er dabei nicht, denn 1976 tritt eine Wende in Cricks Leben ein. Er wird eingeladen, ein Jahr in Kalifornien zu verbringen, und zwar am berühmten Salk-Institut für Biologische Studien, das in der Nähe von San Diego liegt und auf Klippen gebaut ist, die zum Pazifischen Ozean hin abfallen. Crick hatte mitgeholfen, die Statuten des Instituts zu entwerfen, und nun durfte er selbst dort arbeiten (in einem Büro mit Aussicht auf das Meer). Das Institut und seine Arbeitsatmosphäre gefielen ihm so sehr, daß Crick keine Einwände erhob, als die amerikanische Kieckhefer Foundation bereit war, für ihn einen Lehrstuhl einzurichten. Er verabschiedete sich kurzerhand aus der Alten Welt und zog nach Südkalifornien. Die europäische Kultur scheint ihm dort nicht zu fehlen, wie er schreibt:

»Ich persönlich fühle mich in Kalifornien zu Hause. Mir gefällt diese Atmosphäre des Wohlstands, und ich mag den gelassenen und lockeren Lebensstil. Auch daß man so leicht ans Meer, in die Berge, aber auch in die Wüste gelangen kann, macht das Leben hier reizvoll. Es gibt meilenweit Sandstrände, die man entlang spazieren kann, [und die Wüste] übt eine seltsame Faszination aus, nicht zuletzt wegen der raffinierten Farbschattierungen und der unermeßlichen Weite des Himmels.«

Wenn Crick von seltsamer Faszination spricht, gilt es aufzupassen, denn dann wird sein wissenschaftlicher Zugriff nicht lange auf sich warten lassen, um keinen Gedanken an ein Geheimnis aufkommen zu lassen. Und tatsächlich befaßt er sich seit dem Wechsel an das Salk-Institut überwiegend mit der Funktionsweise des Gehirns. Da sein Alter als fortgeschritten bezeichnet werden mußte, ließ sich Crick nicht auf Nebenschauplätze ein, sondern marschierte direkt auf sein Zentralthema zu: das Bewußtsein. Sein Interesse an diesem Problem mochte unter Fachkollegen als Zeichen beginnender Senilität gewertet werden, aber dies brauchte ihn aus vielen Gründen nicht zu kümmern. Seither verteidigt er seine »erstaunliche Hypothese«, der zufolge das Bewußtsein wie die menschliche Seele umfassend aus molekularen Strukturen und ihren Wechselwirkungen ableitbar und verständlich sei. Es müsse zwar eine spezielle Apparatur bzw. Konstruktion – eine besonders komplexe Form des Zusammenspiels (Interagierens) von Nervenzellen – geben, die für das Bewußtsein eine Rolle spiele, aber damit ist nichts Geheimnisvolles gemeint, sondern nur ein trickreiches Rätsel aufgegeben. Crick zweifelt nicht daran, daß in Zukunft eine Molekularpsychologie oder gar eine Molekularneurophilosophie entstehen wird, so wie ja auch einmal eine Molekularbiologie entstanden ist. Und mit dieser neuen Wissenschaft – und nur mit ihr – könnten wir zuletzt unser Gehirn verstehen. So denkt Crick, und er würde sich freuen, wenn er noch erleben könnte, wie der Grundriß solch einer molekularen Erklärung aussieht.

Ob sie ihm wirklich erklärt, was ihn an ihr so fasziniert und warum ihm das Licht der Wüste so gefällt?

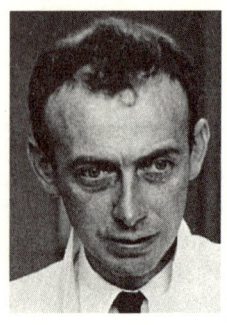

James D. Watson

oder
Der Macher in der Welt der Wissenschaft

James D. Watson wirkt eher krank und verlegen, wenn man ihm gegenübersteht, und es fällt auf, daß er nur selten die Schnürsenkel seiner Schuhe zugebunden hat. Er hält seinen Kopf nie ruhig und schaut dauernd zur Seite, als erwarte er jemanden. Wenn er redet, nuschelt er meist, und oft zieht er noch die Nase hoch, so daß das Zuhören schwerfällt. Doch wenn man versteht, was er sagt, wird man merken, daß es sich sehr wohl lohnt, jedes einzelne Wort davon mitzubekommen, und zwar aus mindestens drei Gründen. Zum einen hat das, was Watson sagt, politisch ungeheures Gewicht; zum zweiten hat er wissenschaftlich in den meisten Fällen richtig gelegen und schneller als andere begriffen, wie die Natur funktioniert bzw. wie ihr auf die molekularen Schliche zu kommen ist. Und zum dritten kann Watson besser und eleganter mit der Sprache umgehen als andere, und er formuliert einprägsamer – wenn nicht unbedingt einfühlsamer –, was er zu sagen hat. So drückte er 1987 die zunehmende Fülle des genetischen Lehrstoffs durch den Satz aus, daß es heute keinen Molekularbiologen gibt, der alles über das Gen weiß. Und 1989 hat er in einem Interview mit dem Magazin TIME das umfassende Interesse an den Genen mit der Beobachtung begründet:

»Früher haben die Menschen geglaubt, daß ihr Schicksal in den Sternen liegt. Heute wissen wir, daß unser Schicksal in den Genen steckt.«

Watson ist ein Mann vieler Karrieren, wobei den meisten Menschen eine einzige aus seiner Sammlung genügen würde, um mit Stolz auf den eigenen Werdegang zu blicken. Es ist tatsächlich erstaunlich, wie viele Wendungen Watsons Leben genommen hat und wie erfolgreich er in jedem Fall gewesen ist:

Zuerst versucht er sich als Wissenschaftler, und im Alter von 25 Jahren gelingt es ihm, gemeinsam mit Francis Crick die legendäre Struktur des Erbmaterials zu beschreiben: die Doppelhelix aus DNA. Dann wird er Hochschullehrer und Buchautor. In der Mitte seiner dreißiger Jahre verfaßt Watson das erste und nach wie vor berühmteste Lehrbuch der neuen Molekularbiologie – *The Molecular Biology of the Gene* –, das heute in vierter Auflage vorliegt und weiter erscheinen wird. Dann wirkt er als Schriftsteller, und zu seinem 40. Geburtstag erscheint Watsons biographischer Bestseller über die Entdeckung der DNA-Doppelhelix, der längst ein klassischer Text geworden ist und selbst von Schriftstellern so hoch eingeschätzt wird, daß sie sich nicht wundern würden, wenn Watson auch dafür einen Nobelpreis bekommen würde – den für Literatur nämlich. Nach dem Forscher, dem akademischen Lehrer und dem Schriftsteller tritt der Organisator Watson auf den Plan, der seine Professur an der berühmten Harvard-Universität aufgibt, um Direktor des um 1970 eher unbedeutenden Cold Spring Harbor Laboratory auf Long Island bei New York zu werden. In den folgenden Jahren formt er das ruhige Dorf der Wissenschaft zu einer der weltweit angesehensten Institutionen der Wissenschaft um. Es gelingt ihm, das Forschungsbudget durch private Spenden von $ 200 000 auf weit über $ 10 000 000 zu steigern – mit zunehmender Tendenz. Die Gelder stammen dabei unter anderem von den reichen New Yorker Geschäftsleuten, die ihre Sommerhäuser auf Long Island haben. Watson wird nicht müde, sie zu besuchen, und er nutzt im Dienste der Wissenschaft aus, daß seine eher ungelenke und oft unangenehme Art in den feinen Kreisen als Teil von Genialität gezählt wird. Watson fördert diesen Geniekult, indem er möglichst unfrisiert auftritt und möglichst leise spricht. Er bedient seine Klientel, und sie bedient ihn. Zwischen 1989 und 1992 übernimmt Watson zusätzlich die Leitung des *Human Genome Project*, das man sich als »Expedition an das Ende der Anatomie« vorstellen kann, deren Ziel die vollständige Kenntnis der genetischen Information einer menschlichen Zelle ist. Mit dem Abschluß dieses Vorhabens wird bald gerechnet, und möglicherweise wird dann aus der Molekularbiologie der Gene die Molekularbiologie des Menschen entstehen, die sich Watson so sehr wünscht.

Der Weg zu Crick

James Dewey Watson – so der volle Name – stammt aus Chicago. Hier wurde er am 6. April 1928 geboren. Seine Kindheit verlief eher traurig, vor allem deshalb, weil der kleine Jim, wie man ihn nennt, kein athletischer Typ war und sein damals schon freches Mundwerk ihm vermutlich auch noch die letzten Sympathien bei anderen Kindern verscherzte. Er kam nirgendwo an und zog sich zurück. So hatte er viel Zeit zu lesen, und außerdem konnte er von seinem Vater lernen, wie man Vögel beobachtet. Mit 19 kam Watson dann an die Universität von Indiana, wo er Zoologie studierte und in kürzester Zeit mit der Promotion abschloß (ohne allerdings eine Zukunft als Ornithologe zu planen). Schon auf der High School hatte Watson ein anderes Thema gepackt, und das steckte in der Frage: »Was ist ein Gen?« Gestellt und versuchsweise beantwortet hatte die Frage der berühmte Physiker Erwin Schrödinger in seinem Buch *Was ist Leben?*, das Watson verschlungen hatte, und irgendwie spürte der achtzehnjährige Junge, daß hier sein Thema lag, obwohl es noch kein entsprechendes Fach an einer Universität gab. Trotzdem oder gerade deshalb wollte Watson herausfinden, was ein Gen ist, wobei seine Sehnsucht nach der Lösung nur durch die Angst übertroffen wurde, die er gleichzeitig empfand und die sich aus der Sorge speiste, daß die

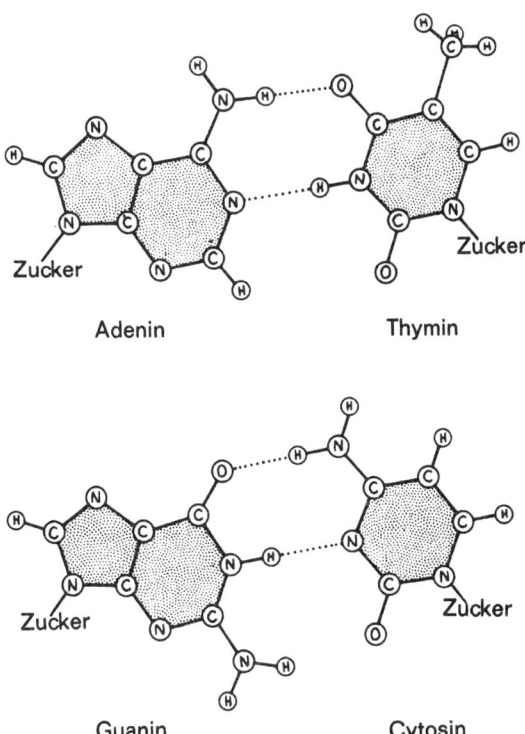

»Die zur Konstruktion der Doppelhelix benutzten Adenin-Thymin- und Guanin-Cytosin-Basenpaare (Wasserstoffbrücken punktiert). Die Bildung einer dritten Wasserstoffbindung zwischen Guanin und Cytosin wurde in Erwägung gezogen. Man kam jedoch davon ab, da eine kristallographische Untersuchung des Guanins darauf hindeutete, daß diese Bindung sehr schwach sein würde. Man weiß jetzt, daß diese Annahme nicht stimmt. Zwischen Guanin und Cytosin können drei starke Wasserstoffbindungen gezeichnet werden.« (Zeichnung und Zitat aus: James D. Watson, Die Doppelhelix, Reinbek 1969)

Lösung nur demjenigen gelingen kann, der über tiefe philosophische oder hohe mathematische Fähigkeiten zugleich verfügt. Unabhängig davon gab es zwei Möglichkeiten:

Entweder war es schwer, die Natur des Gens zu klären, dann wollte Watson die Finger von dem Thema lassen. Oder es war leicht, die Natur des Gens zu klären, dann galt es sich zu beeilen und sich auf den richtigen Weg zu machen. Als Watson sich mit dieser gedanklichen Zwickmühle befaßte und nach einer Entscheidung suchte, sah er schließlich, wo seine Chance lag, nämlich in der richtigen molekularen Zielrichtung. Natürlich wollten viele Biologen um 1950 wissen, was ein Gen ist, doch dachten die meisten dabei an die chemischen Substanzen, die Proteine heißen. Zwar hatte eine Forschergruppe um Oswald Avery schon 1944 in New York gezeigt, daß die Erbsubstanz (die Gene) wenigstens teilweise aus DNA bestehen, aber irgendwie hielten sich Zweifel an der Richtigkeit des Ergebnisses, und noch zog die DNA nicht so viel Aufmerksamkeit der Forscher auf sich, wie sie nach Watsons Meinung verdient hatte. Für ihn klang das, was Avery gefunden hatte, nach der richtigen Antwort, und Watsons Stunde könnte schlagen, wenn sich eine Arbeitsgruppe finden ließe, die an der DNA arbeitete, ohne die Bedeutung der Substanz so hoch einzuschätzen, wie er es tat. In diesem Fall könnte Watson tatsächlich vor allen anderen auf dem richtigen Weg sein und die Natur der Gene finden – aber nur, wenn sich ihre Struktur als nicht zu kompliziert erweisen würde, was konkret heißt, daß sie eine kleine Einheit haben mußte, die sich rasch erkennen ließ.

Die zentrale Rolle der DNA für die Genetik und damit für die Molekularbiologie stand für Watson außer Zweifel, nachdem sich 1952 gezeigt hatte, daß Viren, die sich auf Kosten von Bakterien vermehren, in einer Phase ihres Lebenszyklus ausschließlich aus DNA bestehen. Watson hatte sich inzwischen in Europa umgesehen, um mehr über die Moleküle zu lernen, die das Leben braucht, und er wußte inzwischen auch, wo man mit DNA umgehen konnte, nämlich in Cambridge. Dort traf er bald ein, und er tat sich – wie weiter oben erzählt – mit Francis Crick zusammen. Eigentlich hatten amerikanische Stiftungen

Geld zur Verfügung gestellt, damit Watson etwas über Proteine lernen konnte. Aber er hat sich nie an Vorschriften gehalten und sein Leben lang getan, was er für richtig hielt – und seine Entscheidungen waren immer gut und immer besser.

Die Doppelhelix

Wie die Entdeckung der Doppelhelix zustande gekommen ist, läßt sich in dem schon erwähnten und verfilmten Long- und Bestseller von Watson nachlesen, wobei angemerkt werden sollte, daß Watson in diesem Buch nicht nur viele agierende Wissenschaftler schlecht aussehen läßt, sondern vor allem viele üble Dinge über sich selbst sagt, zum Beispiel dann, wenn er zugibt, bei einem Seminar den wissenschaftlichen Argumenten nicht folgen zu können, was dazu führt, daß er sich statt dessen mit seinen Gedanken dem Thema Sex zuwendet.

In dem Kapitel über Crick ist erklärt worden, daß der Durchbruch zur richtigen Struktur des Erbmaterials erst gelingen konnte, nachdem Watson erfahren hatte, daß die vier Basen der DNA eine andere Form haben, als in den Lehrbüchern angegeben war. Trotz dieser Information kam die Arbeit nicht automatisch zum Ziel, weil weder Crick noch Watson eine Idee hatten, wie sie die Basen anordnen sollten, von denen es zwei große und zwei kleine gibt. Die großen Basen (Adenin und Guanin, A und G) tragen bei Chemikern den kurzen Namen Purine; und die kleinen Basen (Cytosin und Thymin, C und T) tragen den langen Namen Pyrimidine.

Wochenlang haben Watson und Crick versucht, A mit A und T mit T zu paaren, weil sie (ohne wissenschaftliche Grundlage) meinten, eine Gleiches-mit-Gleichem-Theorie würde angemessen wiedergeben, was in der Natur vorliegt. Erst die neuen biochemischen Strukturen zwangen sie zum Umdenken, das dann eines Tages zur Lösung führte – und zwar weniger zufällig als plötzlich.

Um genau zu verstehen, was Watson vor Augen hatte, als er sich dem entscheidenden Moment der Entdeckung näherte, müssen die noch fehlenden sogenannten Wasserstoffbrücken erläutert werden, die in der Natur eine Rolle spielen. Die mit diesem Namen bezeichneten Bindungen zwischen Molekülen entstehen dadurch, daß einzelne Wasserstoffatome aus einem Verband miteinander Fühlung aufnehmen und sich eine Art elektronische Hand reichen, die sie jederzeit wieder loslassen können, ohne dabei eine feste chemische Bindung einzugehen. Die Wasserstoffbrücken waren eine junge Entdeckung der Chemie und Watsons gedanklicher Schatz, den er in dem entscheidenden Moment verwenden konnte und einsetzte. Watson beschreibt, was nach dem Tag passierte, an dem Jerry Donohue ihnen erklärt hatte, wie die Basen wirklich aussehen. Es heißt in der *Doppel-Helix* (S. 240 ff.):

»Als ich am nächsten Morgen als erster ins Büro kam [nachdem Watson am Abend zuvor mit ein paar Mädchen im Theater gewesen war], räumte ich schnell alle Papiere vom Schreibtisch, damit ich eine genügend große ebene Fläche hatte, um durch Wasserstoffbrücken zusammengehaltene Basenpaare zu bilden. Zu Anfang kam ich wieder auf die alte Voreingenommenheit für die Gleiches-mit-Gleichem-Theorie zurück, aber bald sah ich, daß sie zu nichts führte. Als Jerry kam, blickte ich auf, sah, daß es nicht Francis war, und begann die Basen hin und her zu schieben und jeweils auf eine andere, ebenfalls mögliche Weise paarweise anzuordnen. Plötzlich merkte ich, daß ein durch zwei Wasserstoffbindungen zusammengehaltenes Adenin-Thymin-Paar dieselbe Gestalt hatte wie ein Guanin-Cytosin-Paar, das durch wenigstens zwei Wasserstoffbrücken zusammengehalten wurde. Alle diese Wasserstoffbindungen schienen sich ganz natürlich zu bilden. Es waren keine Schwindeleien nötig, um diese zwei Typen von Basenpaaren in eine identische Form zu bringen. Ich rief Jerry und fragte ihn, ob er diesmal etwas gegen meine neuen Basenpaare einzuwenden habe.

Als er verneinte, tat meine Seele solch einen Hüpfer, daß ich abzuheben meinte. Ich hatte das Gefühl, daß wir jetzt das Rätsel gelöst hatten, warum die Zahl der Purine immer genau der Zahl der Pyrimidine entsprach.... [Ihre Entsprechung] erwies sich plötzlich als notwendige Folge der doppelspiralförmigen Struktur der DNA. Aber noch aufregender war, daß dieser Typ von Doppelhelix ein Schema für die Autoreproduktion ergab, das viel befriedigender war als das Gleiches-mit-Gleichem-Schema, das ich eine Zeitlang in Erwägung gezogen hatte. Wenn sich Adenin immer mit Thymin und Guanin immer mit Cytosin paarte, so bedeutete das, daß die Basenfolgen in den beiden verschlungenen Ketten komplementär waren. War die Reihenfolge der Basen in einer Kette gegeben, so folgte daraus automatisch die Basenfolge der anderen Kette. Es war daher begrifflich sehr einfach, sich vorzustellen, wie eine einzige Kette als Gußform für den Aufbau einer Kette mit der komplementären Sequenz dienen konnte.

Als Francis erschien und noch nicht einmal ganz im Zimmer war, rückte ich schon damit heraus, daß wir die Antwort auf alle unsere Fragen in der Hand hatten. Zwar blieb er aus Prinzip ein paar Minuten lang bei seiner Skepsis, aber dann taten die gleich geformten AT- und GC-Paare die erwartete Wirkung.«

Noch fehlten allerdings die Verbindung der Basenpaare mit dem Rückgrat der Helix und andere Kleinigkeiten, an denen alles scheitern konnte. Die Angst stieg erneut in Watson auf, und ihm war klar,

»daß wir nicht am Ziel waren, bevor wir nicht ein vollständiges Modell gebaut hatten, in dem alle stereochemischen Kontakte einwandfrei waren. Und es lag auf der Hand, daß die Folgerungen, die sich daraus ableiten ließen, viel zu wichtig waren, als daß man es riskieren konnte, blinden Alarm zu schlagen. So war mir nicht recht wohl, als Francis zum Mittagessen in den ›Eagle‹ hinüber flatterte und allen, die in Hörweite waren, verkündete, wir hätten das Geheimnis des Lebens entdeckt.«

Professor und Direktor

Das Geheimnis des Lebens haben die beiden sicher nicht entdeckt, aber ihre Struktur hat sich als richtig erwiesen und alle Tests der Zeit bestanden. Der erste, der außerhalb von Cambridge von der Doppelhelix erfuhr, war Max Delbrück, der damals als Professor am California Institute of Technology in Pasadena arbeitete. Watson hat Delbrück noch am gleichen Tag – dem 12. März 1953 – einen Brief geschrieben, um voller Stolz seinen Sieg zu verkünden. Zwar verehrte Watson Delbrück, seit er in Schrödingers *Was ist Leben?* von dessen frühen Versuchen erfahren hatte, die Natur des Gens zu erkunden; aber er litt zugleich unter der Vorstellung, daß sein eigenes Gehirn nicht die Qualität des entsprechenden Delbrückschen Organs erreichen könnte und er die Lösung der entscheidenden Frage anderen überlassen müßte. Diese alte Angst war jetzt ebenso vorbei wie die Angst vor Linus Pauling, der ebenfalls am CalTech arbeitete und sich vergeblich um die Struktur der DNA bemüht hatte. Watson konnte im übrigen sicher sein, daß Delbrück nach dem Empfang des Briefes sofort zu Pauling gehen und ihm mitteilen würde, daß das Rennen entschieden war. Wie befreit konnte sich Watson fühlen, als die beiden großen Männer der Wissenschaft keinen Einwand gegen die Doppelhelix fanden und ihm statt dessen zu seinem Erfolg gratulierten. Delbrück lud ihn sogar ein, nach Cold Spring Harbor zu kommen, um dort sein Modell für die Erbsubstanz vorzustellen und die neue Antwort auf die Frage zu geben: »Was ist ein Gen?«

Watson hatte schon länger geplant, das Jahr 1954 in Delbrücks Laboratorium zu verbringen. So sehr er sich auch auf diese Zeit gefreut hatte, so deutlich wurde ihm bald, daß alle weiteren Arbeiten, die er als Forscher publizieren würde, weder den Rang noch die Reichweite der Doppelhelix erreichen könnten. Daher entschied er sich, das experimentelle Arbeiten aufzugeben und seine Funktion in der Wissenschaft neu zu bestimmen. Er wurde zuerst Lehrer der Biologie – bereits 1955 ging er als Professor nach Harvard – und dann zum Direktor der Forschung – und zwar im Cold Spring Harbor Laboratory auf Long Island bei New York, das für amerikanische Verhältnisse eine lange Geschichte hat und schon über 100 Jahre alt war.

Wer verstehen will, was den nobelpreisgeschmückten Harvard-Professor in dieses kleine Dorf bringt, muß wissen, daß hier nach 1945 in ganz kleinem Rahmen die neue Genetik ihren Weg in die Welt begonnen hat. Es war vor allem Delbrück, der in den Jahren nach dem Zweiten Weltkrieg in kompakten Kursen weitergab, was man über Bakterien- und Virengenetik wußte. In Cold Spring Harbor bildeten die Wissenschaftler eine familiäre Gemeinschaft. Forschen war hier ein existentielles Erlebnis, und die Wissenschaft bildete das Zentrum des Lebens. Watson erlebte diese Welt in jungen Jahren wie einen wunderbaren Traum, aus dem er nie wieder erwachen wollte. Vermutlich hat er sich hier zum ersten Mal glücklich gefühlt und ohne jede Angst leben können, und es ist schön, daß er diesen Ort so groß und berühmt gemacht hat. Unter seiner Leitung legte man in Cold Spring Harbor zuerst den Grundstein für ein neues Gebiet der Biologie, das heute als *Molekularbiologie der Zelle* an allen Universitäten unterrichtet wird, und es wird niemanden wundern, daß das erste dazugehörende Lehrbuch Watson mit als Autor anführt. Seinen langfristigen Plänen zufolge soll Cold Spring Harbor auf dem Gebiet der Neurowissenschaften ähnlich erfolgreich werden wie im Bereich der Genetik.

Nebenbei hat Watson in Cold Spring Harbor einen großen Verlag und ein Kongreßzentrum eingerichtet. Was die Buchproduktion angeht, so erscheinen zur Zeit jährlich mehr als 200 wissenschaftliche Titel, die auch die zahlreichen Konferenzen zusammenfassen, für die Cold Spring Harbor inzwischen ebenfalls dank Watson weltberühmt ist.

Watson macht Wissenschaft, und er macht sie in großem Stil. Er ist ungeheuer erfolgreich und hat bislang noch alles zu einem triumphalen Ende geführt, was er angefangen hat. Dies wird mit dem *Human Genome Project* nicht anders sein, das sich bemüht, die vollständige Information des menschlichen

Erbguts (des humanen Genoms) zu entziffern. Die technischen Möglichkeiten dafür liegen seit den achtziger Jahren vor, und Watson hat das Management so lange übernommen, bis die Sache angelaufen und zum Abschluß verdammt war, mit dem spätestens im Jahre 2003 gerechnet wird. Dabei hat er auch dafür gesorgt, daß sich die Wissenschaftler um die individuellen und sozialen Konsequenzen ihrer Arbeiten kümmern. Ohne vorher einen einzigen Politiker zu fragen, ganz im Vertrauen auf seinen Rang und seine Popularität unter den Wissenschaftlern, hat er verkündet, daß 3 % des Geldes, das für die Erforschung des humanen Genoms ausgegeben wird, für die Erkundung der ethischen, sozialen und legalen Folgen zur Verfügung gestellt wird. Mit der kleinen Ziffer »3 %« sind übrigens insgesamt fast 100 Millionen Dollar gemeint, wobei das Überraschende dieser Zuweisung vor allem darin besteht, daß Watson ursprünglich nichts von diesem »ethics thing« hielt und philosophisches Treiben im allgemeinen überflüssig findet. Ethiker muteten ihn seltsam an, denn schließlich waren es Leute, die sich vor allem um die Probleme anderer Leute kümmerten, ohne beweisen zu können, daß sie mit ihren eigenen fertig wurden.

Im Haus am Meer

Watsons Karriere wirkt unheimlich, und man fragt sich, wie er das macht. Vielleicht ist es die Angst, von der in seinem Leben viel die Rede ist – er wirkt auch heute noch ängstlich, wenn er auf Menschen zugehen muß. Watson hat es stets Mühe gekostet, Kontakte mit anderen zu knüpfen, und er mußte ziemlich alt werden, bis er eine Frau fand, die sein werden wollte. »She's nineteen and mine«, schrieb er aus den Flitterwochen nach Cold Spring Harbor, wo er Elizabeth kennengelernt hatte. Sie ist auch heute noch sein, und jetzt wohnen beide an diesem Ort, und zwar in einem Haus am Meer, wie man es sonst nur aus Märchen kennt.

Zeittafel

500 v. Chr.	Vorsokratiker (Thales, Parmenides u. a.)	
470 v. Chr.	Sokrates (470–399)	
460 v. Chr.	Demokrit (460–380/370)	
430 v. Chr.	Platon (427–348/347)	
400 v. Chr.	Aristoteles (384–322)	
330 v. Chr.	Euklid (322?–300?)	Tod Alexanders des Großen (323)
300 v. Chr.	Archimedes (285–212)	
Zeitenwende		Geburt Jesu Christi
40 n. Chr.		Erste Zerstörung(?) der Bibliothek von Alexandria
90 n. Chr.	Ptolemäus (100–160)	
130 n. Chr.	Galen (129?–199?)	
390		Zweite Zerstörung der Bibliothek von Alexandria
520		Gründung des ersten abendländischen Klosters in Monte Cassino (Italien) (529)
620		Auswanderung Mohammeds nach Medina (Beginn der islamischen Zeitrechnung) (622)
960	Ibn al-Haitam / Alhazen (965–1039)	
980	Ibn-Sina / Avicenna (980–1037)	
1120	Ibn Rushd / Averroës (1126–1198)	

1140		Gründung der Universitäten von Bologna (um 1200) und Paris (um 1260)
1200	Albertus Magnus (1200–1280)	
1220	Roger Bacon (1214–1292)	
1240	Raimundus Lullus (1232?–1316)	
1290	Johannes Buridan (1295–1358)	
1340		Die Pest (»Schwarzer Tod«) in Europa (1347/48). Gründung der ersten deutschen Universität (in Prag) (1348)
1450	Christoph Kolumbus (1451–1506) Leonardo da Vinci (1452–1519)	
1470	Nikolaus Kopernikus (1473–1543)	
1490		Rückeroberung Spaniens von den Mauren abgeschlossen (1492). Landung des Kolumbus in Amerika (12.10.)
1500	Gerolamo Cardano (1501–1576)	
1560	Francis Bacon (1561–1626) Galileo Galilei (1564–1642)	
1570	Johannes Kepler (1571–1630)	
1590	René Descartes (1596–1650)	
1610		Dreißigjähriger Krieg (1618–1648)
1620	Blaise Pascal (1623–1662)	
1640	Isaac Newton (1642–1727) Gottfried Wilhelm Leibniz (1646–1716) Maria Sibylla Merian (1647–1717)	
1700	Daniel Bernoulli (1700–1782) Benjamin Franklin (1706–1790) Leonhard Euler (1707–1783)	
1720	Immanuel Kant (1724–1804)	

1740	Antoine Lavoisier (1743–1794)
	Johann Wolfgang Goethe (1749–1832)
1760	Alexander von Humboldt (1769–1859)
1770	Carl Friedrich Gauß (1777–1855)

Unabhängigkeitserklärung der USA (1776). Beginn der Französischen Revolution (1789)

1790	Michael Faraday (1791–1867)
1800	Justus von Liebig (1803–1873)
	Charles Darwin (1809–1882)
1820	Hermann von Helmholtz (1821–1894)
	Rudolf Virchow (1821–1902)
	Gregor Mendel (1822–1884)
	Bernhard Riemann (1826–1866)
1830	James Clerk Maxwell (1831–1879)
1840	Robert Koch (1843–1910)
	Ludwig Boltzmann (1844–1905)
1850	Sofia Kowalewskaja (1850–1891)
	Max Planck (1858–1947)
1860	David Hilbert (1862–1943)
	Marie Curie (1867–1934)
1870	Lise Meitner (1878–1968)
	Albert Einstein (1879–1955)
1880	Emmy Noether (1882–1935)
	Niels Bohr (1885–1962)
	Erwin Schrödinger (1887–1961)
	Norbert Wiener (1894–1964)
	Jean Piaget (1896–1980)
1900	Wolfgang Pauli (1900–1958)
	Werner Heisenberg (1901–1976)
	Linus Pauling (1901–1994)
	Barbara McClintock (1902–1990)

1900	Konrad Lorenz (1903–1989)	
	John von Neumann (1903–1957)	
	Max Delbrück (1906–1981)	
1910	Dorothy Hodgkin (1910–1994)	
	Alan Turing (1912–1954)	
		Erster Weltkrieg (1914–1918)
	Francis Crick (*1916)	
	Richard P. Feynman (1918–1988)	
1920	James D. Watson (*1928)	
1930		Machtergreifung Hitlers (1933)
		Zweiter Weltkrieg (1939–1945)
1950		Entdeckung der Doppelhelix (1953)
1960		Erste Landung von Menschen auf dem Mond (20.7.1969)
1980		Aufstieg des Personal Computers (PC)
1990		»Jahrzehnt des Gehirns« in der Wissenschaft. Digitale Revolution mit Siegeszug von Internet und Mobiltelefon.

Hinweise zur Literatur

Nachschlagewerke
Die 100 des Jahrhunderts – Naturwissenschaftler, rororo Handbuch 6451, Rowohlt, Reinbek bei Hamburg 1994
Fachlexikon abc – Forscher und Erfinder, Harri Deutsch Verlag, Frankfurt am Main 1992
Harenberg Lexikon der Nobelpreisträger, Harenberg Lexikon Verlag, Dortmund 1994
Alexander Hellemans, Bryan Bunch, *The Timetables of Science*, Simon and Schuster, New York 1988
Fritz Krafft (Hg.), *Große Naturwissenschaftler*, VDI Verlag, Düsseldorf 1986
Trevor Williams (Hg.), *Biographical Dictionary of Scientists,* Harper Collins, Glasgow 1994

Einzelwerke
Thomas Brock, *The Emergence of Bacterial Genetics*, Cold Spring Harbor Laboratory Press, Cold Spring Harbor 1990
Ernst Peter Fischer, *Aristoteles, Einstein & Co.*, Piper Verlag, München 1997
Egon Friedell, *Kulturgeschichte der Neuzeit*, C. H. Beck, München, 155.–162. Tausend, 1996
Sven Ortoli, Nicolas Witkowski, *Die Badewanne des Archimedes*, Piper Verlag, München 1997
Franklin H. Portugl, Jack S. Cohen, *A Century of DNA*, The MIT Press, Cambridge 1977
Jochen Radkau, *Technik in Deutschland*, edition suhrkamp NF 536, Suhrkamp, Frankfurt am Main 1989
Emilio Segrè, *Von den fallenden Körpern zu den elektromagnetischen Wellen*, Piper Verlag, München 1984
Michel Serres (Hg.), *Elemente einer Geschichte der Wissenschaften*, Suhrkamp Verlag, Frankfurt am Main 1994
Rober B. Silvers (Hg.), *Hidden Histories of Science*, A New York Review Book, New York 1995

Biographische Werke

Kurt-R. Biermann, *Carl Friedrich Gauß – Der Fürst der Mathematiker in Briefen und Gesprächen*, C. H. Beck Verlag, München 1990

Norbert Bischof, *Gescheiter als alle die Laffen*, Rasch und Röhring, Hamburg 1991

James W. Brewer und Martha K. Smith, *Emmy Noether – A Tribute to Her Life and Work*, Marcel Dekker Inc., New York 1986

Walter K. Bühler, *Gauß – Eine biographische Studie,* Springer Verlag, Heidelberg 1986

David C. Cassidy, *Werner Heisenberg – Leben und Werk*, Spektrum Verlag, Heidelberg 1992

Kenneth Clark, *Leonardo da Vinci*, rororo Monographie 50153, Rowohlt, Reinbek bei Hamburg 1998

Francis Crick, *Ein irres Unternehmen*, Piper Verlag, München 1990

Charles P. Enz, Karl von Meyenn (Hg.), *Wolfgang Pauli – Das Gewissen der Physik*, Vieweg Verlag, Braunschweig 1988

Georgina Ferry, *Dorothy Hodgkin – A Life*, Granta Books, London 1998

Reinhard Finster, Gerd van den Heuvel, *Gottfried Wilhelm Leibniz*, rororo Monographie 481, Rowohlt, Reinbek bei Hamburg 1993

Anthony Grafton, *Cardanos Kosmos*, Berlin Verlag, Berlin 1999

Hermann Grothe, *Leonardo da Vinci als Ingenieur und Philosoph*, Nicolaische Verlagsbuchhandlung, Berlin 1874

John L. Heilbron, *The Dilemmas of an Upright Man – Max Planck as a Spokesman for German Science*, University of California Press, Berkeley 1986

Werner Heisenberg, *Der Teil und das Ganze*, Piper Verlag, München 1969

Werner Heisenberg, *Gesammelte Werke, Teil C: Allgemeinverständliche Schriften*, 5 Bde., Piper Verlag, München 1984

Andrew Hodges, *Alan Turing – The enigma*, Simon and Schuster, New York 1983

Hans Heinz Holz, *Gottfried Wilhelm Leibniz*, Reihe Campus 1052, Campus Verlag, Frankfurt am Main 1992

Alexander von Humboldt, *Reise in die Äquinoktial-Gegenden des Neuen Kontinents*, Insel Verlag, Frankfurt am Main 1999

Helmut Kaiser, *Maria Sibylla Merian*, Piper Verlag, München 1999

Thomas Kesselring, *Jean Piaget*, C. H. Beck Verlag, München 1988

Clive W. Kilmister (Hg.), *Schrödinger – Centenary celebration of a polymath*, Cambridge University Press, Cambridge 1987

Konrad Lorenz, *Das sogenannte Böse*, Schoeler Verlag, Wien 1963

Konrad Lorenz, *Die Rückseite des Spiegels*, dtv 1249, München 1977

Pesi R. Masani, *Norbert Wiener*, Birkhäuser Verlag, Basel 1990

Walter Moore, *Schrödinger – Life and Thought*, Cambridge University Press, Cambridge 1989

Wolfgang Pauli, *Physik und Erkenntnistheorie,* Vieweg Verlag, Braunschweig 1981

✍ Max Planck, *Vorlesungen über Thermodynamik*, De Gruyter Verlag, Berlin 1964

Max Planck, *Vorträge und Erinnerungen*, Wissenschaftliche Buchgesellschaft, Darmstadt 1968

Constance Reid, *Hilbert*, Springer Verlag, Heidelberg 1970

Erwin Schrödinger, *Mein Leben – meine Weltansicht,* Zsolnay Verlag, Hamburg 1985

Wilderich Tuschmann und Peter Hawig, *Sofia Kowalewskaja – Ein Leben für Mathematik und Emanzipation*, Birkhäuser Verlag, Basel 1993

Leonardo da Vinci, *Sämtliche Gemälde und die Schriften zur Malerei,* hg. von André Chastel, Schirmer/Mosel Verlag, München 1999

James D. Watson, *The Double Helix*, Atheneum, New York 1968. Deutsche Ausgabe: *Die Doppel-Helix*, Rowohlt, Reinbek bei Hamburg 1969

Norbert Wiener, *Kybernetik*, Econ Verlag, Düsseldorf 1963; als Taschenbuchausgabe bei Rowohlt, Reinbek bei Hamburg 1968

Norbert Wiener, *Mathematik – Mein Leben*, Fischer Taschenbuch 668, Fischer Verlag, Frankfurt am Main 1965

Norbert Wiener, *Mensch und Menschmaschine*, Athenäum Verlag, Frankfurt am Main 1966

Franz M. Wuketits, *Konrad Lorenz*, Piper Verlag, München 1990

Personenregister

Halbfette Seitenzahlen verweisen auf Kapitel.

A

Adams, Henry 215
Albrecht, Wilhelm Eduard 113
Alexander der Große 171
Angelico, Fra 16
Archimedes 11, 31
Aristoteles 15, 17, 212, 245
Arnold, Andreas 59
Augustinus 187
Avery, Oswald 318, 338
Avogadro, Amedeo 86

B

Bach, Johann Sebastian 294
Backus, John 166
Bacon, Francis 49
Baldwin, James 287
Baudelaire, Charles 87
Beadle, George 325
Beauvoir, Simone de 119, 214
Beckett, Samuel 214
Becquerel, Antoine-Henri 277
Beethoven, Ludwig van 81, 85, 86
Bergson, Henri 215, 282
Berlin, Isaiah 83
Bernal, John Desmond 152, 153, 165
Bertram, Franca 265
Bessel, Friedrich Wilhelm 110
Bierce, Ambrose 215
Bigelow, Julian 190
Bischof, Norbert 82, 295, 299, 304, 310

Bismarck, Otto von 163
Boehringer und Söhne 84
Bohr, Niels 207, 211, 226, 227, 236, 237, 238, 239, 242, 243, 260, 264
Bois-Reymond, Emil du 173
Boltwood, Bertram 278
Boltzmann, Ludwig 218, 274, 275
Bolyai, Farkas 106, 108
Bolzano, Bernhard 11
Bonpland, Aimé 88, 89, 93
Booth, Hubert 278
Borgia, Cesare 24
Born, Max 180, 235
Bosch, Hieronymus 17
Botticelli, Sandro 16
Bourbaki 165
Bovet, M. 286
Bragg, William 151, 152
Brahe, Tycho 18
Broglie, Louis de 247
Brouwer, Luitzen Jan 73, 177
Burckhardt, Jacob 213
Burt, Cyril 284

C

Calvin, Johannes 61
Cantor, Georg 164, 174, 175
Cardano, Gerolamo 13, 14, 16, 17, 18, 29, **35–46**, 248
Cardano, Gerolamo 35 – 46 35
Carnap, Rudolf 215
Carr, Harvey 279
Cassirer, Ernst 216

Caterina (Mutter von Leonardo da Vinci) 20
Chaplin, Charles 164
Chase, Martha 318
Chtenay, Valentine 285
Church, Alonzo 202
Claparède, Edouard 285, 286
Clark, Kenneth 21, 27, 29
Cohen, Paul J. 175
Cook, James 91
Corvinus, Matthias 125
Courant, Richard 177, 178
Cram, Eloise B. 279
Crick, Francis 157, 158, 273, 311, 312, 313, 314, 316, 317, 318, **320–333**
Crick, Odile 322
Crowfoot, Dorothy Mary 122, 149, 154, 155
Curie, Marie 117

D

Dahlmann, Friedrich Christoph 113
Dalton, John 86
Dante Alighieri 45
Darwin, Charles 87, 122, 212, 274, 275
Dedekind, Richard 164
Dehaene, Stanislas 284
Delbrück, Max 288, 312, 342, 343
Deppner, Käthe 262
Descartes, René 49, 233, 239
Döblin, Alfred 47
Dobzhansky, Theodosius 279
Donohue, Jerry 330, 340
Dostojewskij, Fjodor M. 86, 213
Drake, Francis 16
Dürer, Albrecht 16, 17

E

Ebbinghaus, Hermann 278
Eckermann, Johann Peter 95
Eckert, John P. 165
Eddington, Arthur 195
Ehrenberg, Gottfried 94
Ehrlich, Paul 277
Einstein, Albert 85, 105, 141, 146, 195, 207, 209, 211, 221, 226, 240, 247, 251, 259, 260, 272, 288
Eisenhower, Dwight D. 166
Elisabeth II., Königin 159, 166, 214, 318
Enzensberger, Hans Magnus 99
Erasmus von Rotterdam 17
Ernst August, König 113
Ette, O. 97
Euklid 115, 120, 137, 168, 172
Ewald, Heinrich von 113

F

Fahrenheit, Daniel G. 52
Faraday, Michael 81
Fermat, Pierre 50
Fermi, Enrico 264
Fierz, Markus 267
Fischer, Ernst 141
Fisher, Ronald A. 279
Fludd, Robert 266
Forster, Georg 91
Franklin, Rosalind 158, 325, 326
Franz I., König 25
Fraunhofer, Joseph 86
Frayn, Michael 237
Frege, Gottlob 164
Freiersleben, Carl 93
Freud, Sigmund 23, 213, 214, 277
Friedell, Egon 19, 20

Friedrich, Caspar David 81
Frisch, Karl von 164, 295

G

Galen 43
Galilei, Galileo 32, 49, 161, 186, 211
Galois, Evariste 86
Galvani, Luigi 85
Gama, Vasco da 17
Gandhi, Mahatma 213
Garcia, Rolando 294
Gauß, Carl Friedrich 37, 82, 85, 86, **101–115**, 171, 172, 197, 245
Gebhardt, Margarethe 300
Gervinus, Georg Gottfried 113
Gödel, Kurt 165, 175, 176, 178
Goedaert, Johann 62
Goethe, Johann Wolfgang 81, 82, 84, 85, 86, 92, 94, 95, 98, 104, 219, 233, 271, 297
Golgi, Camillo 277
Gombrich, Ernst H. 22
Gordan, Paul Albert 169, 171
Gouges, Olympe de 118
Goya, Francisco 86
Graff 58, 59, 61
Graff, Dorothea 58
Graff, Johanna Helena 58, 62, 63, 64
Grafton, Anthony 36, 40, 46
Grimm, Jacob 113
Grimm, Wilhelm 113
Guericke, Otto von 50
Gutenberg, Johannes 15, 17

H

Haeckel, Ernst 163, 277
Haldane, J. B. S. 279
Halley, Edmond 52
Hamilton, John 38
Hardenberg, Friedrich von 104
Hassenstein, Bernhard 305
Hegel, Georg Wilhelm Friedrich 81, 84, 99, 105
Heidegger, Martin 215
Heinroth, Oskar 300, 305, 309
Heisenberg, Werner 161, 208, 212, 213, 226, 228, **230–245**, 247, 248, 252, 260
Helmholtz, Hermann von 86, 127, 163
Henlein, Peter 17
Herder, Johann Gottfried 86, 92
Hermann, Armin 238
Hershey, Alfred 318
Hertz, Heinrich 213
Hesse, Hermann 184, 215
Hilbert, David 73, 85, 139, 141, 144, 145, 163, 164, 165, **167–178**, 180, 197, 213
Hilbert, Hilde 167
Hillary, Edmund 166, 318
Himmler, Heinrich 240
Hitler, Adolf 214, 228, 229, 242, 253
Hodges, Andrew 198, 204
Hodgkin, Dorothy **148–159**, 163
Hodgkin, Thomas 154, 155, 158
Holst, Erich von 306, 307
Humboldt, Alexander von 81, 85, **88–100**, 111, 112, 113, 114
Humboldt, Wilhelm von 86, 92, 109, 111
Hurwitz, Adolf 169
Husserl, Edmund 215
Huxley, Aldous 165
Huygens, Christiaan 67

I

Ibsen, Henrik 86
Inhelder, Bärbel 288, 289

J

Jacob, Francis 312
James, Henry 215
James, William 215
Jaspers, Karl 269
Jefferson, Thomas 88
Jenner, Edward 85
Jordan, Pascual 235
Joyce, James 215
Julius II., Papst 25
Jung, Carl Gustav 214, 215, 263, 265, 268, 270, 278

K

Kafka, Franz 215
Kandinsky, Wassilij 164
Kant, Immanuel 85, 86, 96, 105, 168, 275, 276, 277, 298, 301, 302, 303, 304
Keats, John 316
Kelvin, William Lord 277, 278
Kendrew, John 324, 325
Kennedy, John F. 166
Kepler, Johannes 47, 49, 161, 266
Keynes, John Maynard 214
Kirchhoff, Gustav Robert 127, 222
Klein, Felix 136, 138, 163
Koch, Robert 122
Kolmogorow, Andrei 165
Kolumbus, Christoph 17
Kopernikus, Nikolaus 17, 51
Korwin-Krukowskij, Wassilij W. 125
Kowalewskaja, Sofia 120, 122, **123–135**
Kowalewskij, Maxim 124, 135
Kowalewskij, Wladimir 124, 127, 132
Krukowskaja, Sofia Wassiljewna 120
Kues, Nikolaus von 17

L

Labadie, Jean de 61
Lagerlöf, Selma 215
Lamarck, Jean-Baptiste 81, 86
Landsteiner, Karl 278
Lange, Helene 121
Laplace, Pierre Simon 130
Lavater, Johann Kaspar 85
Law, John 52
Lawrence, David Herbert 215
Leeuwenhoek, Antonie van 51, 62
Leibniz, Gottfried Wilhelm 37, 50, 51, **66–80**, 127, 183
Lenz, W. 260
Leonardo da Vinci 13, 14, 15, 16, 17, **19–34**, 36, 37
Lessing, Gotthold Ephraim 85
L'Hospital, Guillaume de 76
Lilienthal, Otto 277
Lincoln, Abraham 163, 213
Lobatschewskij, Nicolaj 114, 115
Locke, John 51
London, Jack 215
Lorenz, Adolf 298, 299
Lorenz, Konrad 85, 277, 278, 280, **295–310**
Lorenz, Margarethe 301
Lotka, A. J. 279
Ludwig XIV., König 50
Ludwig XV., König 85
Luria, Salvador 312
Luther, Martin 17

M

Mach, Ernst 258, 259
Machiavelli, Niccolò 17

Malpighi, Marcello 51
Manet, Eduard 213
Mani 187
Mann, Golo 48
Mann, Thomas 48, 215
Marell, Jacob 55
Maria Theresia, Königin 85
Marx, Karl 213
Mauchy, John W. 165
Maxwell, James Clerk 130, 163, 213
May, Sheila 254
McCulloch, Warren 190
Meadows, Dennis 215
Meier, C. A. 270
Meitner, Lise 117, 220
Melzi, Francesco 25, 27
Mendel, Gregor 122, 163, 317
Merian, Maria Sibylla 50, 51, **53–65**
Merian, Matthäus, der Ältere 54, 55
Merian, Matthäus, der Jüngere 54
Michelangelo Buonarroti 16
Minkowski, Hermann 139, 169
Mirandola, Pico della 17
Mises, Richard von 165
Mittag-Leffler, Gösta 129
Mittelstraß, Jürgen 13, 14, 20
Monod, Jacques 312
Montgolfier, Michel Joseph de 85
Morgan, Thomas Hunt 278, 279, 317, 318
Mozart, Wolfgang Amadeus 85, 294
Mulisch, Harry 311
Muller, Herman 318
Müller, Johannes 86
Musil, Robert 176
Mussolini, Benito 214

N

Nabokov, Vladimir 65
Napoleon Bonaparte 67, 82, 85, 86, 88, 108
Neumann, John von 165
Newton, Isaac 51, 80, 112, 127, 134, 207, 211, 221, 226
Nietzsche, Friedrich 213, 310
Nightingale, Florence 159
Nobel, Alfred 163, 164, 226, 277, 313
Noether, Emmy 117, 122, **136–147**
Noether, Max 136, 137, 138
Novalis 81, 104

O

Ohm, Georg 86
Oken, Lorenz 81
Olbers, Heinrich 107
Ortega y Gasset, José 214
Orwell, George 214
Osten, M. 96
Osthoff, Johanna 108
Otto, Rudolph 215

P

Parson, T. R. 151
Pascal, Blaise 50
Pasteur, Louis 163
Pauli, Wolfgang 119, 208, 209, 212, 213, 214, 237, **257–272**
Pauling, Linus 156, 327, 342
Perignon, Dom 51
Perutz, Max 324, 325
Peter I., Zar 70
Piaget, Arthur 281
Piaget, Jean 215, 277, 278, **281–294**
Piaget, Rebeca-Suzanne 281
Piazzi, Giuseppe 110, 111

Picasso, Pablo 213
Pitts, Walter 190
Planck, Erwin 219
Planck, Max 75, 79, 207, 208, 212, 214, **217–229**, 234, 247, 253, 258
Platon 243, 270, 274
Plinius 17
Podolsky, Boris 251
Poincaré, Henri 278
Polo, Marco 15
Priestley, John 85
Proust, Marcel 214
Ptolemäus 43
Pythagoras 72, 162

R

Radkau, Joachim 280
Raffael, Raffaello Santi 16
Ramsay, Alexander 277
Randall, John Herman 49
Redi, Francesco 57
Reich, Wilhelm 215
Rezzori, Gregor von 251
Richardson, Jane 150
Riemann, Bernard 115, 120
Rilke, Rainer Maria 215
Rockefeller, John D. 163
Röntgen, Wilhelm Conrad 152
Rorschach, Hermann 164
Rose, Gustav 94
Rosen, Nathan 251
Rosenblueth, Arturo 189, 190
Rousseau, Jean-Jacques 85, 287
Russell, Bertrand 164, 181, 214
Rutherford, Ernest 277, 278

S

Sailer, Toni 253
Sanger, Fred 157
Sartre, Jean-Paul 119
Saussure, Ferdinand 215
Schelling, Friedrich Wilhelm Joseph 92
Scherbius, Arthur 199
Schiller, Friedrich 47, 82, 86
Schliemann, Heinrich 213
Schmidt, Hermann 184
Schönberg, Arnold 214
Schopenhauer, Arthur 86, 252, 255
Schrödinger, Annemarie 246
Schrödinger, Erwin 208, 213, 226, **246–256**, 260, 323, 336, 342
Schubert, Elisaweta Fedorowna 125
Schubert, Franz 86, 125
Schumacher, Elisabeth 240
Schumacher, Ernst 215
Schumacher, H.C. 104
Sforza, Francesco 19, 24, 36
Shannon, Claude 165, 183
Shaw, George Bernard 215
Sheila, May 255
Sinclair, Upton 215
Snow, Charles P. 192, 214
Sokrates 268
Sommerfeld, Arnold 236, 260
Sophie Charlotte, Kurfürstin 70
Spengler, Oswald 214, 228
Spinoza, Baruch de 67
Stalin, Jossif W. 214, 318
Stauffenberg, Claus, Graf Schenk von 219
Stein, Gertrude 215
Steiner, Rudolf 228
Stephenson, George 86
Stradivarius, Antonius 51
Sutton, Walter 278
Suzuki, Daisetsu T. 213
Szeminska, Alina 288, 289

T

Tatum, Edward 325
Tensing Norgay, Sherpa 166, 318
Thorndyke, Edward L. 279
Tinbergen, Nikolaas 295
Todd, Alexander 157
Tolstoi, Leo 86, 213
Turing, Alan 163, 164, 165, **194–205**
Twain, Mark 213

V

Valera, Eamon de 253
Velásquez, Diego 50
Vermeer, Jan 50
Verrocchio, Andrea del 24
Vesalius, Andreas 17
Viktoria, Königin 86, 113, 213
Vinci, Leonardo da siehe Leonardo da Vinci
Vinci, Piero da 23
Vitruv 30
Vivaldi, Antonio 51
Volta, Alessandro 85
Voltaire (François Marie Arouet) 73, 85
Vries, Hugo de 278

W

Waerden, Bartel van der 145
Wagner, Richard 87, 212, 294
Waldeck, Wilhelmina 109
Wallace, Alfred 212

Wallenstein, Albrecht von 47, 48
Watson, James D. 157, 158, 311, 312, 313, 314, 316, 317, 318, 319, 326, **334–344**
Watson, John B. 215, 279
Weber, Max 215
Weber, Wilhelm 112, 113
Weierstraß, Karl 127, 128
Weiss, Albert 279
Weizsäcker, Carl Friedrich von 119, 233, 242
Weyl, Hermann 145
Whitehead, Alfred North 164, 214
Wiechert, Emil 277
Wiener, Leo 181
Wiener, Norbert 163, 164, 165, **179–193**
Wilkins, Maurice 318, 325, 326
William, Morris 277
Wilson, Angus 204
Wittgenstein, Ludwig 164, 205, 215
Wöhler, Friedrich 86
Wollstonecraft, Mary 118
Woolf, Virginia 216
Wuketits, Franz M. 306

Y

Yeats, William Butler 215
Young, Thomas 81, 86

Z

Zetkin, Clara 121
Zuse, Konrad 11

Bildnachweis

Nicht bei allen Abbildungen konnte die Herkunft zweifelsfrei ermittelt werden. Wir bitten mögliche Rechteinhaber, sich mit dem Piper Verlag, München, in Verbindung zu setzen.

Archiv für Kunst und Geschichte, Berlin Leonardo da Vinci, S. 19; Gerolamo Cardano, S. 35; Maria Sibylla Merian, S. 53; Gottfried Wilhelm Leibniz, S. 66; Alexander von Humboldt, S. 88; Carl Friedrich Gauß, S. 101; Sofia Kowalewskaja, S. 123; David Hilbert, S. 167; Norbert Wiener, S. 179; Enigma-Chiffriermaschine, S. 198; Max Planck, S. 217; Werner Heisenberg, S. 230; Erwin Schrödinger, S. 246; Konrad Lorenz, S. 295; Francis Crick, S. 320; James D. Watson, S. 334

Nature (vol. 227) Crick-Zeichnung, S. 329

Niedersächsische Landesbibliothek, Hannover
Leibniz-Zeichnung, S. 68

Royal Library, Windsor Castle Leonardo-Zeichnung (© HM Queen Elizabeth II), S. 26

Staatsbibliothek Preußischer Kulturbesitz (Handschriftenabteilung), Berlin Lorenz-Zeichnung, S. 305

Süddeutscher Verlag, München Dorothy Hodgkin, S. 148; Alan Turing, S. 194; Jean Piaget, S. 281

Ullstein Bilderdienst, Berlin Emmy Noether, S. 136

Ernst Peter Fischer
Aristoteles,
Einstein & Co.
Eine kleine Geschichte der Wissenschaft in Porträts. 447 Seiten.
Mit 26 Abbildungen. SP 3045

Wer sind die Menschen, die in die Geschichte der Wissenschaft eingingen? Was wissen wir über ihr Leben, ihr Werk, ihre privaten Vorlieben und Gewohnheiten? Ernst Peter Fischer weckt in diesem Buch die Neugier auf die Wissenschaft und ihre »stillen Stars«. In sechsundzwanzig leicht und vergnüglich zu lesenden Porträts stellt er die Großen der Wissenschaft von der Antike über das mittelalterliche und moderne Europa bis in unser Jahrhundert vor. Er erzählt unter anderem von Bacon, Galilei, Kepler und Descartes, den vier Wissenschaftlern, die vor vierhundert Jahren die Wende zur Moderne möglich machten, und von Newton, Marie Curie und Albert Einstein. Ernst Peter Fischer zeigt, wie spannend die Geschichte der Wissenschaft und ihrer Protagonisten ist, wenn sie mit biographischer Neugier erzählt wird.

Leonardo,
Heisenberg & Co.
Eine kleine Geschichte der Wissenschaft in Porträts. 361 Seiten.
Mit 41 Abbildungen. SP 3486

In unserem Alltag sind die Wissenschaften allgegenwärtig. Wer aber waren und sind die Menschen, denen wir die entscheidenden Forschungen verdanken? Der anerkannte Wissenschaftshistoriker Ernst Peter Fischer hat nach seinem erfolgreichen Buch »Aristoteles, Einstein & Co.« zwanzig neue Porträts großer Wissenschaftler geschrieben. Unter anderem erzählt er vom Universalgenie Leonardo da Vinci, der Naturforscherin und Künstlerin Maria Sybilla Merian und dem Mathematiker und Philosophen Gottfried Wilhelm Leibniz. Die berühmten Quantenphysiker Max Planck, Werner Heisenberg, Erwin Schrödinger und Wolfgang Pauli werden ebenso porträtiert wie Konrad Lorenz, Francis Crick und James D. Watson. In Fischers unterhaltsamer »wissenschaftlicher Hintertreppe« verbinden sich Vergangenheit und Gegenwart in den Geschichten berühmter Frauen und Männer.

SERIE PIPER

**Albert Einstein
Mileva Marić**

Am Sonntag küss' ich Dich mündlich
*Die Liebesbriefe 1897–1903. Herausgegeben und eingeleitet von Jürgen Renn und Robert Schulmann. Mit einem Essay »Einstein und die Frauen« von Armin Hermann. 214 Seiten.
SP 2652*

Als vor wenigen Jahren die Liebesbriefe zwischen Albert Einstein und Physik-Studentin Mileva Marić gefunden wurden, war das eine Sensation: Die Briefe, die das Genie Einstein als verliebten jungen Mann spiegeln, geben einen ersten Einblick in das Gefühlsleben des großen Physikers, in die Beziehung zu seiner ersten Frau, in seine emotionale und geistige Entwicklung in den Jahren, bevor er die Theorien veröffentlichte, die unser Weltbild veränderten und ihn berühmt machten. Prüfungsängste, die vergebliche Suche nach einer festen Stelle, Konflikte mit Professoren, der Austausch über wissenschaftliche Fragen und schließlich die gegenseitige Liebe – all das spielt eine Rolle in diesen oft überaus originellen Briefen.

Einstein sagt
Zitate, Einfälle, Gedanken. Herausgegeben von Alice Calaprice. Vorwort von Freeman Dyson. Betreuung der deutschen Ausgabe und Übersetzungen von Anita Ehlers. 280 Seiten mit 26 Abbildungen. SP 2805

Mit Einstein ist es wie mit Gothe: Mit einem Zitat von ihm liegt man immer richtig! Er formulierte glänzend und einfallsreich, seine Worte und Sprüche waren nicht nur witzig, sondern hatten auch bedenkenswerten Tiefgang. Die hier versammelten fünfhundert Einstein-Zitate ordnen zum ersten Mal seine Gedanken und Ideen nach Themen: der Leser findet also Einsteins Äußerungen über sich selbst, Deutschland, Amerika, die Juden und Israel, den Tod, die Ehre und die Familie, Krieg und Frieden, Gott und Religion, Freunde, Wissenschaftler und die Frauen. Er selbst würde vermutlich über die Sammlung seiner geflügelten Worte schallend lachen und seinen Stoßseufzer von 1930 wiederholen: »Bei mir wird jeder Piepser zum Trompetensolo!«

Sven Ortoli, Nicolas Witkowski

Die Badewanne des Archimedes

Berühmte Legenden aus der Wissenschaft. Aus dem Französischen von Juliane Gräbener-Müller. 192 Seiten mit 25 Abbildungen. SP 3264

Wer glaubt, Archimedes habe das hydrostatische Prinzip in der Badewanne entdeckt, Newton das Gravitationsgesetz durch den berühmten Apfel erkannt und Kekulé die Benzolformel geträumt, der kann sich hier eines Besseren belehren lassen. Die beiden französischen Journalisten Sven Ortoli und Nicolas Witkowski gehen die berühmten Legenden der Wissenschaft ganz respektlos an: Sie haben eine Vielzahl von Geschichten und Mythen aus dem Poesiealbum der Forschung unter die Lupe genommen und auf ihren Wahrheitsgehalt untersucht. Ausgestattet mit feiner Ironie, totaler Skepsis gegenüber gängigen Klischees und mit viel Sinn fürs Paradoxe, zeigen sie, daß zwischen Wissenschaft und ihren Mythen kein Widerspruch bestehen muß.

»Die französischen Physiker und Journalisten Sven Ortoli und Nicolas Witkowski haben ein Schatzkästlein solcher Erzählungen zusammengetragen, ein Kompendium von Legenden, von denen die meisten auch das Menschliche im Rationalen dekuvrieren. In ihrer anekdotischen Form bewahren diese Geschichten von Sternstunden der Wissenschaft den Sinn für das Scheitern der Vernunft. Denn sie alle zeigen, daß der Mythos sein vermeintliches Gegenteil durchkreuzt. Auch heute gibt es kein Verstehen ohne Mythen.«
Frankfurter Allgemeine Zeitung

SERIE PIPER

Harald Fritzsch

Eine Formel verändert die Welt
Newton, Einstein und die Relativitätstheorie. 346 Seiten mit 82 Abbildungen. SP 1325

Einsteins Relativitätstheorie und ihre Folgen sind das Thema dieses Buches. Harald Fritzsch beschreibt die Grundideen der Theorie so, daß ein fachlich nicht vorgebildeter Leser sie nachvollziehen kann. Nach einer Diskussion der klassischen, von Newton geprägten Ideen über Raum und Zeit und der Rolle des Lichts in der Physik führt Fritzsch die Leser behutsam an die neuen Vorstellungen Einsteins über Raum und Zeit heran. Der Hauptteil des Buches befaßt sich mit den vielfältigen Beziehungen zwischen Energie und Masse. Diese werden wichtig bei allen Naturprozessen, bei denen die Geschwindigkeiten der beteiligten Teilchen der Lichtgeschwindigkeit vergleichbar sind – zum Beispiel bei Kernreaktionen und bei den Prozessen der Elementarteilchenphysik.

Die verbogene Raum-Zeit
Newton, Einstein und die Gravitation. 416 Seiten mit 109 Abbildungen. SP 2546

QUARKS
Urstoff unserer Welt. Vorwort von Herwig Schopper. 320 Seiten mit 91 Abbildungen. SP 1655

»Dem mit physikalischen Grundprinzipien vertrauten Leser wird dieses Buch eine Fülle neuer Einsichten vermitteln.«
Süddeutsche Zeitung

Vom Urknall zum Zerfall
Die Welt zwischen Anfang und Ende. 363 Seiten mit 55 Schwarzweißabbildungen. SP 518

Was ist der Ursprung des Universums? Woher kommt die Materie? Gibt es Grenzen von Raum und Zeit? Warum leuchten die Sterne? Dem Physiker Harald Fritzsch ist es in diesem Buch gelungen, dem Leser auf verständliche, ja unterhaltsame Weise die komplizierte Welt der Kosmologie nahezubringen.

»Harald Fritzsch schreibt in einer erfrischend lebendigen, ja kraftvoll plastischen Sprache. Gemessen an der Komplexität der Phänomene versteht er es gekonnt, auch komplizierteste Zusammenhänge auf ihren wesentlichen Kern zu reduzieren und somit klar und verständlich zu machen.«
Die Zeit

Neil de Grasse Tyson

Merlins Reise durch das Universum

Alles über Kometen, Planeten, Quasare, blaue Monde und Werwölfe. Aus dem Amerikanischen von Anni Pott. 315 Seiten. SP 3265

Kennen Sie das? Da steht man in einer knackigen kalten, klaren Winternacht oder an einem Sommerabend unter dem funkelnden Sternenhimmel und schaut und staunt – und da fallen einem tausend Fragen ein zu Erde, Mond, Sonne und Sternen. All diese Fragen sind dem weisen Herrn Merlin zu Ohren gekommen, dem Außerirdischen, der vor beinahe 5 Milliarden Jahren auf dem Planeten Omniscia im Andromeda-Nebel geboren wurde und der alles über den Kosmos weiß. Und wie alle wirklich Weisen gibt Merlin klare, anschauliche und freundlich gewitzte Antworten.

»Der größte Nachteil dieser Reise durch das Universum ist, daß sie viel zu schnell zu Ende ist.«
Die Zeit

Merlins Reise zur Erde

Neue Fragen und Antworten zum Universum. 313 Seiten. SP 3192

Die Anzahl möglicher Fragen zum Universum und zu allem, was dazugehört, ist unendlich groß. Obwohl er schon eine Unmenge an Fragen beantwortet hat, entschließt sich Merlin, der Außerirdische, erneut seinen Planeten Omniscia zu verlassen und zur Erde zu reisen. Geduldig gibt der Allwissende Antwort auf alle Fragen, die Menschen ihm stellen: Wie groß ist die Chance, daß ein Mensch mehr als nur einmal im Leben mit demselben Luftmolekül in Berührung kommt? Oder: Welche Folgen hätte es für uns Erdbewohner, wenn Aliens den Mond in die Luft sprengen würden? Mit Hilfe von Merlins klugen, anschaulichen und witzigen Antworten erfährt jeder Leser, was er schon immer wissen und verstehen wollte.

SERIE PIPER